FRANK LLOYD WRIGHT

프랭크 로이드 라이트의 주요 건축물 연표

| **1880** | **1890** | **1900** | **1910** |

1889
라이트 홈 앤드 스튜디오

1893
윈슬로 하우스

1904
라킨 빌딩

1911
탤리에신

1904
다윈 마틴 하우스

1913
미드웨이 가든

1905
유니티 교회

1915
데이코쿠 호텔

1906
로비 하우스

1919
홀리혹 하우스

| 1920 | 1930 | 1940 | 1950 |

1923
스토러 하우스

1923
프리먼 하우스

1923
에니스 하우스

1935
낙수장

1936
허버트 제이콥스 하우스

1936
존슨 왁스 빌딩

1937
탤리에신 웨스트

1948
모리스 상회

1950
제일기독교회

1952
프라이스 타워

1956
구겐하임 미술관

1957
마린 카운티의 시빅 센터

현대 건축을
바꾼 두 거장

일러두기

1. 특별한 표시가 없는 도면은 저자가 원본을 참고로 하여 직접 그린 것이며, 특별한 표시가 없는 도판은 저자가 직접 찍은 것이거나 저작권이 소멸된 것이다.
2. 건축물의 원어 명칭은 건물이 설계되거나 지어진 지역의 표기에 따르는 것을 원칙으로 했으나, 찾기 어려운 경우에는 영어로 표기했다.
3. 건축물의 제작 연도는 설계 완료 시점을 기준으로 했으나, 분명하지 않은 경우에는 통용되는 연도로 표기했다.

현대 건축을
바꾼 두 거장

프랭크 로이드 라이트
VS 미스 반 데어 로에

FRANK LLOYD WRIGHT   MIES VAN DER ROHE

천장환 지음

SIGONGART

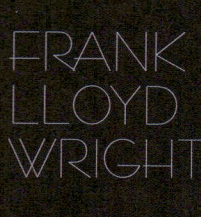

FRANK LLOYD WRIGHT

차 례

들어가며 008

첫 번째 거장_ **프랭크 로이드 라이트** 012

1 : 천재 건축가의 이야기를 시작하며 015
괴팍한 천재 건축가 015 / 마마 보이로 자란 어린 시절 017 / 새로운 삶을 찾아서 019

2 : 제1의 흥금기를 맞다 023
형태는 기능을 따른다 023 / 라이트의 초기 건축이 탄생한 곳, 오크 파크 028 / 라이트의 홈 앤드 스튜디오 030 / 라이트 공간의 특징 034 / 홈 앤드 스튜디오의 변형과 복원 039 / 아들러 & 설리번의 대표작, 오디토리엄 빌딩 040 / 모방과 창조 사이 043

3 : 로비 하우스, 프레리 양식의 전형 047
문라이팅, 설리번을 배신하다 047 / 설리번의 몰락 049 / 대초원을 위한 건축, 프레리 양식 053 / 프레리 양식의 전형, 로비 하우스 056

4 : 라킨 빌딩과 유니티 교회, 아트리움으로 빚어진 공간 061
라이트와 건축주 061 / 최초의 대형 프로젝트, 라킨 빌딩 063 / 새로운 교회 건축, 유니티 교회 070 / 새로운 사랑 076

5 : 탤리에신, 행복과 불행의 교차 081
새 연인과의 보금자리 081 / 처참한 비극 090

6 : 상실의 시기 094
최초의 해외 프로젝트, 데이코쿠 호텔 094 / 홀리혹 하우스, 프레리 양식에서 벗어나다 104 / 라이트의 여인들 109

7 : 탤리에신 펠로십, 라이트의 왕국 **113**

다양한 실험, 캘리포니아 주택들 113 / 애리조나 빌트모어 호텔 119 / 탤리에신 펠로십 124

8 : 화려한 부활 **133**

낙수장의 탄생 133 / 가장 중요한 미국 건축 144

9 : 존슨 왁스 빌딩, 미래 지향적 디자인 **145**

최첨단 건축을 시도하다 145

10 : 탤리에신 웨스트, 사막을 만나다 **159**

경제성과 완성도를 모두 잡은 유소니언 하우스들 159 / 또 하나의 보금자리, 탤리에신 웨스트 164 / 소매를 흔들어 디자인을 빼내다 170

11 : 구겐하임 미술관의 시작 **177**

솔로몬 구겐하임과 힐라 르베이를 만나다 177 / 나선형 램프를 실험하다 180 / 16년간의 노고 182 / 4개의 계획안 187

12 : 구겐하임 미술관의 완성 **193**

시련 193 / 새 관장과의 갈등 200 / 걸작의 탄생 202

13 : 대단원 **209**

살아 있는 국가적 보물 209 / 프라이스 타워와 1마일 높이의 타워 211 / 공산주의자 라이트 213 / 모노나 테라스와 라이트의 죽음 214

에필로그 220

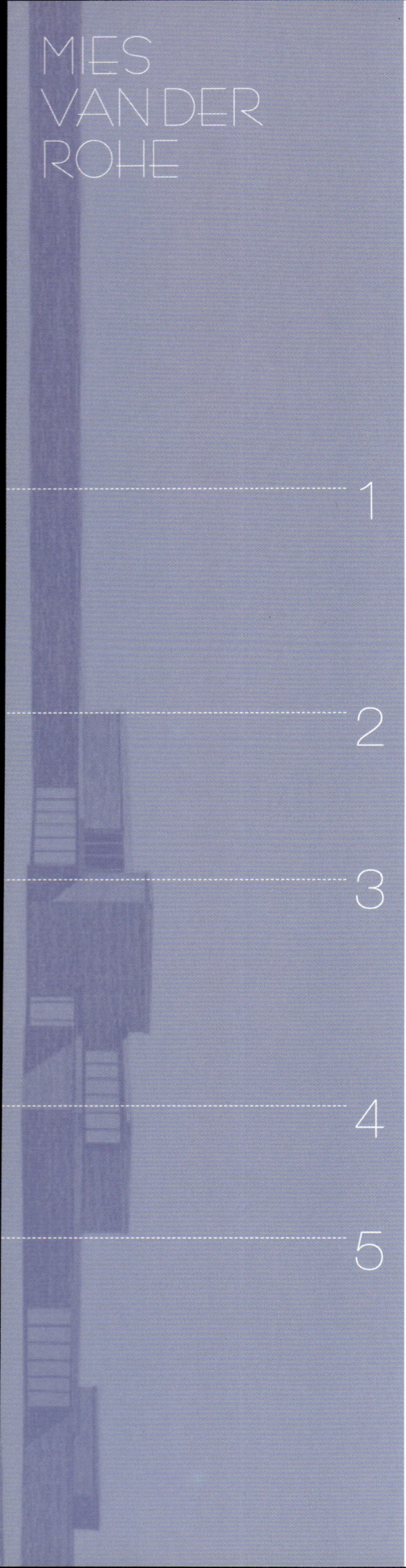

MIES VAN DER ROHE

두 번째 거장_ **미스 반 데어 로에** 224

1 : 모더니즘 건축가의 이야기를 시작하며 227

"더 적은 것이 더 많은 것이다" 227 / 아헨에서 베를린으로 229 / 새로운 예술 양식, 유겐트슈틸 231 / 미스의 첫 작품, 릴 하우스 233 / 페터 베렌스의 문하에 들어가다 236 / 미스와 르 코르뷔지에는 동료였다? 239 / 카를 프리드리히 싱켈과 베를린의 구박물관 240

2 : 전통에서 모더니즘으로 245

전환기의 작품, 펄스 하우스 245 / 좌절한 프로젝트, 크뢸러뮐러 빌라 246 / 평생에 걸친 스승, 베를라허 250 / 새로운 길을 모색하다 253 / 모더니즘과 미스 256

3 : 1920년대에 작업한 5개의 미완성 프로젝트 261

프리드리히 거리의 빌딩 261 / 루트비히 미스 반 데어 로에라는 이름을 쓰다 265 / 콘크리트 오피스 빌딩, 기능에 충실한 건물을 만들다 265 / 콘크리트 컨트리 하우스, 자유로운 공간을 창조하다 266 / 브릭 컨트리 하우스, 역동적인 공간을 만들다 269 / 로자 룩셈부르크 기념비 271

4 : 바이센호프 주택단지, 미래의 주거를 짓다 276

모더니즘이 꿈꾼 새로운 주거 276

5 : 미스 최고의 작품, 바르셀로나 파빌리온 289

바르셀로나 파빌리온 289 / 바르셀로나 의자 296 / 현대 건축과 가구 디자인의 만남, 빌라 투겐타트 301

6 : 베를린 시절의 미스 314

미스의 진정한 후원자, 필립 존슨 314 / 국제 양식 317 / 바우하우스의 3대 학장이 되다 319

7 : 미국 시절의 미스 328

미국 대학의 학장이 되다 328 / 일리노이 공과대학교의 캠퍼스를 계획하다 330 / 일리노이 공과대학교의 건물들을 짓다 331 / 은둔 생활 336 / 프로몬터리 아파트와 860-880 레이크 쇼어 드라이브 아파트 337 / 라피엣 파크, 새 도시의 이상을 제시하다 345

8 : 무한정 공간을 추구하다 351

자연을 위한 건축, 판스워스 하우스 351 / 건축주와의 법정 싸움 356 / 판스워스 하우스에 대한 비판과 찬사 359 / 재판 뒤의 판스워스 하우스 359 / 첨단 구조 기술을 이용한 크라운 홀 362 / 미완의 프로젝트, 컨벤션 홀 368

9 : 뉴욕 시절의 미스 373

필생의 역작, 시그램 빌딩 373 / 시그램 빌딩의 광장, 도심 속 오아시스가 되다 374 / 시그램 빌딩의 디테일 380 / 자기 복제 384 / 한국의 시그램 빌딩, 삼일 빌딩 384 / 이웃해 있는 건물, 레버 하우스 388 / 필립 존슨과 포 시즌스 레스토랑 391

10 : 두 번째 베를린 시절의 미스 392

성공한 건축가가 되다 392 / "더 적은 것은 지루하다" 393 / 말년의 대표작, 베를린 신 국립미술관 395 / 말년의 미스 407

에필로그 411

들어가며

현재 우리가 살고 있는 공간에 대한 기본 개념들은 20세기 초반에 싹트고 완성되었다. 지금은 많이 다르지만, 그 당시만 해도 '건축가가 세상을 바꾼다.'는 말은 빈말이 아니었다. 그들은 장대하고 엄청난 계획들을 쏟아 냈고, 일부는 실제로 실현되기도 했다. 커다란 모형을 손에 들고 있는 건축가의 모습은 1/100로 축소된 세계에서 신 같은 존재였다. 하지만 오늘날의 건축가는 그러한 자리에서 내려온 지 오래되었으며, 심지어 부동산 개발업자들의 하청을 받는 신세로 전락하기까지 했다.

그러나 건축은 단순히 비싼 재료, 큰 평수, 좋은 전망에 따라 값이 매겨지는 부동산 이상의, '우리 삶을 담는 문화'라고 나는 굳게 믿는다. 좋은 건축은 피카소의 그림을 보거나 모차르트의 음악을 들으면서 느끼는 예술적 감동을 매일매일의 일상 속에서 줄 수 있기에, 우리가 건축을 더 가까이 할수록 우리의 삶을 더 잘 이해하게 되고 그만큼 문화적으로 더 풍요로운 삶을 누릴 수 있다. 이 책에서는 우리가 살고 있는 문화를 만들었던 선구적인 건축가들의 삶과 건축을 되돌아봄으로써 우리의 삶을 또 다른 측면에서 들여다보고자 했다.

이 책은 우리가 흔히 말하는 20세기 건축의 3대 거장인 르 코르뷔지에, 프랭크 로이드 라이트, 미스 반 데어 로에 중에서, 현재 우리가 가지고 있는 건축가의 이미지에 가장 가까운 두 사람인 라이트와 미스에 대해 집중적으로 파헤치고 있다. 이 두 건축가의 삶은 여러 면에서 비슷하면서도 그 작품 세계에 있어서는 분명한 대조를 이루었기에 둘을 비교해 보면 더욱 재미있을 것 같았다. 라이트는 구겐하임 미술관을 비롯하여 로비 하우스, 낙수장으로 유명하고, 미스는 바르셀로나 파빌리온과 판스워스 하우스, 시그램 빌딩으로 유명하다. 수많은 자료가 이미 나와 있는 르 코르뷔지에와는 달리, 라이트와 미스의 삶은 제대로 알려져 있지 않다. 그러면서도 이들 둘에 대한 이야기는 수많은 에피소드로 변주되며 우리가 가진 건축가에 대한 좋거나 혹은 나쁜 이미지를 만드는 데 상당 부분 기여했다. 대부분의 사람들은 70년이 넘는 라이트의 경력 중 극히 일부만을 알고 있고, 미스는 '모더니즘의 황량함과 적막함을 초래한 인물'이라는 왜곡된 모습으로 기억한다. 하지만 이들은 우리가 당연하다고 생각하는 많은 것들이 완전히 생소하거나 거부감을 불러일으켰던 시기부터 자신의 믿음과 의지로 모든 것을 돌파해서 시대를 앞서 나갔던 선구자들이었다.

  이 책을 따라가다 보면 현대 문화 운동의 중심에서 일어난 많은 사건들을 접하게 될 것이다. 라이트와 미스가 당시 문화를 창조하거나 이끌었기 때문이다. 그냥 마음을 열고 따라가다 보면 마지막 책장을 덮는 순간에 여러분의 시야가 좀 더 넓어졌음을 깨닫게 될 것이다. 이 책은 건축 전공자만을 위한 책에서 벗어나서 건축을 건축가들만의 담론으로부터 끌어내려 좀 더 폭넓은 장으로 이끌기 위한 자그마한 노력이다. 따라서 전문 용어들의 사용을 최대한 자제했으며, 가능하면 쉽게 풀어 쓰려고 했다. 이 책을 읽고 나서 여러분이 건축을 조금 더 가깝게 느낀다면, 그리고 건축가 친구 한 명 정도는 갖고 싶다는 마음이 든다면, 그것으로 이 책의 사명은 충족된 것이라 믿는다.

  2004년 여름이었던 것으로 기억한다. 대학원을 졸업하고 도서관에서 무심코 라이트와 미스의 책을 집어 들었던 것이. 학교를 졸업하고도 건축의 역사에 무지함을 탄식하며 가볍게 공부나 해 볼까 했던 것이 결국 9년의 세월을 바치게 했다. 주말마다 책을 읽으며 정리한 내용과 틈틈이 건물을 방문하고 기록했던 것들이 차곡차곡 쌓여 갔고, 그렇게 모인 자료가 박스 하나에 가득 찰 때쯤 책으로 만들고 싶다는 생각을 하게 되었다.

하지만 이 생각은 건축사 시험과 바쁜 일상에 치여 잠시 접어 두는 바람에 끝내지 못한 숙제같이 머릿속에만 남아 있게 되었다. 그러다가 내가 2009년에 네브래스카 주립대학교University of Nebraska-Lincoln 조교수로 가게 되면서 다시 펼칠 기회를 얻었다. 학교 측의 전폭적인 지원으로 도서관에서 소장하고 있던 메사나 컬렉션Messana Collection을 통해 많은 도판 자료를 얻을 수 있었고, 레이먼 기금Layman Grant을 받아 미국과 유럽을 여행하며 라이트와 미스의 많은 작품을 직접 접할 수 있었다. 글쓰기에 재능 없음을 한탄하며 좌절한 게 수백 번이었고, 끝이 안 보이는 작업이었기에 중간에 여러 번 포기하려고 했지만, 주변 분들의 격려와 질책 덕분에 결국 지금 여러분이 펼치고 있는 이 책이 나오게 되었다.

이 책은 어쨌거나 지난 9년간 내가 두 건축가의 자취와 함께 뒹굴었던 흔적이다. 그동안 수많은 사람들에게 빚을 졌는데, 이 자리를 빌려 짧게나마 고마운 마음을 전한다. 먼저 책을 쓰는 동안에 닮은 위안과 질책, 가르침을 준 리하이대학교Lehigh University의 정현태 박사님에게 감사 인사를 드린다. 또한, 무명의 한국인 교수가 라이트와 미스에 대한 글을 쓴다고 했을 때 전폭적인 지원을 아끼지 않았던 네브래스카 주립대학교, 11년의 미국 생활을 청산하고 한국에 돌아올 기회를 준 경희대학교, 동료로서 언제나 응원을 아끼지 않으시는 건축학과 교수님들에게도 깊이 감사한다. 언제나 일이 먼저였던 이기적인 모습을 참아 준 사랑하는 부모님, 누나, 동생에게도 감사한다. 마지막으로 불쑥 보낸 이메일 한 통에서 시작해서 오늘에 이르기까지 이 책의 출판을 위해 노력한 강혜진 편집자와 표지와 본문 레이아웃을 구성해 준 윤정우 디자이너에게도 마음을 전한다.

이 책을 위해 수많은 책과 자료들을 참고로 했으나 그중에서도 라이트의 자서전인 『An Autobiography』와 프란츠 슐체Franz Schulze가 쓴 『Mies van der Rohe, A Critical Biography』를 가장 많이 참고했다. 라이트와 미스의 내밀한 사생활 부분은 이 책들이 없었더라면 지금과 같이 자세히 알 수 없었을 것이다. 이 책에 실린 도판의 상당 부분은 건물을 직접 방문하여 찍었고, 직접 찍지 못한 것들은 사진의 저작권료를 지불하거나 저작권자에게 사용 허가를 받았다. 이 책에 실린 500장의 도판들은 한국에 처음 소개되는 것들이 많다. 내 나름으로 열심히 찾아서 꼼꼼히 정리하려고 노력했다. 이 정도로 두 건축가의 작품과 인생을 포괄적으로 다룬 책은 세계적으로도 드물다고 감히 말할 수 있겠다.

대부분의 건물은 직접 방문했을 때 사진에서는 느낄 수 없는 무한한 감동을 주었다. 건축을 감상할 때는 단순히 눈으로 보는 것에서 더 나아가 냄새와 촉감도 중요하다는 점을 새삼 깨달았다. 독자 여러분도 지금 당장 주변의 건물을 방문하여 직접 눈과 손으로 꼼꼼히 들여다보시기를…….

끝으로 지금 이 순간에도 꺼지지 않는 불빛 아래서 두 눈을 비비며 도면과 씨름하고 있을 이 땅의 모든 선후배 건축가들의 앞날에 영광이 깃들기를 빈다.

2013년 8월
천장환

FRANK LLOYD WRIGHT

1

첫 번째 거장
프랭크 로이드 라이트

1867~1959

▲ 구겐하임 미술관. ⓒ Jean-Christophe BENOIST

1장_ 천재 건축가의 이야기를 시작하며

괴팍한 천재 건축가

벌써 15년도 더 된 영화 〈맨 인 블랙Men in Black〉(1997)의 도입부를 기억하시는지. 제이(월 스미스 분)는 범인을 쫓아 한밤의 뉴욕 시내를 종횡무진 가로지른다. 그랜드 센트럴Grand Central 역이 있는 59번가의 다리 위에서 추격전을 벌이다가 센트럴 파크Central Park 근처에서 막 범인을 잡으려는 순간, 범인은 "그가 오고 있다."는 알 수 없는 말을 되뇌이다가 옆에 있는 새하얀 달팽이 모양의 건물 벽을 타고 휙 옥상으로 올라간다. 제이가 닫힌 건물의 유리창을 깨고 나선형 램프ramp를 따라 건물 옥상까지 단숨에 올라가 마침내 범인을 체포하려는 순간…….

이때 배경이 된 건물이 바로 그 유명한 구겐하임 미술관Solomon R. Guggenheim Museum이다. 이 건물은 현대 건축 역사상 가장 중요한 작품 중 하나로, 설계에서 완공까지 16년에 가까운 시간이 걸렸다. 건축가인 프랭크 로이드 라이트는 건물이 완공되기 6개월 전에 죽었는데, 이때 그의 나이 91세였다. 이 건물은 미술품을 전시하고 관람하는 방식에 대한 사람들의 생각을 완전히 바꿔 놓았고, 완공된 지 50년이 지난 현재까지도 많은 이들의 찬사와 비난을 동시에 받고 있다.

이처럼 기존 건축계에 신선하고 놀라운 충격을 안겨 주었던 라이트는 두말할 필요도 없이 현대 건축에서 가장 유명한 건축가다. 라이트는 70년이 넘는 긴 세월 동안 건축 활동을 했는데, 이 시기는 대체로 3단계로 나누어 볼 수 있다. 즉, 초창기 10여 년 동안에 젊은 주택 건축가로 활발히 활동했던 '제1의 황금기'(1883~1910), 그 뒤 20여 년 동안에 "시대에 뒤처진 건축가"란 조롱을 받으며 사람들의 관심에서 멀어졌던 '상실의 시기'(1910~1934), 극적으로 부활하여 말년에 그 어떤 건축가도 누리지 못한 명성을 가졌던 '제2의 황금기'(1935~1959)로 나뉜다. 역사가에 따라 구겐하임 미술관의 설계부터 완공까지의 시기(1943~1959)로 한 단계를 더 나누어서 4단계로 보기도 한다.

이처럼 굴곡이 많았던 건축 활동과 마찬가지로, 그의 인생 또한 오르락내리락을 거듭했다. 그는 사생활로 자주 논란의 대상이 되었고, 거짓말을 밥 먹듯이 했으며, 괴팍한 성격 때문에 많은 이들로 하여금 혀를 내두르게 했다. 여자들과 관련된 여러 차례의 스캔들로 경력에 오점을 남겼고, 가혹한 개인적인 비극을 겪기도 했다. 언제나 사람들의 관심을 받고 싶어 했으나 겸손이란 미덕을 몰랐고, 그로 인해 주변의 많은 사람들을 화나게 했다. 라이트에 대한 평가는 진정한 천재 예술가부터 교활한 사기꾼에 이르기까지 다양했다. 언젠가 누군가가 그에게 "당신은 살아 있는 미국 건축가 중에서 가장 위대합니다."라고 칭찬하자, 라이트는 정색을 하고 이렇게 말했다. "미국은 뭐고 살아 있는 건 또 뭔가? 나는 이제껏 존재했던 건축가들 중에서 가장 위대하네. 미국이나 살아 있다는 말 따위는 잊어버리게." 그때 당시에는 이 말이 대단히 오만하게 들렸겠지만, 지금 보면 전혀 틀린 것은 아니다. 그는 적어도 현대 건축의 역사에서 르 코르뷔지에Le Corbusier, 미스 반 데어 로에와 더불어 3대 거장 중 한 명이니까.

라이트가 스스로에게 가졌던 자부심을 가장 확실히 보여 주는 예는 그가 말년에 텔레비전 토크쇼에 나와서 한 말일 것이다.

사회자: 선생님의 숭배자들은 '프랭크 로이드 라이트는 시대를 100년 앞서 간 사람'이라면서 선생님을 열렬히 지지합니다. 선생님은 88세가 된 지금도 여전히 혁신적인 집과 건물들을 설계하고 있습니다. 그중에는 높이가 1마일(1.6킬로미터)이 넘는 초고층 빌딩(현재까지도 이 정도 높이의 건물은 지어지지 못했다. 제일 높다는 부르즈 할리파Burj Khalifa도 고작 829.8미터에 그친다.-지은이)도 있습니다만,

이 건물을 짓겠다는 사람은 아직 나타나지 않았다죠? 지난주에는 선생님께서 이런 말씀을 하셨다던데요. "내가 15년만 더 일할 수 있다면 이 나라를 통째로 다시 지을 수 있다. 나는 나라 자체를 바꿀 수 있다."라고요. 사실인가요?

라이트: 그렇게 말했습니다. 그리고 이제껏 769개의 건물을 지으면서 그 디자인들을 '소매를 흔들어서 빼냈다.'고 표현했는데, 그건 사실이에요. 내가 이 나라를 위해 할 수 있는 멋진 일이지요. 나는 세계에서 가장 위대한 건축가입니다. 내가 그렇게 말했다면, 그다지 터무니없는 말이라고는 생각되지 않습니다.

마마 보이로 자란 어린 시절

프랭크 로이드 라이트는 1867년 6월 8일에 위스콘신 주의 작은 마을인 리칠랜드 센터 Richland Center에서 윌리엄 캐리 라이트 William Carey Wright(1825~1904)와 애너 로이드 존스 Anna Lloyd Jones(1840~1923) 사이의 3남매 중 첫째로 태어났다. 라이트의 아버지 윌리엄은 애너와 결혼하기 전에 전처와의 사이에서 3명의 자식이 이미 있었다. 그는 뉴 잉글랜드 출신의 목사였고 정식으로 교육받은 음악가이자 작곡가였다. 대중 앞에서 연설을 잘하고 사람을 끄는 매력이 있어 어디를 가든

◀ 프랭크 로이드 라이트의 부모인 윌리엄 캐리 라이트(왼쪽)와 애너 로이드 존스(오른쪽).
사진 제공: Art Resource

인기가 많았다. 그의 연설 주제는 정치부터 고대 이집트 문화까지 다양했으며 음악회를 열어 기금을 모금할 정도로 악기를 다루는 솜씨 또한 훌륭했지만, 항상 궁핍함에 시달렸다.

라이트의 가족은 미국 중부에서 동부로 떠돌아다니다가 그가 12세가 되던 1879년, 마침내 위스콘신 주의 매디슨Madison에 정착했다. 라이트 부모의 결혼 생활은 별로 행복하지 못했다. 밖으로만 떠돌며 가족을 돌보는 데 소홀했던 윌리엄과, 그런 남편에 항상 불만을 가졌던 애너는 자주 다투었다. 부모의 불행한 결혼 생활로 말미암아 라이트의 어린 시절 또한 그다지 행복하지 못했다. 하지만 어머니의 사랑만큼은 세상의 그 어떤 아이보다 더 많이 받았다. 라이트는 종종 자신의 어머니를 어머니로 가질 수 있었던 것은 정말 큰 행운이었다고 말하고는 했다. 애너는 남편을 대신해 아들에게 모든 관심과 사랑을 쏟으며 라이트가 원하는 모든 것을 들어주었다. 애너는 라이트가 배 속에 있을 때부터 아들이기를 바랐고, 아들이라면 건축가를 시키겠다고 주변 사람들에게 공공연히 이야기했다. 라이트가 언젠가 다음과 같이 말할 정도였다.

"내가 건축가가 되는 것은 내가 태어나기도 전에 어머니가 이미 정해 버렸다."

아들로 태어난 라이트의 운명은 건축가가 되는 것이었다. 애너의 이러한 결정은 애너의 큰오빠인 토머스에게 영향을 받은 것으로 보인다.(목수 보조로 건축 일을 시작했던 토머스는 라이트가 태어날 무렵에 37세였고 매디슨 인근의 건축 일을 도맡아 하고 있었다.)

어머니로부터 지나친 사랑과 함께 자신이 위대한 인물이 될 것임을 귀에 못이 박히도록 듣고 자란 라이트는 지독한 마마 보이였고, '왕자병'을 포함한 여러 가지 치명적인 성격적 결함을 가지고 있었다. 라이트는 평생 옆에서 돌보아 주는 사람 없이는 단 하루도 살 수 없었다. 성인이 된 뒤에도 자신이 자고 일어난 침대를 정리하지 않았고, 옷이나 양말을 벗어서 아무데나 던져 놓았다. 깨끗한 옷이 없으면 전날 입었던 옷을 다시 집어서 입었다. 누군가가 옆에서 돌보아 주는 데 너무 익숙한 탓이었다. 라이트는 자신의 잘못을 인정하는 것을 너무나도 싫어했고 순간적인 충동에 따라 거짓말을 밥 먹듯이 했다. 남들의 평가에 아랑곳없이 자신이 하는 일이라면 무엇이든 옳은 일이라고 생각했다. 그는 나이를 먹어 갈수록 다른 사람의 감정에 무관심했고 비양심적이 되었으며, 자신의 잘못을 다른 사람들의 탓으로 돌렸고 곤란한 상황에 처할 때면 나 몰라라 하고 도망갔다. 라이트의 이러한 성격적 결함들은 나중에 그의 삶을 파탄의 구렁텅이로 몰아넣기도 했지만, 한편으로는 수많은 역경에 처하면서도 자기 자신에 대한 확신을 버리지 않고 끝까지 버틸 수 있었던 원동력이 되기도 했다.

라이트가 건축가가 되는 데 영향을 끼친 가장 구체적인 것은, 어린 시절에 가지고 놀던 프뢰벨 블록 Froebel Block이다. 프뢰벨 블록은 라이트가 자신이 건축가가 되는 데 기여했다고 스스로 인정한 얼마 안 되는 영향들 중 하나다. 프리드리히 프뢰벨 Friedrich Fröbel(1782~1852)은 독일의 교육자로서 유치원을 창립한 사람으로 알려져 있다. 그는 창조적 행위로서 놀이의 중요성을 강조했고 아이들이 자연을 있는 그대로의 모습이 아닌 다양한 추상적인 형태의 카드나 나무 블록, 색색의 종이 등을 통해서 더 잘 이해할 수 있게 된다고 했다. 1876년에 애너가 필라델피아 세계박람회에서 사 온 프뢰벨 블록은 아이들이 삼각형, 사각형, 원 등의 기하학 블록들을 조립하며 놀 수 있는 장난감이다. 블록들은 간단해 보이나, 실제로 그 조합에 따라 끊임없이 다양한 형태들을 만들 수 있다. 이런 훈련은 미래의 건축가에게 조형 감각을 익히도록 하는 데 상당히 유익한 것이었다. 라이트가 젊은 시절에 살던 오크 파크를 가면 지금도 관광객 센터에서 이 장난감을 팔고 있다.

새로운 삶을 찾아서

라이트가 태어난 뒤로 애너는 자식들에게만 점점 더 관심을 쏟았고, 사사건건 윌리엄과 부딪쳤다. 그들은 오랜 불화 끝에 1884년에 결국 이혼했다. 라이트는 어린 시절에는 아버지를 동정하고 존경했지만 아버지의 무능력과 식구들에 대한 폭압적인 태도 때문에 점차 아버지에게서 멀어졌고, 부모가 이혼한 뒤에는 어머니와 함께 살았다. 그 뒤로 다시는 아버지를 만나지 않았으며, 1904년에 아버지가 죽었을 때 장례식에도 가지 않았다. 하지만 라이트에게는 아버지에게서

◀ 어린 시절의 라이트. 사진 제공: Art Resource

▼ 오크 파크 관광객 센터에서 팔고 있는 프뢰벨 블록.

◀ 라이트가 어린 시절을 보낸 위스콘신 주의 매디슨. 이곳은 미국에서 가장 풍요로운 자연의 혜택을 받은 지역으로, 초록의 풀밭이 끊임없이 펼쳐진 낮은 구릉 위로 빽빽이 들어찬 나무들이 인상적이다. 자연에 대한 라이트의 관심과 사랑은 이 시기에 눈을 떴다고 한다. 라이트가 어린 시절에 '골짜기The Valley'라 부르던 스프링 그린에 대한 묘사는 그의 자서전 곳곳에 나타나는데, 그는 60세가 넘어서도 자연에서 뛰놀던 때를 회상하면서 어떤 종류의 꽃이 어디에서 자랐는지, 또 개구리를 잡을 수 있는 장소며, 스컹크와 뱀의 집의 위치, 모래 늪의 위치, 숨겨진 제비집 등을 상세히 묘사했다. 그에게는 이곳은 끊임없는 기쁨의 원천이자 예술적 감수성의 출발점이었다.

물려받은 유산이 강하게 남아 있었다. 일생에 걸친 음악에 대한 사랑, 지칠 줄 모르는 정력, 사람을 끄는 매력, 그리고 자신의 수입에 맞춰 살 수 없는 낭비벽까지 아버지를 꼭 빼닮게 된다. 이 중에서 라이트가 아버지에게서 받았다고 스스로 인정한 단 하나의 유산은 음악에 대한 사랑이었다. 그의 자서전은 이런 내용을 전해 준다.

"아버지는 종종 밤늦게까지 피아노를 치시곤 했다. 소년은 잠자리에 누워 소리에 귀 기울이며 바흐와 베토벤의 음악을 가슴속 깊이 새겼다. 그 당시에 나의 삶은 그의 연주를 듣는 것이 거의 전부였다."

음악에 대한 라이트의 사랑은 평생 지속되었고, 나중에 자신의 아이들에게도 악기를 한 가지씩 다루도록 가르쳤다. 라이트는 항상 음악과 건축을 연관시켰는데, 아들인 데이비드 David Lloyd Wright에 따르면, 그는 음악을 작곡하는 방식과 건물을 설계하는 방식을 비교하며 "심포니는 소리의 건축 A symphony as an edifice of sound"이라고 말하고는 했다고 한다. 이는 라이트의 아버지가 그에게 했던 말이기도 했다.

라이트가 대학에 입학해야 할 시기였던 1886년, 집안은 더욱 어려워졌다. 라이트는 건축을 공부하고 싶었지만 위스콘신 대학교에는 건축학과가 없었고 그에게는 멀리 떨어진 건축대학에 갈 돈이 없었다. 그는 공대 학장에게 부탁하여 한 달에 35달러를 받는 일자리를 얻었고, 토목공학부에 등록했다. 그러나 학교에서 배우는 과목들보다 사무실에서 일하는 것에 더 흥미를 느꼈고, 학교 친구들과도 잘 어울리지 못했던 라이트는 겨우 두 학기를 마친 뒤에(학교 기록에 의하면 1886년 1월부터 12월까지라고 되어 있지만, 그는 3년 반을 다녔다고 주장했다.〔An Autobiography, p.82〕) 학교를 그만두었다. 라이트의 자서전을 보면 위스콘신 대학교에 대해 좋은 말은 단 한 구절도 나오지 않는데, 다음 문장을 보면 그가 학교 생활을 얼마나 싫어했는지 잘 알 수 있다.

"대학 시절을 뒤돌아보면 가난과 투쟁, 산산조각 난 집에 대한 비참함, 그리움, 모욕과 좌절 등, 고통스러운 기억뿐이다."(An Autobiography, p.82)

날이 갈수록 학교에 대한 염증을 느꼈고 가족들의 희생을 부담스러워했던 라이트는 위스콘신의 시골에서 벗어나 시카고라는 대도시에서 혼자 자신의 삶을 개척하고 싶어 했다. 마침 그의 삼촌인 젠킨스Jenkins Lloyd Jones가 시카고에서 새 교회를 짓고 있었기에 그를 통해 일자리를 구할 수 있을 것이라고 막연히 생각했던 라이트는 1887년 초에 어머니의 옷과 아버지가 남긴 책들을 저당 잡힌 돈으로 기차 삯을 마련해서 시카고로 향했다.(기차표를 사고 난 뒤에 그의 손에는 7달러만이 남았다.) 어린 나이에 가난하고 배움도 부족했던 그에게는 오직 건축가로 성공하고 말리라는 결심만이 가장 큰 자산이었다. 이를 계기로 그는 어머니의 사랑을 독차지하던 '소년the boy'에서 그 '자신'으로 거듭나게 되었다.

나는 '소년'에게 작별 인사를 했다.
그 뒤로 나는 온전한 '나 자신'이 되었다.(An Autobiography, p.60)

2장_ 제1의 황금기를 맞다

형태는 기능을 따른다

1888년, 20세가 된 라이트는 평생 '리버 마이스터 Lieber Meister(사랑하는 은사님)'라 부르며 존경해 마지않았던, 시카고에서 가장 유명한 건축가인 루이스 설리번 Louis Sullivan을 만난다. 라이트 건축의 기초는 설리번 밑에서 완성되었다고 말해도 과장이 아닐 만큼, 라이트에게 설리번의 영향은 무척 컸다. 아들러 & 설리번 Adler & Sullivan은 그 당시에 시카고에서 속칭 뜨는 설계사무실이었다. 당크마르 아들러 Dankmar Adler는 뛰어난 구조 공학자였고, 1879년에 합류한 루이스 설리번은 1883년에 아들러의 동업자가 되었다. 라이트가 이 사무실에 들어갔을 때, 아들러와 설리번은 건축계에서 두각을 나타냈으며 이른바 '시카고파 Chicago School'의 핵심 인물들이었다. 이들의 작업은 사실 14년 정도밖에 지속되지 않았지만, 주택, 상점, 공장, 사무실, 학교, 교회 등 200개가 넘는 프로젝트들을 수행하면서 건축사에 커다란 족적을 남겼다.

시카고파란 미국의 시카고 대화재가 발생한 1871년부터 1910년까지 시카고를 중심으로 활약한 건축가들을 부르는 말로, 대표적인 건축적 특징은 마천루, 철골 구조, 엘리베이터 등을 들 수 있다. 불필요한 장식을 없애고 실용성을 추구했으며, 새로운 시대정신을 반영하는 예술적인 형태를 추구했다.(지금 보면 여전히 장식이 많아 보이지만 그 당시만 해도 전 시대의 화려한 건물들에서 탈피하려고 노력한 결과의 산물들이었다.) 특히 이들은 현대 초고층 건축을 위한 철골 구조를

◀ 1895년경의 루이스 설리번. 라이트가 가장 존경한 사람이다.

▼ (왼쪽)뉴욕의 플랫아이언 빌딩Flatiron Building. 시카고파의 대표적인 건축가인 대니얼 버넘이 1902년 뉴욕에 지은 최초의 고층 건물로서 시카고파의 스타일을 가장 잘 드러낸 건물로 알려져 있다. 우리에게는 영화 〈스파이더맨〉의 주인공이 일하던 신문사의 사옥으로 친숙하다. ⓒ Kadellar
(오른쪽)루이스 설리번이 1894년에 설계한 버팔로의 프루덴셜 빌딩Prudential Building.
사진 제공: US Library of Congress

혁신적으로 발전시켰는데, 라이트가 나중에 일본에서 데이코쿠 호텔 Imperial Hotel, 帝国ホテル('제국호텔'이라고도 함)을 설계할 때 지진에 대비한 구조를 위해 참고했던 것이 이 당시에 시카고의 무른 토양에 고층 건물을 건축하기 위해 개발된 '떠 있는 기초 floating foundation'였다. 시카고파의 대표적인 인물로는 윌리엄 르 배런 제니 William Le Baron Jenny, 대니얼 버넘 Daniel Burnham, 루이스 설리번 등이 있다.

이처럼 설리번은 미국 현대 건축사에서 빼놓을 수 없는 거대한 인물이다. 그는 보스턴에서 자라나 매사추세츠 공과대학교 MIT에서 공부하고 파리의 에콜 데 보자르 École des Beaux-Arts에서 유학했지만, 르네상스와 고전 형태를 그대로 모방하는 프랑스식 교육을 거부하고 그 자신만의 건축을 추구했다. 설리번은 라이트를 만났을 당시에 고작 32세밖에 안 되었지만, 창의적인 설계로 당시 시카고에서 인기를 얻고 있었고 고층 건물 Skyscraper의 미학을 발명한 건축가로 알려져 있었다. 설리번이 나타나기 전까지 고층 건물이란 한 층짜리 벽돌집을 차곡차곡 높이 올려 쌓는 것에 지나지 않았으나, 설리번은 고층 건물의 새로운 미학을 제시했다. 그는 땅에서부터 건물의 꼭대기까지 내뻗는 기다란 선을 강조하여 건물의 수직성을 드러냈고, 건물을 기단, 몸통, 머리의 3부분으로 나누어 각각을 강조하여 다채로운 건물의 입면 façade을 추구했다. 이러한 설리번과의 만남은 라이트의 건축 인생을 바꿔 놓는 운명적인 것이었다. 라이트는 설리번을 통하여 비로소 고전 스타일을 그대로 따라 하는 건축에서 벗어나, 건축을 구조와 환경, 기술의 창조적인 추상화로 보기 시작했다. 라이트는 말년에 토크쇼에 나와서 설리번에게서 받은 영향을 다음과 같이 인정했다.

사회자: 선생님은 설리번에게서 영향을 받은 것을 인정하십니까?
라이트: 물론이죠. 그는 이 나라에 있는 모든 사람에게 영향을 끼쳤습니다.
사회자: 왜 그렇죠?
라이트: 그는 그 당시에 진정으로 진보적인 사람이었습니다. 건물의 높이가 높아져야 했지만 아무도 어떻게 건물을 높게 만들어야 할지 몰랐습니다. 사람들은 그저 원하는 높이에 닿을 때까지 한 층 위에

한 층을 더했지요. 그는 우리에게 고층 건물이 무엇인지 보여 주었습니다. 나는 '리버 마이스터'가 다가와서 책상 위에 자신이 설계하던 건물의 도면을 펼쳐 놓으며 말했던 순간을 기억합니다. "이보게, 라이트. 높다는 것, 그게 무슨 문제인가?" 설리번 이후에 고층 건물은 번창하기 시작했습니다. 내 생각에 우리가 보는 모든 고층 건물들은 루이스 설리번이 시작한 것의 결과물입니다.

설리번은 그 당시 건축계에서 혁신적인 설계자일 뿐 아니라 상당히 중요한 이론가이기도 했다. 그가 남긴 말 중에서 "형태는 기능을 따른다Form follows function"는 격언은 아직도 유명하다. 이 말은 당시 건축가들의 일반적인 생각을 완전히 뒤엎는 것이었다. 그때까지 건물의 형태는 용도와는 상관없이 그 시대의 스타일에 충실한 경우가 대부분이었기에 병원이나 학교, 또는 법원을 곁에서만 보면 서로 다른 점을 발견할 수 없었다. 평면은 용도에 상관없이 대부분 비슷했고, 건축가의 능력은 그 당시에 유행하던 스타일에 따라 창문이나 기둥 부분을 어떻게 멋지게 처리하느냐에 달려 있었다. 그러나 설리번은 건물을 설계할 때 그 용도에 따라 겉모습도 다르게 해야 한다고 생각했다. 지금 들으면 당연한 말이지만, 그때 당시만 해도 아무도 생각하지 못했다.

이 말은 나중에 시대별로 다르게 해석되어서 그때그때 조금씩 다른 의미로 인용되었다. 실용적인 면을 중요하게 생각하는 사람들은 설리번의 말을 '건물의 형태는 건물의 기능과 실용적인 목적에 다라 결정된다.'고 해석했다. 이는 정확히 모더니즘Modernism의 기능주의적인 생각을 대변하는 말이다. 불필요한 장식을 없애고 기능에 충실한 건물로 상징화된 모더니즘이 크게 유행하던 1930년대에

▶ (위)미스 반 데어 로어의 시그램 빌딩. 모더니즘의 대표작이다.

(아래)루이스 설리번이 1899년에 설계한 뉴욕의 바야드 빌딩Bayard Building. 화려한 장식이 특징이다.

는 이러한 해석이 맞는 것으로 생각되기도 했지만, 설리번이 말한 기능은 단순히 기계적인 기능과 형태의 일대일 관계를 뛰어넘어 자연 세계의 형태와 기능의 관계를 말한 것으로 생각된다. 설리번은 그 말을 하면서 기계적인 형상이 아닌 유기적인organic 형태의 그림들을 예로 들었다. 또한 건물에 장식을 덧붙이는 것을 죄악시하는 모더니즘 건축가들과는 달리, 설리번은 장식이 완전히 없어져야 한다고 말한 적이 없었다. 사실 설리번의 건물은 그의 특출한 꽃 패턴과, 아르 누보 방식의 자연 형태에 기반을 둔 정교하고 비비 꼬인 장식으로 유명하다.

라이트의 초기 건축이 탄생한 곳, 오크 파크

한편, 20세의 라이트는 시카고의 부유한 집안 출신인 16세의 소녀와 사랑에 빠졌다. 그녀의 이름은 캐서린 리 토빈Catherine Lee Tobin으로, 모두가 키티Kitty라는 이름으로 불렀다. 그들은 교회에서 열린 댄스 파티에서 우연히 부딪치며 서로 알게 되었다. 라이트에게는 운명적이었던 이 만남이 있은 지 얼마 지나지 않아 그는 그녀에게 청혼했다. 키티의 부모는 라이트가 너무 어리고 불안정하고 가난하다는 이유로 반대했다. 라이트의 어머니 또한 키티를 탐탁지 않게 생각했다. 라이트는 이러한 부모들의 반대를 극복하기 위해 설리번에게 1주일에 60달러씩 쳐서 5년 치 봉급을 가불하고 또 개인적으로 5천 달러를 꾸었다. 라이트는 이 돈으로 시카고 교외의 오크 파크Oak Park라는 곳에 멋진 새 집을 지은 뒤 1889년에 결혼했다. 그때 키티의 나이 18세, 라이트의 나이 22세였다.

오크 파크는 차분하고 아늑한 분위기에 수많은 교회들이 곳곳에 들어차 있어서 '성자의 휴식처Saint's Rest'라고 불렸다. 이곳은 라이트가 장차 20년 동안 머물며 자신의 초창기 건축을 전개해 나가는 중심지가 된다.

나는 시카고 근교의 오크 파크를 세 번 방문했는데, 그중에서도 2006년 5월이 가장 기억에 남는다. 아마도 우연히 닥닥뜨린 '라이트 플러스Wright Plus'라는 행사 때문일 것이다. 라이트의 건축을 방문하기 위해 도착한 토요일 오전의 오크 파크는 사람들로 북적이고 있었다. 오크 파크에는 라이트가 설계한 수십 채의 집이 있지만, 관광 코스로 개발된 라이트 본인의 집을 제외하고는 전부 사람

▲▶ 오크 파크에 있는 라이트의 홈 앤드 스튜디오(위)와 문패(오른쪽).

▲ 김수근(왼쪽, 사진: 무라이 오사무村井修, 사진 제공: 김수근문화재단)과 김중업(중간). 김수근과 김중업은 1960년대와 1970년대의 우리나라 건축계에서 선구자적인 역할을 했던 분들로 김수근은 남산 자유센터, 구舊 타워호텔, 워커힐 힐탑바, 서울 올림픽 주경기장 등을 설계했고, 김중업은 주한 프랑스 대사관, UN 묘지 정문, 제주대학교 본관, 올림픽공원 평화의 문 등을 설계했다.
(오른쪽)라이트 플러스 행사를 위해 줄을 길게 늘어선 모습.

이 살고 있어 평소에는 일반에 공개하지 않는다. 그러나 1년에 한 번 이날만큼은 특별히 일반에 공개되어 누구나 안을 구경할 수 있는데, 나이가 지긋하신 할아버지, 할머니를 비롯하여 젊은 학생들도 라이트가 설계한 집을 구경하기 위해 길게 줄을 늘어섰다. 이런 행사를 한다는 것 자체도 놀랍지만 사람들의 참여가 이렇듯 적극적인 데 더욱 놀랐다. 적지 않은 돈(그날 오크 파크의 집들을 둘러보는 하루 코스에 70달러 정도를 내야 했다.)을 내고 건축가의 건물을 둘러보는 사람들을 보며 너무나 부러웠다. 이게 어디 우리나라에서는 가능한 일인가? 우리는 우리의 자랑스러운 건축가 김수근, 김중업 선생의 건물을 가꾸고 보존하는 데 얼마만큼 노력을 기울이는지 반성해 봐야겠다.

라이트의 홈 앤드 스튜디오

1889년에 처음 완공되어 그 뒤로도 계속 증축이 이루어진 '홈 앤드 스튜디오 Home and Studio'는 탤리에신과 함께 라이트의 건축을 이해하는 데 필수적이다. 이 집은 크게 두 번에 걸쳐서 대규모 증축이 이루어졌다. 첫 번째는 1895년에 계속 늘어나는 아이들을 위해 식당과 새로운 부엌과 아이들의 놀이방을 더했고, 두 번째는 1898년에 스튜디오를 증축하여 시카고 시내에 있던 사무실을 옮겨 왔다. 라이트는 언제나 늦게까지 일을 했기에 좀 더 안락한 사무 공간을 원했고, 어린 자녀들과 키티도 라이트를 필요로 했다. 이 스튜디오에서 라이트는 향후 11년간 125채의 건물을 완성했는데, 사무실과 집을 가까이 두는 그의 습관은 이때부터 시작되어 평생 지속되었다. 이외에도 새로운 아이디어가 떠오르면 자신의 집에 먼저 적용해 보고는 했기에 벽과 창문 등을 언제나 크고 작게 변경했다. 그 과정을 한데 모아 놓고 보면 처음 집을 지을 당시 유행하던 '퀸 앤 양식 Queen Anne style'에서, 점차 증축될수록 수평선을 강조하는 라이트의 '프레리 양식 Prairie style'이 하나둘씩 드러남을 알 수 있다. 라이트가 오크 파크를 떠난 1910년 이후에 많은 변화를 겪으며 원래 모습을 전혀 알아볼 수 없게 변했던 이 집은, 현재 라이트가 떠나기 직전의 모습을 그대로 재현해 놓았다. 이 집을 복원하는 일은 거의 새로 다시 짓는 것이나 마찬가지였는데, 어느 시점을 완공된 시점으로 보고 건물을 복원해야 할지에 대해서는 많은 학자들의 의견이 엇갈렸다고 한다.

▼ (왼쪽)홈 앤드 스튜디오의 시대별 증축 다이어그램.
(오른쪽)홈 앤드 스튜디오의 현재 모습. 깔끔한 잔디밭 위에 박공지붕의 건물이 단정하게 놓여 있다.

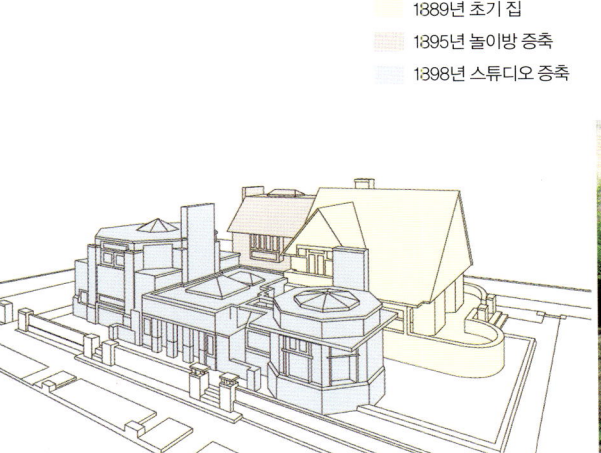

1889년 초기 집
1895년 놀이방 증축
1898년 스튜디오 증축

집을 정면에서 바라보면 삼각형의 박공지붕을 크게 과장시킨 퀸 앤 양식이 눈에 띈다. 특히 삼각형의 지붕, 다각형의 밑부분, 직사각형의 벽돌 기단 등 기하학적인 형태들의 조합으로 전체를 구성한 점에서는 그가 어린 시절에 가지고 놀던 프뢰벨 블록의 영향을 느낄 수 있다. 집 안에 들어서면 바로 앞에 계단이 있고, 벽을 따라 두른 몰딩에서는 페르가뭄Pergamum의 제우스 제단에서 본뜬 '신과 거인들의 전쟁' 장식 부조 띠가 보인다. 이 장식은 설리번의 대표작인 오디토리엄 빌딩Auditorium Building에도 쓰였는데, 라이트가 이 집을 지을 당시에 설리번과 함께 작업하던 건물의 장식을 그대로 가져다 쓴 것으로 보인다. 라이트는 고전 스타일을 현대 건물에 그대로 가져다 쓰는 것을 혐오했지만 그리스 조각상만큼은 대단히 좋아했다고 한다.

◀ 홈 앤드 스튜디오의 현관 내부. 위쪽으로 페르가뭄의 제우스 제단에서 본뜬 장식 부조 띠가 보인다.

▼ 다양한 퀸 앤 양식의 집들.

라이트 공간의 특징

실내로 들어서면 현관에서 대각선 방향으로 벽난로가 보이고, 벽으로 살짝 가려진 벽난로 앞에는 사람이 앉을 수 있는 자그마한 공간인 잉글눅 inglenook이 있다. 이 벽난로와 잉글눅의 디자인을 보면 미술공예운동 Arts and Crafts Movement의 영향을 강하게 느낄 수 있다. 미술공예운동에서 벽난로는 가족과 집안의 평화를 상징하는 것으로 중요하게 생각되었는데, 라이트 역시 주택을 설계할 때 벽난로를 상당히 중요시했다. 라이트가 설계한 주택들을 들여다보면 거의 모든 집들이 이렇듯 벽난로를 중심에 놓고 그 주변에 방들을 배치하는 구성을 보인다. 벽난로는 라이트에게는 단순히 난방을 위한 도구일 뿐 아니라, 가족의 화목과 평화를 상징하는 '집의 심장'과 같은 역할을 했다. 가운데에 벽난로를 놓고 주변으로 점차 공간을 확장하여 내부와 외부의 경계를 흐리는 방식은 로비 하우스 Robie House(1906)를 거쳐 라이트의 필생의 역작 중 하나인 낙수장 Fallingwater(1935)에서 정점을 이룬다.

낮은 천장과 창문이 서로 맞닿은 모서리는 거실 공간을 아늑하면서도 널찍하게 보이도록 한다. 라이트는 공간의 전개를 언제나 대각선 방향으로 하는 것으로 유명한데, 이것은 공간 안에 있는 사람에게 내부를 한꺼번에 보여 주지 않고 움직임에 따라 공간을 점차 발견해 가도록 하기 위함이었다. 여기서도 현관, 거실, 서재가 대각선으로 놓여 있어, 방문객이 그 안에서 자연스럽게 움직이면서 공간을 발견해 나가도록 했다. 커튼으로 공간 사이를 구분했지만, 아기자기한 장식들이 나무 벽을 감싸고 돌며 전체의 낱들을 하나로 느껴지게 한다. 또한 주택의 내부 장식에 사용된 자연색에 가까운 초록색과 황금색은 집을 자연과 더욱 가깝게 느끼게 한다. 이 거실에서 보이는 모서리의 창과 낮은 천장, 대각선의 공간 전개는 프레리 양식의 전형적인 특징이다.

라이트의 프레리 양식의 집들은 안에 들어서면 공간이 단단히 짜여 있으면서도 무한히 뻗어 나가는 느낌을 준다. 더구나 천장 높이가 낮기 때문에 그 아래에 서 있는 사람은 수평으로 뻗어 나가는 천장과 일체감을 느끼게 된다. 라이트는 종종 낮은 천장 때문에 비난을 받고는 했는데, 사실 이 비난은 순진하게도

▲ 홈 앤드 스튜디오의 현관 바로 옆에 있는 벽난로와 잉글눅.

▲ 홈 앤드 스튜디오의 거실. 라이트는 모서리에 항상 창을 배치하여 공간이 더욱 넓어 보이도록 했다.

▶ 홈 앤드 스튜디오의 1층 평면도. 입구에서 거실, 서재까지 공간을 점차 발견해 나가는 대각선 전개를 보여 준다.

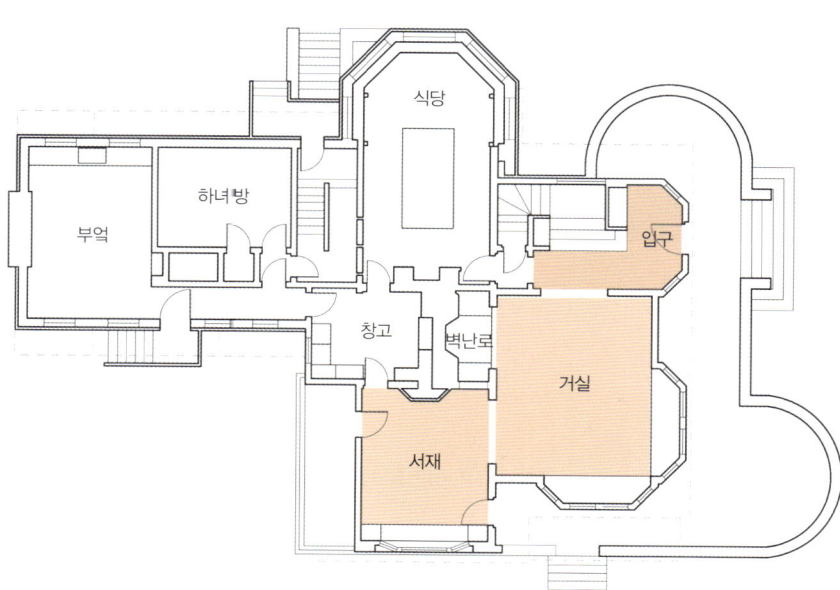

174센티미터인 자신의 작은 키에 맞추기 위해 천장을 낮게 설계했다고 한 그의 농담 섞인 말에서 생겨났다. 자서전을 보면 라이트는 자신이 3인치만 더 컸더라면 자신이 설계한 모든 집들의 층고가 달라졌을 것이라고 자못 심각하게 이야기하기는 한다. 하지만 그는 공간의 극적 조작에서 대가였다. 라이트는 사람의 눈이란 천장 높이의 차이가 어느 정도 이상 되지 않으면 그 변화를 잘 인식하지 못한다는 것을 알았기 때문에, 공간의 극적인 효과를 더욱 배가시키기 위하여 천장을 매우 낮거나 또는 매우 높게 만들었다. 이런 아이디어는 자신의 아이들을 위해 설계한 놀이방에서 처음으로 나타난다. 이 놀이방은 여러 면에서 라이트의 초기 공간을 대표하는 작품이라 할 수 있다. 어둡고 좁은 복도를 따라가다 놀이방에 들어서면, 한가운데에 하늘을 향해 뚫린 높은 천창天窓(지붕에 낸 창)에서 쏟아지는 햇빛을 만난다. 둥그런 천장은 방을 실제 크기(6.6×4.8×4.5 미터)보다 훨씬 더 커 보이게 하여 좁은 복도에서 드라마틱한 공간으로 전이되는 효과를 배가시킨다. 천창에서 쏟아지는 햇빛은 실내에서도 실외의 느낌을 주는데, 라이트는 공간의 중심 부분에 자연광을 들어오게 하는 방식을 여기서

▼ 홈 앤드 스튜디오의 2층 복도에서 놀이방을 바라본 모습. 좁고 어두운 복도를 따라가다 보면 널찍한 놀이방과 만난다.

▼ 홈 앤드 스튜디오의 놀이방 평면도.

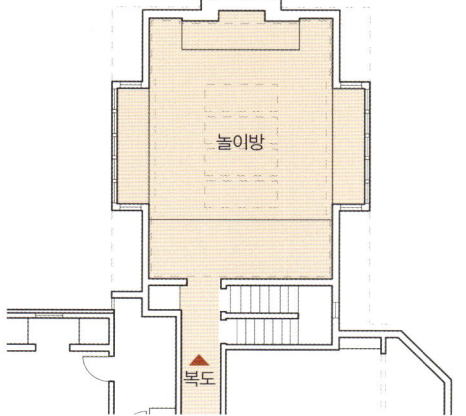

▲ (위 왼쪽) 홈 앤드 스튜디오의 놀이방.
홈 앤드 스튜디오의 놀이방에 있는 피아노(위 중간)와 그 뒷부분이 계단실로 튀어나와 있는 모습(위 오른쪽).
(아래) 홈 앤드 스튜디오의 식당. 라이트는 의자와 식탁뿐 아니라 식탁을 비추는 등과 어린이용 의자, 창문의 격자까지도 일일이 직접 디자인했다.

처음 사용한 뒤로 라킨 빌딩(1904), 구겐하임 미술관(1956)에 이르기까지 자신의 건물에서 평생에 걸쳐 계속 사용했다.

라이트는 이 방에 그랜드 피아노를 들여놓고 싶어 했지만 공간을 너무 많이 차지하여 곤란해했다고 한다. 라이트가 생각해 낸 방법은 벽을 뚫어서 피아노의 뒷부분을 벽에 매달아 놓는 것이었다. 놀이방과 맞붙어 있는 계단을 돌아 내려가면 줄에 매달려 계단실로 튀어나와 있는 피아노의 뒷부분을 볼 수 있는데, 계단을 내려갈 때 이곳에 머리를 부딪치지 않도록 주의해야 한다. 라이트 같은 대가가 공간의 부족함을 벽을 뚫어 버림으로써 해결하다니 좀 아이러니하게 느껴진다.

아무리 비싼 집도 그 안에 들어가는 가구가 허접스러우면 건물 자체의 격이 떨어진다는 것을 잘 알았던 라이트는 집 안의 분위기에 알맞도록 모든 가구들을 직접 디자인했다. 등받이가 높은 식탁 의자와 식탁, 스튜디오의 안락의자, 침대, 일본 목판화(우키요에 浮世繪)를 위한 접히는 테이블 등은 주변 공간과 썩 잘 어울린다. 이처럼 부분과 전체가 통합을 이루어야 한다는 그의 생각 또한 미술공예운동에서 영향을 받은 것으로, 이때부터 싹트기 시작한 생각이자 그의 건축을 돋보이게 하는 몇 가지 요소 중 하나였다. 이처럼 오크 파크의 홈 앤드 스튜디오는 가족을 위한 집과 일을 하기 위한 일터였을 뿐 아니라 그의 건축적 아이디어의 생성 과정을 직접 느낄 수 있는 현장이다.

홈 앤드 스튜디오의 변형과 복원

라이트는 1910년에 이 집을 떠나면서 주거 부분은 가족들의 생계 수단을 위해 세를 주었고, 스튜디오는 개조하여 가족들이 살도록 했다. 이 당시에 그는 다른 사랑과 함께 새로운 보금자리를 짓고 있었다. 1925년에 아이들은 모두 성장하여 여기저기로 흩어졌고 키티마저 시카고의 도심으로 이사를 갔다. 그 뒤로 이 집은 7개의 작은 아파트로 나뉘어 예전의 모습을 거의 찾아볼 수 없게 된다. 프랭크 로이드 라이트 홈 앤드 스튜디오 재단 Frank Lloyd Wright Home and Studio Foundation이 1974년에 설립되어 라이트의 집을 1909년 당시의 상태 그대로 복원하기로 했

▲ 복원되기 전의 스튜디오의 모습.

을 때, 그 집은 너무도 많이 변하여 거의 모든 부분을 새로 짓는 것이나 다름없었다. 3백50만 달러와 13년의 기간이 소요된 이 복원 작업은 예전에 쓰였던 도면들과 가족들의 증언을 토대로 세심한 작업을 거쳐 1987년에 끝났다.

아들러 & 설리번의 대표작, 오디토리엄 빌딩

여기서 잠깐, 앞에서 언급했던 오디토리엄 빌딩에 대해 살펴보도록 하자. 시카고의 미시간 애비뉴Michigan Avenue와 콩그레스 파크웨이Congress Parkway가 만나는 시내 중심부에 위치한 이 빌딩은 아들러와 설리번의 대표작으로 손꼽힌다. 10층 높이와 63,000제곱피트(약 5,853제곱미터)의 면적에 136개의 사무실 및 상업 시설 공간, 400개의 호텔 방에 극장까지, 다양한 기능이 복합된 최초의 다목적 건물로서, 외벽은 두터운 조적조로 되어 있고 실내외 모두 디테일의 화려함을 자랑한다. 다양한 기능을 포함하고 있지만 겉모습은 하나의 건물로 보이도록 하기 위해 설리번은 많은 고심을 했다. 지어질 당시만 해도 시카고에서 가장 무거운 철골 구조물의 건물, 세계에서 가장 큰 4,200석의 극장, 최초로 전등을 실내에 장착한 건물, 세계에서 가장 큰 자가발전기를 가진 건물, 최초로 지하층을 방수 처리한 건물, 최초로 건물 전체에 방화 처리를 한 건물 등 수많은 최초 기록을 가지고 있었다. 건축주는 건물의 디자인에는 대단히 만족했지만, 늘어만

▶ 복원된 스튜디오의 모습. 원래 스튜디오 2층은 뻥 뚫려 있었으나 가족들이 살기 위한 거처로 개조되었다.

◀ 오디토리엄 빌딩이 완공될 당시의 사진.
사진 제공: US Library of Congress

▼ 오디토리엄 빌딩의 현재 모습. 시카고에 있으며, 지금은 루스벨트 대학교의 캠퍼스로 사용되고 있다.

▲ (왼쪽, 오른쪽)오디토리엄 빌딩에 있는 극장. 사진 제공: US Library of Congress

가는 건물 유지비가 건물의 임대 수입을 넘어서면서 1928년에 결국 파산을 했다. 1931년, 건물을 부수려는 계획이 세워졌지만 건물을 해체하는 비용이 땅값을 넘어서는 것으로 나타나자 무산되었다. 1941년까지 근근이 유지되다가 또 다른 해체 계획이 나왔지만 해체 비용이 여전히 너무 비싸 그냥 놔두게 되었다. 전쟁 중에는 군인들의 숙소로 사용되었다가 1946년에 루스벨트 대학교에서 구입하여 지금까지 캠퍼스로 사용하고 있다. 건물 내부의 오디토리엄 극장 역시 계속 버려진 채 남아 있다가 1967년에 대학 당국의 노력으로 원래 상태로 복원되어 다시 개관했다.

모방과 창조 사이

오디토리엄 빌딩이 성공한 1889년 이후에 아들러 & 설리번 사무실에는 고층 건물, 공장, 호텔, 극장 등의 일이 쏟아져 들어왔다. 이런 상황에서 설리번에게는 자그마한 주택은 관심의 대상이 아니었다. 그들의 주된 작업은 상업 건물이었고 주택은 특별한 경우에만 주문을 받았다. 라이트는 주택 건축에 관심이 많았고 자연스레 이 주택들을 설계할 기회를 얻었다. 설리번은 점차 라이트를 신임하여 자신의 주택까지도 설계를 맡길 정도가 되었다. 라이트가 설리번의 신임을 그토록 빨리 얻을 수 있었던 데에는 그의 재능이 크게 작용했다. 라이트는 어떤 스타일이든 본 즉시 모방할 수 있었을 뿐 아니라, 거기서 한 걸음 더 나아가 창의적으로 변형시켰다. 이런 재능은 설리번 밑에서 점점 더 성숙해져 갔다.

이처럼 다른 사람의 디자인을 창의적으로 변형하는 데 천재적인 재능을 가진 라이트였지만, 그의 초기 작품들 중에는 다른 건축가들의 작업을 그대로 베낀 것이 많았다. 라이트가 1889년에 설계한 자신의 집은 뉴욕 건축가인 브루스 프라이스Bruce Price가 1886년에 턱시도 공원Tuxedo Park에 지은 켄트 하우스Kent House 와 상당히 유사하고, 라이트가 나중에 독립하여 처음으로 설계한 윈슬로 하우스Winslow House(1893)의 주 출입구는 설리번이 그보다 2년 전에 설계한 샬럿 딕슨 웨인라이트Charlotte Dickson Wainwright의 개인 무덤의 장식을 거의 그대로 베꼈다. 또한 라이트가 1893년에 설계한 밀워키 시립도서관을 위한 설계 공모 계획안은

▼ 1891년에 라이트가 설리번과 같이 설계한
시카고의 찬리 하우스Charnley House.
사진 제공: US Library of Congress

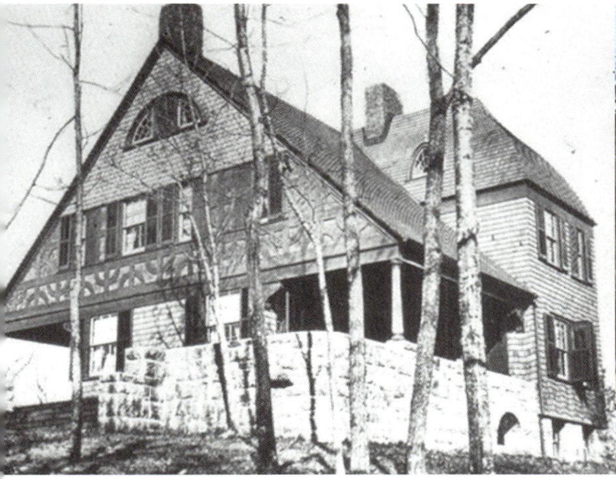

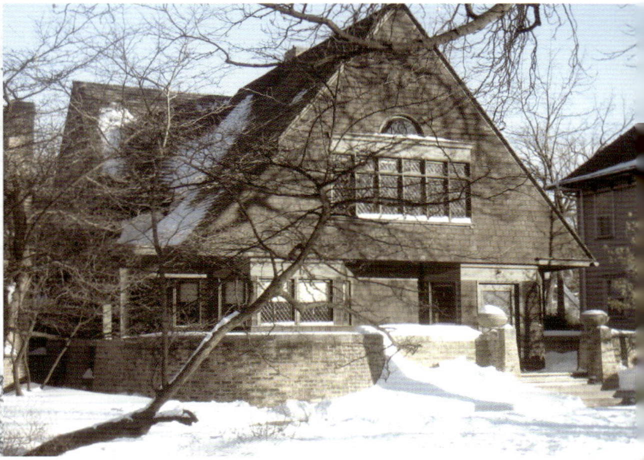

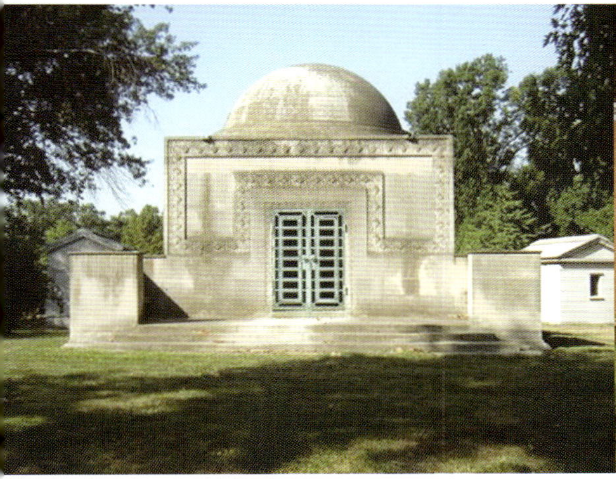

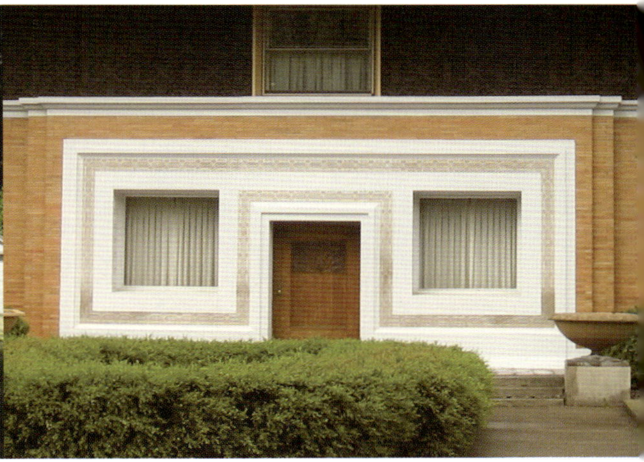

▲ 브루스 프라이스가 턱시도 공원에 지은 켄트 하우스(1886, 위 왼쪽)와 라이트가 설계한 자신의 집(1889, 위 오른쪽). 두 건물이 상당히 유사하다.
루이스 설리번이 설계한 샬럿 딕슨 웨인라이트의 무덤(1891, 아래 왼쪽)과 라이트가 설계한 윈슬로 하우스(1893, 아래 오른쪽). 라이트가 윈슬로 하우스의 주 출입구를 설리번의 디자인을 거의 그대로 베낀 것을 알 수 있다.

Design by Frank L. Wright, Architect

▶ 찰스 레니 매킨토시의 미술관 계획안(위)과 라이트의 밀워키 시립도서관 계획안 입면(아래). 라이트의 계획안은 우리가 알고 있는 그의 스타일과는 전혀 다른 반면에 매킨토시의 계획안과 거의 똑같다.

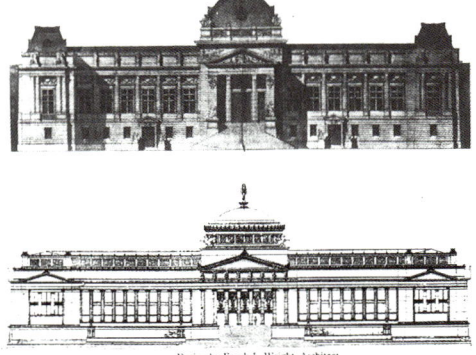

거의 모작에 가까울 정도다. 라이트가 제출한 드로잉은 그 당시에 재능 있는 건축가였던 찰스 레니 매킨토시 Charles Rennie Mackintosh 의 드로잉과 거의 똑같았다. 매킨토시가 이 드로잉을 그렸을 때는 겨우 학생이었는데, 그는 이 계획안으로 상을 받고 1890년에 출판도 했다. 라이트는 출판된 책을 보고 디자인을 베낀 것 같다. 라이트는 나중에 자신이 남의 디자인을 훔쳤다는 사실을 마지못해 털어놓았다.(An Autobiography, p.118)

라이트는 자신이 다른 사람들의 영향을 절대 받지 않고 오직 스스로의 내부에서 나오는 영감에 따라 디자인을 한다고 주장했지만, 앞에서 보다시피 이것은 사실이 아니다. 원래의 아이디어가 그의 상상력과 창의력에 의해 변형되기는 했지만, 라이트는 평생 동안 자신이 보았던 모든 것에서 영향을 받았던 사람이다. 하지만 역으로 그는 자신이 영향을 받은 것 이상으로 이 세상에 영향을 준 사람이기도 했다.

3장_ 로비 하우스, 프레리 양식의 전형

문라이팅, 설리번을 배신하다

라이트는 키티와의 사이에서 4명의 아들과 2명의 딸 등 전부 6명의 아이를 두었다. 라이트가 아들러 & 설리번 사무실을 떠나 독립할 당시에 라이트 부부에게는 2명의 아들이 있었고 세 번째 아이를 임신하고 있었는데, 결혼 초기부터 수입을 훨씬 초과하는 삶을 살았던 그는 점점 더 많은 돈이 필요했다. 게다가 라이트는 고서들과 일본 목판화들을 수집하기 시작했다.(라이트가 1910년까지 살던 오크 파크의 집과 그 이후에 살았던 탤리에신에 가 보면 그가 살던 당시의 모습을 그대로 재현해 놓았는데, 거기에는 일본 목판화, 병풍, 불상 등이 빼곡히 들어차 있다.) 이렇듯 라이트의 고상한 취미는 식료품점, 정육점, 전기료 등의 외상 청구서들을 항상 뒷전에 놓이게 했다. 일요일 오후에 라이트가 가장 즐겨 하던 일은 새로 산 가구들을 들여놓으며 거실을 새로 배치하는 것이었다. 라이트는 살림을 걱정하는 키티를 달래며 다음과 같이 말하고는 했다.

> 우리가 이 훌륭한 예술품들을 소장하고 있는 이상, 먹을 것과 입을 것이 저절로 들어올 거야.(An Autobiography, p.118)

그러나 그의 소망과는 달리 빚은 점점 늘어만 갔고, 결국 그는 설리번을 배신하기 시작했다. 라이트는 일과 시간 이후에 몰래 부유한 고객들의 집을 설계하

◀ 1893년에 건축된 월터 H. 게일 하우스 Walter H. Gale House. 라이트가 설리번 밑에 있을 당시에 몰래 설계한 집이다.

◀ 1892년에 건축된 로버트 P. 파커 하우스 Robert P. Parker House. 역시 라이트가 설리번 밑에 있을 당시에 몰래 설계한 집이다.

◀ 라이트가 설리번에게서 독립한 지 5년 뒤인 1898년에 자신의 집에 차린 스튜디오. 오크 파크에 있는 그의 집에 가면 당시의 모습 그대로 재현해 놓았다.

기 시작했고 그러한 작업은 2~3년간 꽤 잘되었다. 달빛 아래서 몰래 일한다는 뜻의 '문라이팅moonlighting'은 자신의 이름을 알리고 싶어 하는 젊은 제도공들 사이에서는 보편적인 것이어서, 라이트의 고용계약서에는 문라이팅을 엄격히 금지하는 조항이 있었다. 라이트는 전부 6채의 집을 몰래 설계했는데, 그중에 3채가 시카고의 설리번 집 근처에 있었다. 라이트는 친구를 대신 건축가로 내세우며 조심했으나, 결국 1893년에 설리번에게 발각되었고 즉각 해고당했다. 물론 라이트는 자신이 해고당한 게 아니고 제 발로 걸어 나왔다고 주장했지만……. 어쨌거나 그는 뒤돌아보지 않았다. 설리번에게 돌아가서 매달리는 대신, 젊고 재능 있는 건축가들을 끌어모아 1893년에 시카고에서 사무실을 열었다.

설리번의 몰락

설리번에게서 미련 없이 떠나자마자 자신의 사무실을 재빨리 차렸던 것을 보면, 라이트가 이미 설리번을 떠날 결심을 그전부터 하고 있었다는 사실을 짐작할 수 있다. 1893년에 열린 시카고 콜럼비언 세계박람회World's Columbian Exposition는 라이트의 이러한 결심에 결정적인 영향을 끼친 사건이다. 시카고 콜럼비언 세계박람회는 콜럼버스가 신대륙에 온 지 400주년이 된 것을 기념하여 열렸는데, 6개월 동안 2,600만 명이 방문하는 등 대단히 성공적으로 개최되어 불과 20년 전에 화재로 폐허가 되었던 시카고를 현대적인 도시로 다시 태어나게 한 행사였다. 시카고의 유명한 건축가였던 대니얼 버넘과 존 루트John Root가 주도한 이 박람회의 전체적인 분위기는 그리스나 로마 시대의 신전들을 본뜬 신고전주의Neoclassicism 양식이 주류를 이루었는데, 온통 하얀색으로 칠해진 둥그런 기둥과 화려한 장식으로 치장한 건물들을 본 사람들은 '백색의 도시White City'라 불렀다. 이러한 스타일은 금방 인기를 끌어 1900~1910년에 미국 대도시에 지어진 거의 모든 건물이 이러한 형태를 띠게 되었다.(1900년대 초반에 많은 공공 건물이 지어졌던 워싱턴 D. C.를 포함한 미국의 여러 대도시에서는 지금도 이런 건물들을 많이 볼 수 있다.)

설리번의 스타일은 전통의 부활이 크게 유행하던 시기에도 변하지 않았다.

뉴욕의 매킴 미드 앤드 화이트McKim, Mead & White를 선두로 한 1880년대의 동부 건축가들은 신고전주의 양식을 디자인의 원천으로 삼아 날로 번창해 갔지만, 건물의 겉모습은 그 건물의 용도와 조화를 이루어야 한다고 생각했던 설리번은 옛날 스타일의 획일적인 모방에 대해 강하게 반발했다. 설리번은 이 박람회에 트랜스포테이션 빌딩Transportation Building 설계안을 출품했는데, 그 내부는 기차를 넣을 수 있을 만큼 커다란 홀로 이루어져 있었다. 이 건물은 박람회에서 시카고파의 스타일로 설계된 유일한 건물로서 찬반이 뒤섞인 평가를 받았는데, 그 당시에 새로운 트렌드였던 신고전주의 성향이 부족하다는 비판이 주를 이루었다. 이를 계기로 설리번의 인기가 점차 하락하기 시작했다. 이 모든 상황을 옆에서 지켜본 라이트에게는 설리번은 이미 전성기가 지나 버린 구시대의 이론가일 뿐이었다. 라이트는 나중에 다음과 같이 고백했다.

> 이제는 하나의 –이즘이 되어 버린, 세계박람회에 등장한 거짓 '고전'의 커다란 파도가 우리 모두를 휩쓸어 버렸다.(An Autobiography, p.123)

윈슬로 하우스(1893)는 라이트가 독립해서 처음으로 한 일이었다. 건물 전체는 간결한 박스 형태로서 커다란 지붕은 대칭성을 강조하고 있다. 몇 년 뒤의 작업과 비교해 볼 때 상당히 전통적이지만, 각 부분들의 적절한 비례와 다양한 재료의 사용은 고작 26세밖에 안 된 청년이 디자인한 것이라고는 믿어지지 않는다.(특히 요즘 세대와 비교하면 더욱 그렇다.) 앞에서 말한 대로 윈슬로 하우스의 입면 장식과 설리번이 이보다 2년 전에 디자인한 개인 무덤의 입면을 비교해 보면, 설리번의 영향을 강하게 느낄 수 있다.(라이트는 이 집의 설계를 설리번의 사무실에서 떠난 지 불과 몇 주 뒤에 시작했다.) 시카고의 유명한 건축가였던 대니얼 버넘(2장에서 소개한 뉴욕의 플랫아이언 빌딩을 설계했고 1893년 시카고 콜럼비언 세계박람회를 주도한 건축가이자 당시에 미국건축가협회American Institute of Architects, AIA의 회장으로 재직하고 있었다.)은 윈슬로 하우스를 극찬하면서, 라이트에게 학비와 가족의 생활비를 지원하여 프랑스 파리의 에콜 데 보자르에서

▲ (위 왼쪽)1893년 시카고 콜럼비언 세계박람회 전경.
(위 오른쪽)매킴 미드 앤드 화이트에서 신고전주의 양식으로 설계한 컬럼비아 대학교의 로 기념도서관 Low Memorial Library.
(아래 왼쪽)루이스 설리번이 설계한 트랜스포테이션 빌딩.
(아래 오른쪽)트랜스포테이션 빌딩의 입구. 이 부분은 라이트가 주도적으로 디자인을 담당했다고 한다.

4년간, 로마에서 2년간 더 공부할 수 있는 기회를 주선해 주고, 공부가 끝난 뒤에는 자기 사무실에 자리를 주겠다고 제안했다. 당시에 이러한 제안은 특급 건축가로 가는 지름길이었기에 라이트에게는 큰 유혹이었으나, 이미 설리번의 밑에서 4년을 보낸 그는 유럽의 고전 건축에는 관심을 잃은 지 오래였다. 라이트는 이 제안을 그 자리에서 거절하고 자신만의 건축을 추구하기로 결정했다.(라이트의 자서전에는 라이트가 대니얼 버넘과 저녁 식사를 하는 자리에서 이 제안을 받고 당시의 건축 경향에 대해 격렬히 논쟁하는 이야기가 자세히 나온다. 만약 내가 그 상황이었다면 어떻게 했을까? 자기 자신에 대한 확신이 없다면 절대로 거절하기 힘든 제안이었던 게 분명하다.)

▲ 1893년에 설계된 윈슬로 하우스. 이 건물은 나중에 미국건축가협회에서 선정한 '라이트의 작업을 가장 잘 보여주는 17개의 작품' 중 하나로 뽑혔다.

◀ 1895년에 건축된 네이선 G. 무어 하우스Nathan G. Moore House. 라이트가 독립해서 작업한 초기작들 중 하나다.

◀ 1895년에 건축된 천시 L. 윌리엄스 하우스Chauncey L. Williams House. 라이트가 독립해서 작업한 초기작들 중 하나다.

대초원을 위한 건축, 프레리 양식

라이트는 열심히 일했다. 독립한 첫해에 5채의 집을 설계했고 그 뒤로도 매년 적을 때는 2채, 많을 때는 9채씩 꾸준히 일을 했다. 처음에는 오크 파크 고객들의 요구에 맞춰 퀸 앤 양식의 전통적인 건물들을 설계했고 많은 돈을 벌었지만, 라이트는 점차 고객의 요구를 만족시키는 데에서 더 나아가 새로운 것을 원했다. 때로는 집 한 채의 평면도를 수십 번 고치고 다듬으며 점차 자신이 원하는 스타일을 찾아냈고, 그 뒤로 10여 년간 건축의 새로운 방향을 제시하는 디자인을 차례차례 발표했다. 우리가 통상 '프레리 양식'으로 부르는 라이트만의 독특한 스타일은 이 시기에 태어나서 완성되었다. 그는 유럽에서 들여온 것을 모방하는 스타일이 아니라 미국의 기후와 풍토에 맞는 미국만의 독특한 스타일을 추구했다. 라이트는 모든 위대한 나라는 그 자신만의 건축을 가지고 있으며, 그것은 그 나라의 독특한 지형과 날씨, 사회상 등을 고려한 것이어야 한다고 생각했다. 라이트의 이러한 생각은 프레리 하우스의 곳곳에서 나타난다.

그럼, 외관상 가장 눈에 띄는 변화인 숨겨진 출입구를 먼저 살펴보자. 19세기 말에 미국의 주택은 콜로니얼 양식Colonial style이 주류를 이루었다. 콜로니얼 양식이란 식민지로 이주한 사람들이 모국의 전통적인 건축 양식을, 주변에서 쉽게 구할 수 있는 재료나 이주한 곳의 기후나 풍토에 맞춰 변형한 양식을 말한다. 특히 유럽에서 온 이주자가 많은 미국의 비교적 온난한 지역에서는 주택에 테라스와 포치porch(지붕이 있는 현관)를 만들어 반¥외부 공간의 생활을 즐겼다. 오크 파크의 일반적인 집에도 집주인과 길거리의 행인들이 잠시 서서 이야기를 나눌 수 있는 반¥공적인semi-public 공간인 포치가 있었다.

그러나 라이트는 자동차가 거리와 집의 그러한 관계를 완전히 바꿔 놓았다는 사실을 간파했다. 집 앞의 포치에 앉은 집주인이 길거리를 걷는 이웃이나 천천히 움직이는 마차 안의 사람들과 잡담을 나누는 행위는 빠르게 움직이는 자동차가 나타난 뒤로는 더 이상 일어나지 않았다. 그럼에도 그 당시 대부분의 건축

▼ (위 왼쪽)콜로니얼 양식의 집.
(위 오른쪽)오크 파크에서 흔히 볼 수 있는 집. 입구에 포치가 설치되어 있다.
(아래 왼쪽)1901년에 건축된 프랭크 W. 토머스 하우스Frank W. Thomas House. 입구가 숨겨져 있다.
(아래 오른쪽)1902년에 건축된 아서 B. 허틀리 하우스Arthur B. Heurtley House. 입구가 잘 안 보이기는 마찬가지다.

가들은 여전히 똑같은 방식으로 집을 설계했다. 그에 반해 라이트는 그때까지 없던 방식으로 전혀 새로운 디자인을 도입했다. 그는 집을 길거리로부터 90도를 돌려서 위치시킨 뒤에 포치를 없애 버리고 출입구를 잘 안 보이도록 숨겼다.

하지만 뭐니 뭐니 해도 프레리 양식의 독창성은 그 내부 공간에 있다. 그때까지 주택은 두꺼운 벽으로 막힌 여러 개의 방과 이중 문을 갖춘 응접실로 이루어졌는데, 라이트는 이런 벽들을 없애고 지상층이 하나의 공간으로 뻥 뚫린 집을 디자인했다. 그리고 단순히 방 사이의 벽을 없애는 것에서 더 나아가 방들을 대각선 위에 놓음으로써 사람들로 하여금 움직이면서 공간을 발견하도록 했다. 라이트의 주택에서 방들은 더 이상 '박스 옆의 박스'가 아니라 하나의 커다란 공간, 즉 오픈 플랜 open plan 이었고, 커튼이나 칸막이에 의해 각각의 다른 용도들로 나뉘었다. 그것은 그때까지 집이란 이런 것이라는 개념을 한 방에 날려 버린 대단히 혁신적인 생각이었다. 이처럼 박스 형태를 해체하여 널찍한 대지와 호응시킨 것이 프레리 하우스의 공간 구성에서 가장 큰 특징이다.

그는 내부 벽을 없애는 데 머물지 않고 외부 벽들로도 같은 효과를 얻기를 원했다. 창문의 크기와 개수를 많이 늘린 뒤에 모서리에도 프레임 없이 유리를 맞닿게 놓아서 실내가 외부로 확장되어 보이는 효과를 만들었다. 이렇게 건물의 외부에 유리를 많이 사용하는 대신에 여름과 겨울의 기온차가 큰 중서부의 날씨를 고려하여 지붕을 커다랗게 했다. 프레리 하우스의 지붕은 언제나 크게 뻗어 나와 있는데, 이는 여름의 강렬한 태양으로부터 집을 보호함과 동시에 겨울의 햇빛은 창문을 통해 들어올 수 있도록 하기 위함이었다. 커다란 유리창 앞에 앉을 자리를 만들고 그 밑에는 라디에이터를 설치했고, 에어컨디셔너가 없던 시기에 크로스-벤틸레이션 cross-ventilation (맞통풍) 장치를 제공했다. 라이트는 언제나 미학적 측면을 먼저 고려했지만, 그것은 단지 아름다움만을 위한 것이 아니라 집 안에 사는 사람들의 인간적 현실들을 포함한 것이었다. 그는 언제나 사람의 건강한 삶을 가장 우선시하여 널찍한 공간과 사생활, 겨울의 따뜻함과 여름의 시원함 사이에서 균형을 찾기 위해 노력했다. 이러한 라이트의 실용적인 해결 방법은 대단히 환영받았고 시대보다 앞서 나간 것이었다. 라이트의 이런 재능은 주택 작업에서 특히 두드러진다. 하지만 나중에 건물의 규모가 커지고 새로운 기술과 재료를 도입하면서 여러 실용적인 문제점들을 무시한 경우가 많이 있었다.

프레리 양식의 전형, 로비 하우스

프레리 양식의 정수라 여겨지는 로비 하우스 Robie House(1906)는 라이트의 초기 대표작으로서 낙수장(1935), 구겐하임 미술관(1956)과 함께 가장 잘 알려진 작품 중 하나다. 이 집은 프레리 하우스들 중 가장 날렵한 모습을 하고 있으며, 가로로 쌓은 벽돌들이 수평적인 요소들을 강조해서 앞에서 보면 마치 막 출항하는 배 같은 느낌을 준다. 시카고 교외의 한적한 대학가 근처에 위치한 로비 하우스는 길게 뻗어 나온 지붕 때문에 눈에 확 띄는데, 라이트 건축의 지붕은 로비 하우스에 이를 때까지 점점 더 길어져서 여기서는 구조체에서 20피트(약 6미터)까지 뻗어 나왔다. 이처럼 기다랗게 뻗어 나온 지붕과 낮은 테라스는 집이 실제보다 낮게 깔려 보이게 하며, 미국 중서부 지방의 평평한 지형과 잘 어울린다.(지금은 주변에 건물들이 많이 들어차 있지만, 이 집이 지어질 당시만 해도 주변은 평평한 평지가 넓게 퍼져 있는 지역이었다.) 당구장과 놀이방은 1층에 있고 거실이 2층에 있지만, 낮은 천장 덕분에 지상에서 접근하기 쉽고 테라스와도 바

▼ 로비 하우스의 전경(왼쪽)과 지붕(오른쪽).

▲ 로비 하우스의 내부. 가운데의 벽난로를 기준으로 한쪽은 거실 공간, 다른 한쪽은 식당 공간으로 나뉜다. 가로줄이 강조된 벽난로는 크기에 비해 훨씬 날렵해 보인다.

◀ 로비 하우스를 옆에서 보면 벽돌로 만든 기다란 배 같은 느낌이 든다.

▼ 라이트가 그린 로비 하우스의 평면도와 투시도. 사진 제공: A-t Resource

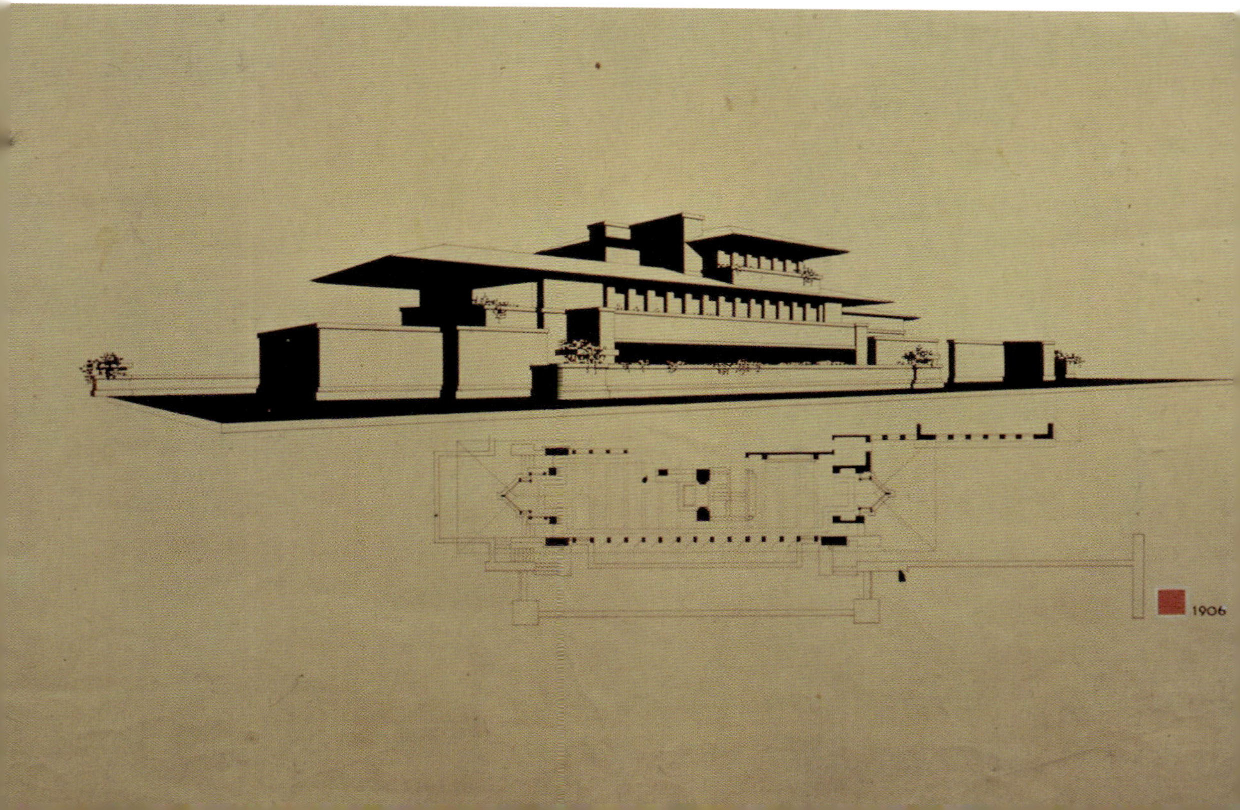

로 통하여 내부 공간이 외부로, 나아가 그 이상으로 확장되게 느껴진다. 거실에서는 커다란 창을 통해 외부를 내다볼 수 있지만 외부에서는 들여다볼 수 없게 하여 가족의 사생활을 보호했다. 유리창과 벽과 문 위에 장식된 기하학적 패턴들은 햇빛에 따라 끊임없이 변하는 빛과 그림자를 만들며 마치 기분 좋은 음악이 공간을 가득 채우듯이 내부를 더욱 활기차게 만든다. 쭉 뻗은 지붕을 가진 건물의 외관은 막 출발하는 기차같이 날렵하지만 붉은색의 벽돌은 건물을 육중하게 보이도록 하고, 내부에서는 외부로 활짝 열려 있는 듯이 보이지만 외부에서는 내부를 잘 들여다볼 수 없다. 이처럼 서로 대비되는 양면성이 건물 곳곳에서 느껴지는 로비 하우스는 프레리 양식의 전형적인 특징을 가장 잘 보여 준다.

라이트 건축의 정수로 여겨지는 로비 하우스이지만 그 안에 살던 주인들에게는 불행이 잇따랐다. 자전거 제조업체 사장이었던 프레더릭 C. 로비Frederick C. Robie는 그 집에 들어가자마자 곧 아버지를 여의고 2년 뒤에는 아내와도 사별했다. 그는 고작 2년 반 만에 그 집을 광고 대행업자인 데이비드 리 테일러David Lee Taylor에게 팔았다. 그러나 그 또한 1912년 10월에 사망하고 가족들은 곧바로 집을 팔고 다른 곳으로 떠났다. 그 뒤 마셜 도지 윌버Marshall Dodge Wilber라는 사람이 이 집을 구입하여 이사했지만, 1916년에 그의 딸이 죽었다. 집주인들에게 비극이 꼬리를 물고 일어났지만, 흥미로운 사실은 라이트가 로비 하우스를 직접 구입하려 했다는 것이다. 윌버의 부인은 라이트가 집을 방문했던 사실을 일기에 적어 놓았다.

> 프랭크 로이드 라이트가 4시 30분에 전화를 걸어 와서 자신은 이 집의 건축가인데 이곳을 방문하고 싶다고 했다. 나는 그에게 집을 보여 주었다. 그는 밖에서 기다리고 있던 마담 노엘(그녀는 자신의 딸과 함께 밖에 있는 차에 앉아 있었다.)을 데리고 들어와도 되느냐고 물어보았다. 나는 "물론이죠."라고 했다. 그러나 우리는 다른 일들에 대해서 잡담을 나누다가 그가 시간이 없다는 사실을 알았다……. 그는 집을 사고 싶어 했고 1층에 유리로 만든 건물을 더하고 싶어 했다.

라이트는 그 뒤에도 두 번에 걸쳐 그 집을 방문했다. 미리엄 노엘과 동행한 것으로 미루어 볼 때 라이트가 일본에서 돌아온 1920년대 전후가 아닌가 싶다. (이 당시는 라이트가 인생에서 가장 힘든 시기 중 하나였다. 그가 정말로 시카고로 돌아올 생각을 했는지는 알 수 없지만 로비 하우스를 직접 사서 증축할 생각을 했다는 것만으로도 흥미로운 사실이다.) 그 뒤로 1926년에 로비 하우스는 시카고 신학교에 팔려 기숙사와 콘퍼런스 센터로 15년간 이용되었다. 그러나 너무 크고 유지비가 높았으며 내부 공간이 신학교의 목적에 잘 안 맞았기 때문에 해체될 뻔했지만, 제2차 세계대전으로 인하여 해체가 중단되었다. 1957년에 다시 해체될 운명에 처했으나 시카고 대학교에 팔려서 위기를 모면했다. 1963년에 미국 국가유적National Historic Landmark으로 지정되었고, 1966년에는 라이트가 설계한 건물 중 첫 번째로 미국 국가사적지National Register of Historic Place로 지정되었다. (라이트가 살아 있는 동안에 20퍼센트에 가까운 그의 건물들이 철거되었지만, 현재는 거의 100채에 가까운 라이트의 건물이 미국 국가사적지로 지정되어 있다.) 이 건물은 또한 미국건축가협회에 의해 20세기에서 가장 뛰어난 건물 10채 중 하나로 지정되었다. 시카고의 프랭크 로이드 라이트 보존협회Frank Lloyd Wright Preservation Trust의 주도로 현재 수백만 달러가 들어가는 복원 사업이 계속 진행 중인데, 2012년에 외부와 2층 부분의 복원이 거의 끝났고 나머지 부분은 단계적으로 복원되고 있다.

4장_ 라킨 빌딩과 유니티 교회, 아트리움으로 빚어진 공간

라이트와 건축주

어느 날 라이트의 건축주 앞으로 꽃병이 배달되었다. 거기에는 "내 생각엔 이게 벽난로 위에 딱 맞을 것 같습니다."라고 라이트가 쓴 메모가 들어 있었다. 그리고 그 꽃병은 정말 잘 어울렸다. 건축주는 라이트가 보낸 선물인 줄로만 알고 있었지만, 몇 주 뒤에 그 꽃병에 대한 청구서가 도착했다. 라이트는 다른 건축주에게는 가지고 있는 가구와 장식들을 다 버리라면서 자신이 직접 가구들과 식탁에 놓일 냅킨 링 napkin ring 을 디자인하겠다고 주장했다. 또 건축주의 저녁식사 초대를 받은 라이트는 집 안의 가구가 자신이 원래 의도한 대로 놓여 있지 않은 것을 발견하고 나중에 그 집을 다시 방문해서 가구들을 원위치시켰다.

이처럼 라이트의 주택은 때로는 그와 분리해서 생각할 수 없을 만큼 분신과도 같았다. 건축주는 라이트가 설계한 집에 들어가 사는 그 순간부터 라이트가 원하는 대로 살아야 했다. 하지만 희한하게도 대부분의 사람들은 말도 안 되는 그런 상황을 기꺼이 받아들였다. 라이트의 카리스마와 유머는 건축주의 마음을 사로잡았으며, 라이트는 자신이 함께 일할 만한 건축주를 스스로 선택했다고 믿었기 때문에 건축주에게 최선을 다했고 건축주가 스스로를 유일한 건축주인 것처럼 느끼게 했다. 비록 많은 경우에 공사비가 예상보다 훨씬 더 많이 들어가서 나중에 라이트와 건축주의 사이가 틀어지기도 했지만, 어느 정도는 건축주들도 자신들이 선택받았다고 믿었다.

▲ 라이트가 디자인한 다양한 가구들. 사진 제공: Mark Hinchiman, Associate Professor at University of Nebraska-Lincoln

　라이트는 많은 돈을 벌어들였지만, 여전히 수입보다는 지출이 훨씬 많았다. 엄청난 빚을 지고 있으면서도 절대로 만족할 줄 몰랐다. 자신이 하고 싶은 것은 꼭 해야만 했고 그것이 초래한 책임은 회피했다. 라이트의 위대한 장점과 단점은 모두 어린아이 같은 천진함(또는 무책임함)에서 나왔다. 그는 책임에서 도망가는 데 익숙한 어린애처럼, 다른 사람의 돈으로 즐기고 나서 빚 갚을 걱정은 나중에 했다.

　1905년 어느 겨울날, 뉴욕에서 위스콘신의 집으로 돌아갈 기차삯이 부족하던 라이트는 친척의 사무실로 찾아가 돈을 빌렸다. 고맙다고 인사를 한 뒤에 밖으로 나간 라이트가 한 시간 뒤에 다시 돌아왔다. 손에는 방금 구입한 일본 목판화를 들고 있었으며 그것을 사는 데 돈을 다 써 버렸다고 했다. 물론 기차삯이 다시 필요했다.(An Autobiography, p.364) 그는 위태위태한 순간을 즐겼고 그러한 위태함에 자극을 받아 창작욕에 더욱 불을 지피는, 어떤 면에서는 절대 자라지 않았던 평생 소년이었다.

라이트는 1900년대 초반에 오크 파크에서 3대밖에 없던 모델의 자동차를 소유하고 있었다. 그는 일로 스트레스를 받을 때면 자동차를 전속력으로 몰고 달리는 것으로 풀었다. 차체가 노란색이었던 그 차는 오크 파크의 시민들로부터 '노란 악마Yellow Devil'라 불렸다. 라이트는 종종 헐렁한 옷에 고글을 쓰고 긴 머리카락을 바람에 휘날리면서 커다란 굉음과 함께 오크 파크의 거리를 질주했다. 당시 시카고의 차 속도 제한이 25마일이었기 때문에 라이트는 수많은 속도위반 딱지를 떼야 했다.(An Autobiography, p.147) 이처럼 라이트는 값비싼 자동차와 풍족한 환경을 누리면서 갖고 싶은 것은 꼭 가져야 했다. 그는 너무 많이 썼다. 그가 여기저기에 써 갈긴 수표들은 N. S. F.(예금 부족)라 찍힌 채 되돌아왔고, 정육점, 제과점, 식료품점과 빌딩 수도세, 전기세 등의 청구서들이 몇 달씩 밀렸다. 그는 충동적이고 경솔한 소비 때문에 무척 힘들었으나 멈출 수 없었다.

최초의 대형 프로젝트, 라킨 빌딩

라이트는 아름다운 개인 주택을 잘 짓는 건축가로 명성이 높아졌지만, 그 역시 다른 건축가들과 마찬가지로 더 큰 규모의 프로젝트들을 갈망했다. 1902년, 라이트가 고대하던 기회가 마침내 찾아왔다. 뉴욕 주의 버펄로에 있는 라킨 사는 원래 비누를 만들던 회사였는데, 1880년대에 들어서서 우편 주문 배달 사업을 시작했다. 1902년까지 사업이 대단히 성공적이어서 하루에도 수천 건의 주문을 받았고, 그에 따라 우편 주문을 위한 건물을 따로 지을 필요가 생겼다.

이 회사의 사장이었던 다윈 D. 마틴Darwin D. Martin은 예전에 오크 파크에 살던 동생을 방문했을 때 라이트가 설계한 집들을 보고 깊은 감명을 받았고, 새로운 사옥의 건축을 의뢰하기 위해 라이트를 찾아왔다. 라이트는 다윈 마틴과의 만남에서 뻔뻔하게도 아들러 & 설리번 사무실에서 자신의 역할을 과장했다. 그 사무실에서 지은 많은 대규모 건물들이 사실은 자신이 거의 다 설계한 것이라고 거짓말을 했고, 다윈 마틴은 순진하게도 라이트의 말을 그대로 믿었다. 라이트는 마침내 자신이 이제껏 설계했던 건물들 중에서 가장 큰 프로젝트를 맡게 되었다.

당시에 라킨 사의 건물들은 버펄로의 공업 지역에 넓게 퍼져 있었다. 철도의

▲ 다윈 마틴. 그는 라이트에게 라킨 빌딩의 건축을 맡기고 자신의 주택 설계도 부탁했으며, 라이트가 수시로 손을 벌릴 때마다 돈을 빌려 주었다. 그는 라이트 경력 초반에 가장 든든한 후원자였다.

◀ 라킨 사의 우편 주문 배달 사무실 전경. 사진 제공: Art Resource

▼ 라킨 빌딩이 자리 잡았던 당시의 버펄로 전경.

집결지에 모여 있어서 유리한 점이 많았지만, 지저분하고 매연이 가득한 주변 환경이 문제였다. 라이트에게 주어진 과제는 사원들에게 주변 분위기와는 완전히 다른, 쾌적한 근무 환경을 제공하는 것이었다.

완성된 라킨 빌딩 Larkin Building 은 지하실과 옥상 정원을 포함해서 7층 높이의 철골 구조로서, 중세의 성과 같이 창문이 하나도 없이 벽돌로 지어진 박스 모양이었다. 내부는 5층까지 전체가 하나의 커다란 공간으로서 그 주위는 발코니로 둘러싸이고 채광은 천창에 의해 되었다. 라킨 빌딩에서 라이트가 의도했던 바는 일터가 안에서 일하는 노동자들에게 가족 모임과 같은 느낌을 주게 하려는 것이었다. 천장까지 뻥 뚫린 커다란 내부 아트리움은 모임의 중심 역할을 했다. 이 빌딩은 중앙 난방 장치와 얼음 블록을 이용한 에어컨디셔너를 사용하여 당시의 기술을 앞서 나갔고,(이 건물은 미국에서 최초로 에어컨디셔너를 사용한 건물이다.) 라이트가 직접 디자인한 책상과 의자는 기능과 실용성을 통합시킨 라이트의 재능을 보여 주었다. 라이트는 예산을 훨씬 초과했지만, 라킨 사의 사장은 새 건물을 너무도 사랑했다. 라이트가 주택 작업을 통해 발전시킨 그의 건축 원리들이 라킨 빌딩에서도 그대로 드러났다. 간결함, 세심한 디테일, 재료의 적절한 사용과 합리적 건설 방법 등이 하나로 모여 라이트의 첫 번째 대규모 걸작을 탄생시켰다.

▶ 라킨 빌딩 안의 사무용 가구.
라이트가 직접 디자인했다.

▲ 1905년 당시의 라킨 빌딩.

▲ 라킨 빌딩의 천창에서 들어오는 밝은 빛을 받으며 일하는 직원들.
이 건물의 벽에는 창이 없지만 대신 천창이 있어 채광을 도와준다.

하지만 전통적인 스타일에 익숙한 사람들에게는 이 건물의 겉모습이 전혀 아름답지 못했다. 이 건물을 처음 본 사람들의 눈에는 창문도 거의 없는 라킨 빌딩의 외관이 밋밋한 담벼락 이상으로는 보이지 않았을 것이다. 그때까지만 해도, 아니 그 후 30년 이상 건물의 외벽에 온갖 복잡한 장식을 갖다 붙이는 것을 당연시했고,(뉴욕의 크라이슬러 빌딩〔1928〕과 록펠러 센터〔1930〕를 보라.) 그것들이 눈을 즐겁게 한다고 생각했던 사람들이 대다수였다. 그러니 라킨 빌딩은 사람들에게 불쾌감을 줄 수도 있었을 것이다.

그러나 다윈 마틴은 무척 만족스러워했고 곧이어 자신의 주택도 지어 달라고 라이트에게 부탁했다. 그 결과 1904년에 설계된 다윈 마틴 하우스는 본채 외에 2층짜리 차고, 마구간, 온실 등이 포함된 10,000제곱피트(약 930제곱미터)에 달하는 저택으로서, 라이트는 마틴의 전폭적인 후원을 받으며 예산에 제한 없이 또 하나의 걸작을 탄생시켰다.

▼ 온갖 장식이 붙어 있는 크라이슬러 빌딩(왼쪽)과 록펠러 센터(오른쪽).

▲▼ 다윈 마틴 하우스의 전경(위)과 내부(아래). 사진 제공:
Messana Collection, University of Nebraska-Lincoln

▲ (왼쪽)1950년 철거 당시의 라킨 빌딩.
(오른쪽)구글 어스 earth.google.com 에서 본, 라킨 빌딩이 있던 자리의 현재 모습. 주소는 680, Seneca St. Buffalo, NY 이다.

라킨 빌딩은 더 이상 존재하지 않는다. 그것은 제2차 세계대전 후에 철거되었고 그 자리에 트럭 터미널이 들어섰다. 그러나 터미널 또한 나중에 다른 데로 옮겨졌고 그 후 빌딩 자리는 거의 55년간이나 빈 땅으로 남아 있다. 지금은 사진들을 통해서만 1906년 완공 당시의 웅장하고 기념비적인 자태를 느낄 수 있다.

새로운 교회 건축, 유니티 교회

1905년에 오크 파크의 유니테리언 교회가 번개를 맞아 완전히 전소되었다. 대담하고 새로운 건물을 원했던 교회 신도들과 목사는 라이트에게 건축을 맡겼다. 라이트는 역시나 그때까지의 교회 건축을 완전히 뒤집는 전혀 새로운 공간을 만들었다.

유니티 교회 Unity Temple (1905)는 라이트가 설계한 두 번째 공공 건물이다. 이 건물을 설계하는 데 라이트가 당면한 문제는 만만치 않았다. 대로변에 위치한 건물 주변은 전차의 왕래가 잦아서 시끄러웠고,(지금도 오크 파크의 동과 서를 연결하는 중심가로 차가 많이 다닌다.) 4만5천 달러의 제한된 예산 안에서 400명의 신도들이 기도할 수 있는 공간과 친교를 위한 공간을 만들어야 했다.(최종 공사비는 6만 달러가 들었지만 바로 길 건너에 있는 고딕 양식의 교회는 12만 달러의 비용이 들어갔다.)

라이트는 비용을 절약하기 위해 장식이 거의 없는 콘크리트로 외부를 마감했다. 콘크리트를 부어 굳히기 위한 거푸집의 비용 또한 만만치 않았기에 한 번 사용한 거푸집을 반복하여 사용할 수 있도록 건물 전체에 걸쳐 같은 형태를 많이 사용했고, 평면도 정사각형으로 만들어서 네 면이 모두 같은 거푸집을 사용할 수 있도록 했다. 라이트는 비용을 절약하기 위해서도 콘크리트를 썼지만(인건비가 비싼 미국에서는 손으로 한 장 한 장 쌓는 벽돌보다 콘크리트로 짓는 것이 돈이 훨씬 적게 든다.) 거푸집 모양에 따라 어떠한 모양이든 만들어 낼 수 있는 콘크리트의 가용성과 질감을 사랑하기도 했다. 라이트가 콘크리트를 구조체뿐 아니라 장식에도 사용한 것은 적은 예산과 눈에 띄는 종교적인 상징을 피하고 싶어 하던 교회 측의 요구와도 맞았다. 소음은 3개의 면을 콘크리트 벽으로 막음으로써 차단되었고, 빛은 높이 뚫려 있는 창문과 천창으로부터 들어왔다. 예배당 뒤의 독립된 건물이 친교 공간을 제공했고 이 두 개의 건물은 로비에 의해 연결되었다. 건물의 규모에 비해 널찍한 이 로비 공간은 서로 다른 용도의 두 건물을 하나로 연결하는 데 효과적인 매개체 역할을 한다. 라이트는 이 건물을 짓기까지 무려 34개의 계획안을 내놓았는데, 나중에 다음과 같이 말했다.

지금 보면 대단히 쉬운 평면 같아 보이지요. 왜냐하면 완벽하니까요.
(An Autobiography, p.158)

그의 말대로 그의 계획안은 교회에서 요구한 기능적인 모든 면을 완벽하게 충족시켰다.

정사각형의 평면에 뾰족한 첨탑 없이 평평한 지붕을 한 유니티 교회의 겉모습은 교회로서는 상당히 특이하다. 전통적인 교회에 익숙한 몇몇 신도들은 실망하고 그 건물을 '감옥'이나, '얼음 공장' 같다고 비난했다. 그러나 다소 밋밋한 외관과는 달리 내부는 훨씬 웅장한 느낌을 준다. 건물을 마주 보고 서면 커다란 콘크리트 담벼락만 보이기에 바로 맞은편에 있는 첨탑 달린 교회와 비교해 볼 때 다소 삭막한 느낌이 드는 것도 사실이다. 알다시피 라이트는 '화려한

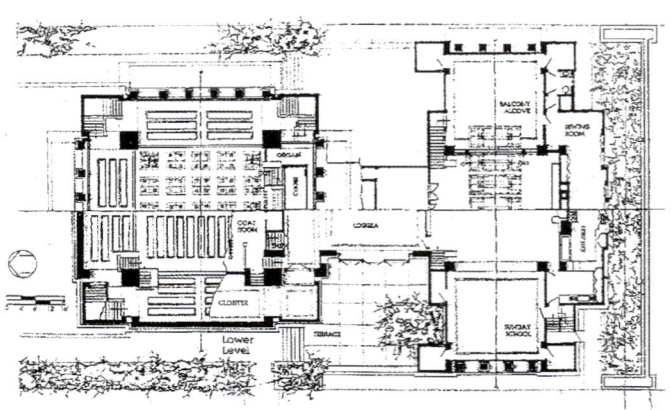

▲ 유니티 교회의 전경. 첨탑이 없는 정사각형 형태가 교회 건물치고는 밋밋해 보인다.

◀ 라이트가 그린 유니티 교회의 평면도. 왼쪽이 예배당이고 오른쪽이 친교실이다. 가운데의 로비가 이 둘을 연결하고 있다.
사진 제공: Art Resource

◀ 유니티 교회의 바로 길 건너에 있는 평범한 미국 교회. 유니티 교회의 건물과 달리 첨탑에 화려한 장식이 눈에 띈다.

입구'를 혐오했다. 그의 건물에서 입구는 언제나 조용하고 단순했으며 종종 잘 안 보이게 숨겨졌다. 건물의 양쪽 구석에 자리 잡은 통로를 향해 계단을 걸어 올라가면 낮은 천장의 로비로 들어선다. 이곳은 어둠침침한 예배당과 유리로 통해 있는 밝은 친교실을 연결하고 있다. 자그마한 문을 열고 들어서면 예배당을 둘러싼 복도가 나오는데, 이 복도를 통해 예배 중간에도 다른 사람을 방해하지 않고 입장할 수 있다. 이 어둡고 조용한 복도는 빛으로 가득 찬 신성한 장소로 들어가기 위한 준비 과정이기도 하다. 복도를 따라 예배당의 맨 뒤쪽을 돌아 약 1미터 정도 들어 올려진 플랫폼 같은 예배당 안으로 들어가면, 그전까지의 어둠침침하고 좁던 공간과는 완전히 반대되는 공간으로 들어서게 된다. 격자로 이루어진 천창과 높은 창문에서 빛이 쏟아져 들어와서 일순간 마치 공중에 떠 있는 듯한, 혹은 산꼭대기의 평평한 고원에 오른 듯한 느낌을 준다. 이 공간은 규모가 크지는 않지만 안에서는 훨씬 큰 공간처럼 느껴지는데, 이것은 이 공간에 도달하기 전에 지나온 좁고 어둑어둑한 복도와의 대비 때문인 것 같다.(2장에서 나온, 라이트가 자신의 집에 지은 놀이방의 공간 효과를 기억해 보자. 라이트는 공간과 빛의 대비를 통해 극적인 공간을 만들어 내는 데 일인자다.)

예배당 내부는 전통적인 종교 공간의 기본적인 배치와 완전히 다르다. 예배당 바닥뿐 아니라, 세 면에 있는 2단의 발코니에도 신도석이 있어서 목사를 가운데에 두고 사람들이 둘러앉아서 서로의 얼굴을 쳐다보게 된다.(이러한 배치를 가장 극단적으로 사용한 예는 1960년대에 한스 샤로운 Hans Scharoun이 설계한 베를린

▲ 창문이나 화려한 장식이 없는 유니티 교회의 콘크리트 담벼락.
▶ (위)유니티 교회의 출입구 부분. 정면에서 보면 잘 안 보인다.
(중간)유니티 교회의 예배당 내부.
(아래)유니티 교회의 예배당 좌석. 바닥뿐 아니라 2단 발코니에도 신도석이 있다.
▼ 한스 샤로운의 베를린 필하모닉 콘서트 홀 내부.

Frank Lloyd Wright

필하모닉 콘서트 홀의 좌석 배치다. 여기서는 연주자와 청중이 서로 하나로 어우러져 음악을 만든다.) 총 400명의 신도 모두가 목사로부터 45피트(약 13.7미터) 이내에 자리를 잡을 수 있도록 배치된 좌석은 건너편 사람의 얼굴을 똑똑히 확인할 수 있을 정도로 가깝다.

  1947년에 교회에서 라이트가 디자인한 의자와 가구들을 경매에 내놓았을 때 의자들이 각각 5천 달러에 팔려서 교회 관계자들을 깜짝 놀라게 했다고 한다. 라이트가 "나의 자그마한 보석 상자"라고 부르던 이 건물은 1971년에 미국 국가사적지로 지정되었다. 이 건물을 의뢰했던 유니테리언 위원회 측은 100년이

유니티 교회의 전경.

지난 오늘날까지도 여전히 이 건물을 사용하며 보존, 관리해 오고 있다.

새로운 사랑

1909년까지, 라이트는 야심만만한 건축가가 가질 수 있는 모든 것을 다 가졌다. 성공적인 경력과 안락한 집, 사랑하는 아내와 아이들. 그러나 이러한 모습들은 겉모습뿐이었다. 40대에 접어들면서 그의 작업은 번창했지만, 라킨 빌딩이나 유니티 교회를 제외하고는 큰 건물에 대한 의뢰가 좀처럼 들어오지 않았고, 그가 할 수 있는 프레리 양식의 주택은 이미 다한 것같이 생각되었다. 라이트는 자신이 받아야 마땅한 명성을 얻지 못했다고 생각했고, 그렇기 때문에 훨씬 더 큰 건물을 설계할 기회를 얻지 못한다고 생각했다. 이러한 불평에 대한 신의 대답인지, 라이트의 모든 것이 점차 어긋나기 시작했다.

> 어느 일요일 저녁, 나는 오래전의 건축주이자 친구이기도 한 워런 맥아서 Warren McArthur와 저녁을 먹고 있었다. 한참 대화를 하다가 워런이 주위를 돌아다니는 아이 중 하나를 번쩍 들어 올리며 "이보게, 프랭크. 이 아이의 이름이 뭐지?"라고 물었다. 갑작스런 질문에 당황한 나는 딸아이의 이름을 잘못 말하고 말았다.(An Autobiography, p.112)

부부 사이에도 문제가 생기기 시작했다. 라이트와 키티 사이가 서서히 멀어졌다. 키티는 라이트의 무절제한 낭비에 염증을 느꼈고, 라이트는 키티가 점점 자신에게 무관심한 것에 화가 나기 시작했다. 그는 아이들을 기르는 데 어떠한 역할도 맡기 귀찮아했고 오히려 아이들이 작업을 방해한다고 불평했다. 라이트는 자서전에서 아버지라는 감정을 자신이 설계한 건물들에서 느꼈을망정, 아이들에게서는 한 번도 느껴 본 적이 없다고 고백했다.(An Autobiography, p.113) 나중에 자식들도 아버지가 친구 같은 느낌은 주었지만 아버지라는 느낌은 주지 못했다고 했다. 라이트는 키티에게서 더 많은 관심과 사랑을 원했지만, 6명의 자식을 기르는 키티에게는 무리였다. 라이트는 키티가 자신에게 신경을 점차 덜 쓰는 것을 아내의 사랑이 식어 간다고 생각했다. 이 시기의 가족 사진을 보면, 어머니와 여동생 매기넬Maginel, 키티, 아기 르웰린Llewellyn, 그 외 아이들은 집의 벽을 기대고 모여 있는 데 반해, 라이트는 조금 떨어진 곳의 담 위에 앉아 있는데 그의 얼굴은 아버지의 모습이라기보다는 뭔가 투정을 부리다가 심통이 난 아이의 모습이다. 라이트는 결국 자신이 그렇게도 싫어했던 아버지를 똑같이 따라 했다. 윌리엄 라이트가 집을 떠났을 때가 라이트의 막내 동생인 매기넬이 6세 때였다. 라이트가 가족을 떠났을 때는 그의 막내아들인 르웰린이 6번째 생일을 맞이하기 직전이었다.

▶ (왼쪽)라이트의 두 번째 여인이었던 매이마 체니.
 (오른쪽)1904년에 찍은 라이트 가족 사진.

▼ 라이트가 설계한 에드윈 체니와
 매이마 체니를 위한 집.

1903년에 라이트는 에드윈 H. 체니Edwin H. Cheney와 매이마 보스윅 체니Mamah Borthwick Cheney를 위해 1층짜리 벽돌집을 설계했다. 매이마와 키티는 오크 파크의 여성 사교 클럽에서 만나 친해졌고, 매이마는 자연스럽게 키티의 남편인 라이트에게 새 집의 설계를 의뢰했다. 라이트와 매이마의 불륜은 그들이 라이트의 '노란 악마'를 같이 타면서 시작되었다. 두 부부는 좋은 친구로 지냈기에 나중에 키티가 느낀 배신감은 대단히 컸다. 오크 파크에 둘에 대한 소문이 곧 퍼졌지만 새로운 사랑에 완전히 눈이 먼 라이트는 상관하지 않았다. 매이마는 전통적인 가정주부가 아니라 미시간 대학교에서 석사과정을 밟은 인텔리이자 감수성이 풍부한 작가이고 초창기 페미니스트였다. 키티를 제외하고는 라이트가 사랑했던 여자들은 어느 정도 공통된 부분을 가지고 있었다. 매이마 체니, 미리엄 노엘(라이트의 두 번째 부인), 올기바나 힌젠부르그(라이트의 세 번째 부인), 이들 모두는 아름답고 감수성이 뛰어났으며 상류층 여성들로서 가정에만 안주하지 않았고 모두 이혼녀로서 이전의 결혼에서 얻은 아이들이 있었다. 이들은 라이트의 생각을 잘 파악하고 언제나 그를 위한 자리에 있었다. 라이트는 항상 누군가의 보살핌과 관심을 원했지만, 키티는 6명의 자녀들에게 신경을 쓰느라 라이트에게 신경 쓸 틈이 없었다. 매이마는 자신의 아이들을 버려둔 채 라이트를 따라 유럽으로 갈 만큼 적극적이었다.

　키티는 라이트와 매이마의 관계를 알고 나서도 잠시의 바람으로 지나가기를 빌며 남편의 부정을 모른 체했다. 그러나 둘의 관계는 계속되었고, 1908년의 여름에 라이트는 키티에게 이혼을 요구했다. 그녀는 당연히 거절했다. 1년 뒤에 라이트는 다시 요구했지만 이번에도 그녀는 거절했다. 그러자 1909년 10월에 라이트는 아무에게도 알리지 않은 채 사무실의 문을 닫고, 키티와 6명의 자식들을 버려둔 채 매이마와 함께 유럽으로 도망갔다. 매이마 역시 자신의 남편과 자식들을 버렸다.

　당시의 상황을 라이트의 아들인 데이비드는 다음과 같이 회상했다. "아버지가 떠나면서 남긴 건 지불해야 할 청구서들뿐이었지요. 아버지는 집을 떠나면서 어머니에게 900달러가 넘는 식료품 청구서를 남겼지요. 그 당시로는 큰돈이었습니다."

라이트는 자신의 아버지가 가족을 버리고 떠난 것을 한 번도 용서한 적이 없었지만, 이제 42세가 되어서 20여 년간의 결혼 생활 끝에 똑같은 일을 반복했다. 라이트가 유럽으로 간 표면적인 이유는 독일 출판업자인 에른스트 바스무트 Ernst Wasmuth의 제안으로 작품집을 출판하기 위한 것이었지만, 사실 당시에 그는 창의력은 다 떨어지고 정신적으로 지쳤으며 자신의 작업에 점차 흥미를 잃어 갔고 막다른 골목에 다다랐다고 느꼈다. 그는 자서전에서 자신의 건축 작업에 대한 변명을 장황하게 늘어놓으며, 자신은 자신의 가정과 아이들을 사랑했지만(키티는 빼놓았다.) 모든 것이 너무나 무거운 짐으로 느껴졌기에 자유를 얻기 위해 이혼을 요구했다고 썼다.

처음에 키티는 모든 것을 매이마 체니의 탓으로 돌렸다. 키티는 정말로 라이트를 사랑했기에 라이트가 떠난 지 십수 년이 지난 1923년까지도 이혼을 해 주지 않았다. 그녀는 결국 그가 돌아올 것이라 믿었지만 그는 절대 돌아오지 않았다. 스캔들은 점차 커져서 신문들이 앞다투어 라이트와 매이마를 비난하는 기사를 실었다.

1910년은 라이트의 제1의 황금기의 마지막 해로서 독일의 에른스트 바스무트 사에서 그의 작품집 『프랭크 로이드 라이트의 완공된 건축물과 설계도 Ausgeführte Bauten und Entwürfe von Frank Lloyd Wright』가 출판되었다. 라이트의 프레리 양식은 이 작품집을 통해 유럽에 널리 알려지면서 유럽 건축계에 강한 인상을 남겼다. 이 작품집은 재판을 찍을 정도로 유럽 각지에서 큰 인기를 끌며 라이트

◀ 라이트가 가족을 버리고 유럽으로 도망간 것을 비난한 당시의 『시카고 트리뷴』 기사.

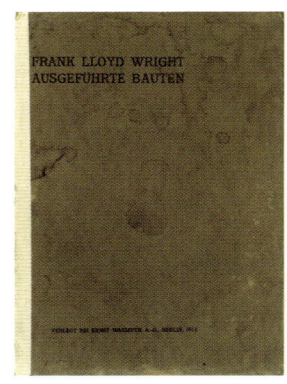
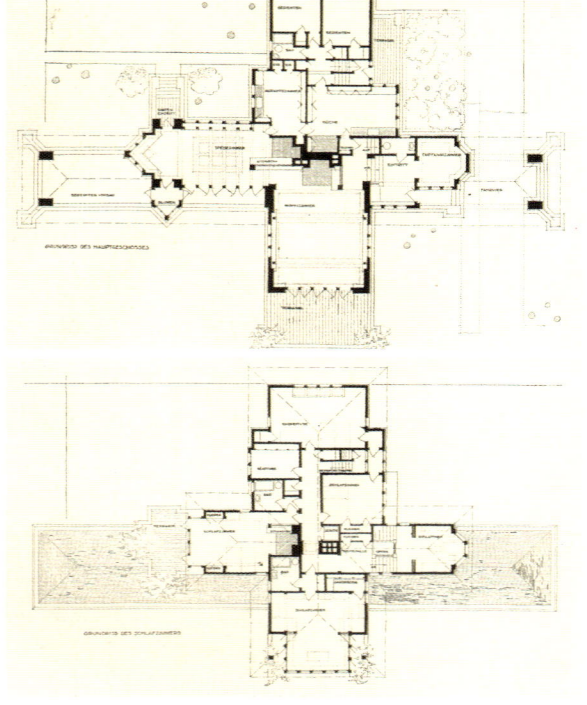

▲▶ 에른스트 바스무트 사에서
 출간된 라이트의 작품집(위)과
 그 안의 도면(오른쪽 위, 아래).

붐을 일으켰다. 근대 건축의 선구자 중 한 사람인 헨드릭 베를라허Hendrik Petrus Berlage(1856~1934)는 라이트의 건축을 유럽 전역에 적극적으로 소개했고, 라이트의 건축은 유럽의 많은 젊은 건축가들에게 커다란 영향을 미치게 된다.

라이트는 베를린에서 책을 출판하기 위한 준비를 마치고 이탈리아로 가서 약 1년간 머물렀다. 이것은 라이트의 첫 번째 유럽 여행이었고, 이를 통해 그는 유럽의 고전과 현대 건축을 돌아보며 새로운 건축적 시각을 갖게 되었다. 이탈리아에서 보낸 1년은 라이트와 매이마에게는 스캔들에서 벗어나서, 또한 가족을 버렸다는 죄책감을 잠시나마 잊으면서 이탈리아의 고전 건축에 마음껏 취할 수 있던 행복한 기간이었다.

5장_ 탤리에신, 행복과 불행의 교차

새 연인과의 보금자리

라이트는 가지고 있던 돈도 다 떨어져 가고, 집으로 돌아올 것을 간청하는 편지를 계속 보내던 아이들을 무척 보고 싶어 하다가, 집을 떠난 지 1년쯤 뒤인 1910년에 매이마를 이탈리아에 놔둔 채 갑작스레 돌아왔다. 키티는 다시 합치기를 원했지만 라이트의 마음은 이미 떠난 뒤였다. '성자의 휴식처'라 불릴 만큼 교회가 많고 보수적인 중상류층이 많이 살던 오크 파크에서 라이트가 일으킨 스캔들은 치명적이었다. 라이트에게는 멀리 떨어진 새로운 피난처가 필요했다. 라이트는 친구들이 꾸어 준 돈(주로 다윈 마틴이 돈을 꾸어 주었다.)과 은행에서 빌린 돈과 일본 목판화를 판 돈으로, 위스콘신 주 스프링 그린 Spring Green의 언덕에 새 집을 지었다.

사실 스프링 그린은 라이트에게 낯선 곳은 아니었는데, 웨일스 Wales 출신인 라이트의 외가 쪽 선조가 1845년에 정착하여 웨일스의 전통을 지키며 살고 있던 곳이었다. 근처에 친척들이 흩어져 살고 있었고, 라이트가 어린 시절에 외삼촌인 데이비드 로이드 존스 David Lloyd Jones를 도우며 여름을 보낸 곳이기도 했다. 그곳에는 라이트가 1887년에 이모를 위해 설계했던 힐사이드 홈 스쿨 Hillside Home School이 있었는데,(이 건물은 나중에 라이트가 구입하여 '탤리에신 펠로십 Taliesin Fellowship'의 사무실 겸 학교로 사용한다.) 그는 1896년에는 그 학교에서 쓰일 물을 길어 올리기 위한 '로미오와 줄리엣'이라는 풍차 타워를 디자인하기도 했다.

- ▲ 위스콘신의 자연. 낮은 구릉이 끝없이 펼쳐진 전형적인 미국 중부의 전원이다.
- ▶ 라이트가 1896년에 디자인한 '로미오와 줄리엣'이란 이름의 풍차. 사진 제공: Messana Collection, University of Nebraska-Lincoln
- ▼ 라이트가 1887년에 이모를 위해 설계한 힐사이드 홈 스쿨. 탤리에신에서 5분 거리에 있다.

라이트는 새 집을 '탤리에신 Taliesin'이라고 이름 붙였다. 탤리에신은 원래 아서 왕의 원탁에서 예술을 찬양하는 노래를 불렀다고 전해지는 고대 웨일스의 음유 시인의 이름이며, 웨일스 말로 '빛나는 이마 shining brow'란 뜻으로 산기슭이나 벼랑 주변을 의미하기도 하고, 또한 현명함을 상징하기도 한다. 라이트는 다른 사람들에게 그곳에서 어머니와 함께 살 것이라고 말했지만 속으로는 매이마와 둘이 살 것을 계획하고 있었다. 사방팔방으로 길게 뻗치며 땅을 감싸 안는 탤리에신은 언덕 위에서 위스콘신의 아름다운 시골 풍경을 내려다보고 있다. 탤리에신은 정상을 약간 비껴 난 가장자리에 세워졌는데, 그것은 어떤 것의 꼭대기에 무엇을 짓는 순간 그곳을 잃어버리게 된다는 라이트의 생각에 따른 것이었다.

나는 어떠한 집도 언덕 바로 위에 지어져서는 안 된다고 생각했다.
집은 언덕에서 살짝 비껴 지어져서 그 일부가 되어야 한다.
결국 언덕과 집은 서로 공존해야만 한다. (An Autobiography, p.168)

다른 건축가들과 마찬가지로, 라이트도 자신의 집을 자신이 주장해 왔던 건축의 본보기로 만들고 싶어 했다. 라이트는 탤리에신에서 50여 년간을 살면서 이곳을 끊임없이 고치고 확장하면서 새로운 아이디어가 떠오를 때마다 먼저 실험해 보고는 했다. 바위 위에 떠 있는 건물로 유명한 낙수장을 지을 당시에는 언덕 근처의 나무들 사이에서 캔틸레버 cantilever 방식으로 길게 튀어나온 '전망대'를 거실에 더했고, 1953년에는 주거 부분의 남쪽 입면을 수평선이 강조되도록 완전히 뜯어고치기도 했다. 탤리에신은 세상에 대한 라이트의 선언문이자 평생에 걸쳐 가장 심혈을 기울인 작품이었기에, 그가 설계한 건물 중에서 가장 중요한 것이라고 할 수 있다. 그에게 탤리에신은 '유기적 건축 organic architecture'의 완벽한 구현이었다. 그는 나중에 "주변의 자연환경이 건물의 형태를 결정했다."는 말로 유기적 건축의 의미를 설명한다. 여기서 우리는 '유기적'의 의미를 다시 한 번 돌이켜 볼 필요가 있다. 여기서 역사학자 윌리엄 크로넌 William Cronon이 미국 방송 PBS에서 방영된 다큐멘터리에 나와서 인터뷰한 내용을 살펴보자.

우리는 '유기적 organic'이라는 말을 들으면 단순히 자연에서 곧장 얻어진 것을 가공하지 않고 그대로 쓰는 것을 떠올리지만, 그것은 라이트가 말한 '유기적'이나 '자연적 natural'이라는 것과 의미가 같지 않다. 그가 의미한 것은 자연에서 얻은 것들이 예술가들로 하여금 자연의 형태를 넘어선 어떤 이상적인 형태를 볼 수 있도록 해 준다는 뜻이다. 따라서 라이트에게는

◀ (위)언덕 위에서 바라본 탤리에신의 모습. 정상에서 비껴서 지어졌기 때문에 지붕이 낮아 보이고 그만큼 땅과 하나 된 듯이 보인다.
(아래)탤리에신에서 라이트 방 바로 앞에 있는 안쪽 정원. 지붕이 길게 뻗어 나와 여름에는 그늘을 만들고 겨울에는 햇빛이 들어올 수 있도록 했다.

▶ 캔틸레버 방식으로 튀어나와 있는 탤리에신 전망대.
▼ 탤리에신의 거실 부분의 외관.

탤리에신의 내부. 라이트가 살았던 당시를 그대로 재현해 놓았다. 일본 목판화, 불상, 화려한 패턴의 카펫이 눈에 띈다. 사진 제공: Messana Collection, University of Nebraska-Lincoln

▶ 탤리에신의 내부. 사진 제공: Messana Collection, University of Nebraska-Lincoln

예술가의 작업이란 자연 그 자체보다 더욱 자연스러운 자연의 이상을 창조하는 것이었다. 이에 따라 그의 말을 해석하면 "주변 환경에서 영감을 얻어 그 주변 환경보다 더 자연스러운 건물"이 '유기적 건축'이라 할 수 있다.

탤리에신의 방문객 센터에서 버스를 타고 5분 정도 가면 낮은 구릉이 끝없이 펼쳐진 아름다운 자연 속에 자리 잡은 탤리에신을 볼 수 있다. 첫 느낌은 유럽의 어느 한적한 시골에 지어진 성을 본 것 같았다. 돌로 만든 낮은 담장은 마치 그곳에 원래 있었던 듯이 보이고, 건물이 땅 위에 서 있다기보다는 땅을 감싸고 돌며, 마치 언덕에서 자라 나온 듯한 느낌을 주었다. 라이트는 "위대한 건축은 대지와 굳건히 결합하여 그 주변 환경과 너무나도 잘 어울리기 때문에 다른 곳에 옮겨 지어질 수 없다."고 했는데 탤리에신이 바로 그랬다. 오목조목 자연스럽게 연결된 공간 배치와 서로 얼기설기 엮인 지붕 선이 마치 우리나라의 산사에 온 것 같은 느낌을 주었다. 벽과 굴뚝과 정원은 근처에서 캐낸 화강암으로 지어졌고, 여기저기서 적당히 퍼진 나무들과 수풀들이 한낮에 그림자를 드리우면서 지친 다리를 잠시 쉴 수 있도록 해 주었다. 정원을 통해 입구로 들어서면 낮고 좁은 통로가 나타나고 그 끝에는 높은 천장에 빛으로 가득 찬 거실이 있었

▲ 멀리서 올려다본 탤리에신.

◀ 탤리에신의 방문객 센터 내부. 라이트가 그토록 서둘렀음에도 실습생들 사이에서 유언비어가 도는 바람에 라이트 생전에는 완공되지 못했다. 사진 제공: Messana Collection, University of Nebraska-Lincoln

다.(라이트의 공간 조작술을 떠올려 보자.) 이 거실 공간에는 돌로 만든 커다란 벽난로가 중앙에 자리 잡고 있으며, 이와 함께 다양한 색깔과 다양한 질감의 재료들, 그리고 빛과 그림자가 조화롭게 어울려서 넓지만 다채로운 공간을 만들어 냈다. 또한 세 면이 유리창으로 둘러싸여 주변의 자연 경관을 만끽할 수 있도록 해 주었다. 내부는 여러 장식품과 조각상, 화려한 가구와 카펫들로 꾸며져 있는데, 그중에서도 일본 목판화, 도자기, 병풍 등이 눈에 띄었다.(현재 탤리에신은 라이트가 살던 당시 그대로 보존하고 있다.)

37,000제곱피트(약 3,400제곱미터)의 면적 안에 주거 공간, 사무실, 작업실, 창고, 농장 등이 정원과 로지아Loggia, 내부 통로로 서로 연결되어 있지만, 곳곳에 심어진 나무들이 시야를 가려서 사생활을 보호해 준다. 안과 밖의 긴밀한 관계, 서로 흐르는 공간, 낮게 뻗어 나온 지붕, 커다란 창문, 자연스러운 재료의 사용 등을 보면 탤리에신은 라이트의 가장 대표적인 프레리 하우스라 할 수 있다. 어떤 완벽한 형태를 추구했다기보다는 각각의 공간들이 점차 자라 나온 듯한 느낌, 건물이 완성되었다기보다는 계속 지어지고 있다는 느낌이다. 의도하지 않았던 아기자기한 공간들이 곳곳에 숨어 있는 그의 집을 들여다보면 볼수록 동양의 건축이 생각나는 이가 나만은 아닐 것이다.

하지만 건물의 내구성 측면에서 보면 탤리에신은 좋은 선례는 아니었다. 라이트가 그 집을 계속 증축하고 고치면서 먼 미래를 바라보지는 않았기에 특히나 더 심했다. 경험이 전무한 실습생들이 건물을 직접 지었고, 이후로도 계속 증축하면서 그 기초를 튼튼히 하지 않았다. 그 결과 지난 수십 년 동안 5백만 달러가 넘는 돈이 들어갔지만 그 건물을 최적의 상태로 유지하는 데 그다지 성공하지 못했다고 한다.

1953년, 말년의 라이트는 점차 늘어 가는 방문객을 위해서, 걸어서 15분가량 떨어진 거리에 레스토랑과 전망대를 포함한 방문객 센터를 세우기로 하고 설계에 들어갔다. 그러나 계획안의 실행은 계속 지연되다가 그가 죽고 나서도 한참 뒤인 1968년도에야 지어졌다. 라이트는 생전에 센터의 계획안을 빨리 만들도록 실습생들을 재촉했으나, 그 일이 왜 자꾸 지연되는지 죽을 때까지도 알지 못했다고 한다. 그 이유는 재미있게도 실습생들 사이에 퍼진 소문 때문이었다. 이 건물이 완성되면 실습생들은 레스토랑의 웨이터와 웨이트리스로 일을 해야 한다는 소문이 돈 것이다. 그래서 실습생들은 이 건물의 공사 도면을 끝마치는 것을 차일피일 미루었고, 결국 라이트가 죽을 때까지 센터가 지어지지 못했다는 일화가 있다.

　1911년 여름에 매이마 체니는 이혼하고 유럽에서 돌아왔고, 라이트는 키티와 이혼하기도 전에 매이마와 함께 탤리에신으로 이사했다. 탤리에신이 공사 중일 때 라이트는 이 사실을 비밀에 부치려고 했지만, 시카고의 신문에 그에 대한 기사가 났다. 그 기사에서 라이트는 가족의 화목을 핑계 삼으며 실제로는 새 여자를 위한 '사랑의 보금자리 love nest'를 짓고 있는 비열한 인간으로 묘사되었다. 스캔들은 다시 일어났다. 1911년 크리스마스에 라이트는 기자회견을 열고 자신의 행동을 해명했다. 라이트는 자신과 키티가 결혼을 너무 일찍 한 까닭에 점점 멀어졌고, 결국 헤어짐으로써 가족에게 좀 더 많은 것을 해 줄 수 있다고 생각했다면서 궁색하게 변명했다. 이런 일로 기자회견까지 했던 것을 보면 이 시기에 건축가의 위상이 대단했던 것 같다.

처참한 비극

매이마와 라이트는 끊임없는 가십들을 무시하며 탤리에신에서 3년 동안 같이 살았다. 매이마는 집에서 조용히 책을 쓰며 지냈고, 라이트는 스캔들로 완전히 무너져 버린 자신의 사무실을 다시 일으키려고 노력했다. 라이트는 1913년에 겨우 3개의 프로젝트를 수주했지만, 그중 하나는 시카고의 '미드웨이 가든 Midway Garden'이라고 불리는 대규모의 작업이었다. 이것은 시카고의 한 블록 전체를 보고 즐기고 먹고 마시는 유럽 스타일의 시설이 한데 어우러진 놀이공원으로 바꾸는 것이었다.(미드웨이 가든은 개장 전부터 순탄하지 못한 운명을 겪으며 결국 1929년에 철거되어서 자동차 세차장으로 바뀌었다.) 라이트는 아들인 존과 함께 직접 공사를 감독했다. 1914년 여름 개장을 목표로 미드웨이 가든의 공사가 막바지에 이르자, 라이트는 현장에서 먹고 자면서 공사를 총감독했고 주말

▲ (왼쪽 위, 아래)완공 당시의 미드웨이 가든.
 (오른쪽)1910년의 중년의 라이트. 사진 제공: Art Resource

에만 탤리에신으로 돌아왔다. 그리고 1914년 8월에 마침내 끔찍한 비극이 그를 찾아왔다. 이 끔찍한 비극은 보통 사람들에게는 자포자기하게끔 만드는 감당하기 힘든 고통이었을 테지만, 라이트에게는 미친 듯이 일에 집중하는 계기가 되었고, 자신의 특별한 운명에 대한 확신을 더욱 강하게 했다.

1914년 8월 15일에 라이트는 시카고에서 미드웨이 가든의 마무리를 감독하고 있었고, 매이마는 2명의 자녀들과 함께 탤리에신에 있었다. 거기에는 많은 일꾼들도 같이 있었다. 그날 일어난 일은 라이트의 일생을 통틀어 가장 처참한 비극이었다. 라이트는 바베이도스의 이민자 출신인 줄리안 칼턴 Julian Carlton을 탤리에신의 집사이자 일꾼으로 고용했다. 칼턴의 아내는 주방에서 일을 했다. 칼턴은 별다른 문제점이 없는 평범한 일꾼 중 한 명이었지만 웬일인지 주변 사람들에게 따돌림을 당했고, 게다가 어떤 일 때문에 매이마의 미움을 받고 있었다. 매이마는 그날 아침에 칼턴에게 떠날 것을 요구했다. 그날은 토요일이었는데, 매이마는 무언가 이상한 낌새를 느꼈던지 시카고에 있는 라이트에게 빨리 돌아오라는 전보를 보냈다. 점심때 칼턴은 하얀 재킷을 입고 나타나서 평소와 같이 식사를 시중들고 난 뒤, 가솔린으로 카펫을 청소하도록 허락해 달라고 했다. 그는 가솔린을 카펫 위에 뿌리는 대신에 밖으로 나가서 집 전체의 창문과 문밖에 뿌렸다. 그리고 문 하나를 빼놓고는 나머지 문과 창문을 조용히 못으로 박은 뒤에 가솔린에 불을 붙였다. 얼마 뒤에 집은 활활 타올랐다. 안에 있는 사람들이 도망가려고 문을 빠져나오자 칼턴은 도끼로 사람들을 마구잡이로 내려찍어 죽였다. 그는 포치로 달려가서 매이마와 그녀의 아이들의 머리를 도끼로 부수어 죽였다. 그녀와 아이들의 시신은 나중에 불에 탄 채 발견되었다. 이날 현장에 있던 9명 중 2명만이 무사히 살아남았다. 모든 게 아수라장이었다.

사건이 발생한 지 한 시간 뒤에 솟아오르는 연기를 본 수백 명의 이웃들이 불을 끄기 위해서 몰려들었다. 그들은 칼턴을 잡기 위해 주변의 옥수수 밭을 샅샅이 수색했다. 칼턴은 오후 늦게 이웃집 지하의 굴뚝 안에서 발견되었지만 염산을 들이켜서 반혼수상태에 빠져 있었다. 그는 입과 식도에 심한 화상을 입은 상태에서 도지빌 카운티Dodgeville County 감옥에 수감되었다. 그는 두 달 뒤에 재판도 받기 전에 감옥에서 사망했다. 그가 죽었을 때는 27킬로그램이나 살이 빠진 상태로, 사인死因은 염산 때문이 아니라 스스로 굶어 죽은 것이었다.

아들 존과 함께 미드웨이 가든의 마감을 감독하고 있던 라이트는 그 소식을 시카고에서 들었다. 전화를 받고 방으로 돌아온 라이트는 아무 말이 없었다. 존이 일에 열중한 채 "누구예요?"라고 물어도 대답이 없었다. 존은 돌아서서 아

◀ (왼쪽)탤리에신에서 끔찍한 살인 사건을 일으킨 줄리안 칼턴.
(오른쪽)당시의 사건을 크게 다루었던 신문 기사.

버지를 쳐다보았다. 라이트는 테이블에 기대 휘청대고 있었고 얼굴은 말 그대로 창백했다. 라이트는 너무도 슬퍼하여, 장의사조차 매이마의 몸을 만지지 못하게 했다. 그녀의 시신은 소나무로 만든 소박한 관에 넣어져 장례식 없이 가족 예배당 뒤의 작은 무덤에 묻혔다.

> 내가 지난 5년간 자유를 쟁취하기 위해 한 노력들은 그 이전의 삶들을 통째로 쓸어 가 버렸는데, 이제 그 나머지마저도 다 쓸려 갔구나.(An Autobiography, p.222)

라이트는 그녀를 절대로 잊지 못했고, 결국 50년 뒤에 매이마의 무덤 바로 옆에 묻혔다. 완성되지 못한 사랑 때문이었는지는 몰라도, 라이트가 가장 사랑한 여인은 매이마인 것 같다. 그는 매이마가 죽고 세 번째 부인인 올기바나를 만나기 전까지(중간에 미리엄 노엘이란 여성과 두 번째 결혼을 하지만 얼마 못 가 파국으로 끝났다.) 거의 10여 년 동안 극심한 슬럼프를 겪게 된다. 라이트가 집중력과 영감을 상실한 가장 큰 이유는 매이마의 부재였다. 매이마가 살아 있었더라면 라이트는 훨씬 더 안정적이었을 것이고(라이트는 매이마와 탤리에신에서 살기 시작하면서 점차 안정을 찾고 있었다.) 그의 삶이 완전히 다르게 바뀌었을지도 모른다.

그 뒤로 라이트는 괴로움에서 벗어나기 위해 미친 듯이 일에 집중했다. 그는 미드웨이 가든을 완성했고, 불에 타서 없어진 탤리에신을 다시 세웠으며, 새로운 일을 따기 위해 로비를 하러 다녔다. 상실에 괴로워하는 대신에 다시 일어났다. 그는 언제나 한계 상황에 있고 싶어 했고 이 비극은 그에게 또 다른 한계 상황을 제공했다. 이 시기에 건축된 라이트의 또 다른 걸작인 데이코쿠 호텔은 라이트에게 커다란 성취를 안겨 준 프로젝트였지만, 그 일이 성사되기까지는 엄청난 인내력 또한 필요했다. 1911년에 처음 이야기가 오고 간 뒤로 실제로 그가 일본으로 건너갈 때까지는 5년이란 세월이 걸렸다.

6장_ 상실의 시기

최초의 해외 프로젝트, 데이코쿠 호텔

프랭크 로이드 라이트는 일생에서 오직 세 가지만이 자신의 건축에 영향을 끼쳤다고 인정했다. 그 세 가지는 바로 루이스 설리번, 프뢰벨 블록, 그리고 일본 목판화다. 이 중에서 일본 목판화의 영향이 가장 직접적으로 눈에 띈다. 라이트가 일본 예술에 관심을 가지기 시작한 시기는 1893년 시카고 콜럼비언 세계박람회부터라고 한다. 라이트는 1905년에 최초로 일본을 방문했을 때 200점이 넘는 목판화를 가지고 와서 1906년과 1908년, 두 번에 걸쳐서 시카고 아트 인스티튜트Art Institute of Chicago에서 목판화 전시회를 개최했다. 그 뒤로도 라이트는 수천 점의 일본 목판화를 수집하면서 전시회를 열고 강의를 하고 글을 썼다. 때로는 중개상 역할도 하여 많은 작품을 주요 수집가나 미술관에 팔기도 했고, 돈을 꾸는 데 담보로 사용하기도 했으며, 선물로 주기도 했다. 한때 미국의 미술관에 있는 일본 목판화의 90퍼센트 이상이 라이트의 손을 거쳤다는 통계가 나오기도 할 정도였다. 이렇게 라이트는 집착에 가까울 정도로 열정을 가지고 일본 목판화에 관심을 쏟았다. 그는 1912년에 쓴 『일본 판화의 해석The Japanese Print: An Interpretation』의 서문에서 일본 예술의 핵심을 꿰뚫어 보는 다음과 같은 구절을 썼다. "일본 미학의 가장 중요한 원리는 중요하지 않은 것들을 제거함으로써 엄격한 단순화를 추구하고 그에 따라 현실을 강조하는 데 있다."

일본 목판화는 19세기 말~20세기 초에 걸쳐서 라이트뿐 아니라 유럽 예술계

◀ 도슈사이 샤라쿠東洲斎写楽,
〈하복 에도베 역을 맡은 3대 오타니 오니지三世大谷鬼次の奴江戸兵衛〉,
1794년, 도쿄, 도쿄 국립박물관.

▼ 우다가와 히로시게歌川廣重,
〈도카이도의 53경치東海道五十三次〉 중
〈하라原〉, 1833년경, 서울, 국립중앙박물관.

전반에 엄청난 영향을 끼쳤다. 일찍이 외국에 문호를 개방한 일본은 서양과 활발한 교류를 했고 자연스레 일본 미술이 유럽으로 건너갔다. 이 당시에 건너간 일본 그림들은 유럽 화가들인 마네, 모네, 르누아르, 고갱 등에게 커다란 영향을 끼쳤다. 단순한 선과 색만으로 만들어진 일본 목판화를 본 유럽 미술가들은 큰 충격을 받았고, 명암과 원근법으로 공간과 입체를 표현하던 그때까지의 방식을 과감히 버렸다. 일본 목판화의 유입으로 투시법을 기반으로 한 전통적인 서양 미술은 막을 내리고, 단순한 선과 색으로 이루어진 추상화의 시대가 열리게 되었다. 이런 측면에서 일본 목판화에서 모더니즘의 정수를 본 라이트의 견해는 옳은 것이었다.

당시에 일본의 천황은 해외에서 들어오는 투자를 활성화하기 위해 도쿄에 기념비적인 서양식 호텔을 짓고 싶어 했다. 1911년에 시작된 데이코쿠 호텔 건립을 위한 협의는 라이트의 몇 차례 여행 끝에 1916년에 정식으로 계약을 하면서 그 결실을 보게 되었다. 라이트는 이전에는 해외 프로젝트를 수행해 본 적이 없었고 이 정도로 거대한 규모의 건물을 지어 본 적도 없었지만, 언제나 일본의 예술과 문화를 사랑했다. 그런 그에게 데이코쿠 호텔은 정말로 원하던 일이었다. 라이트는 이 일을 맡고 나서 6년 동안 데이코쿠 호텔의 설계와 공사 감독을 하며 대부분의 시간을 일본에서 보냈다. 잘 알려져 있지는 않지만 일본에서 보낸 이 시기에 라이트는 계획안을 포함하여 약 12개의 작품을 일본에 남겼다. 라이트가 외국에서 설계한 작품은 모두 32개였지만 대부분이 계획안으로,(라이트는 평생에 걸쳐 1000개가 넘는 설계안을 발표했다.) 실현된 예는 겨우 9개였고 그 중 6개가 일본에 지어졌다. 그 건물들은 아래와 같다.

- 데이코쿠 호텔(도쿄, 1915년 설계, 1923년 완공)
- 하야시 아이사쿠林愛作의 집(도쿄, 1917년 설계)
- 후쿠하라 아리노부福原有信의 집(하코네, 1918년 설계, 1923년에 지진으로 무너짐)
- 야마무라 다자에몬山邑太左衛門의 집(아시야, 1918년 설계, 1924년 완공)
- 데이코쿠 호텔 분관(도쿄, 1919년 설계 및 완공)
- 지유 가쿠엔自由学園(도쿄, 1921년 설계 및 완공)

◀ 1974년에 일본 중요 문화재로 지정받은 야마무라 다자에몬의 집.

　데이코쿠 호텔은 라이트가 가장 좋아하는 건물 중 하나였고, 일생 동안 자랑거리였다. 이 건물이 도쿄 대지진을 견뎌 낸 사실은 그로 하여금 단지 건축가로서만이 아니라 천재적인 엔지니어로서도 자부심을 가지게 했다. 그러나 데이코쿠 호텔은 예정보다 훨씬 늦게 완공되었고 예산도 엄청나게 초과했다. 당시 기준으로 규모 또한 엄청나서 285개의 객실과 16개의 식당, 1,000석의 극장, 300석의 카바레, 1,000석의 연회 홀과 갤러리로 이루어졌고, 처음에 잡힌 예산만 400만 달러 이상이었다. 일본의 천황은 라이트에게 일본과 서양을 모두 반영하는 건물을 디자인해 줄 것을 요청했다. 데이코쿠 호텔의 정교한 디자인은 대체로 찬사를 받았지만, 어떤 평론가들에게서는 일본식도 현대적인 것도 아닌 '어설픈 마야 스타일'이라는 혹평을 받기도 했다.

　데이코쿠 호텔부터 캘리포니아에서 '콘크리트 블록'을 이용하여 지은 몇 채의 주택까지, 1920년대의 라이트의 디자인을 보면 아메리카 인디언과, 콜럼버스 이전의 아메리카 대륙 문화에서 영향을 많이 받았다는 것을 알 수 있다. 이 두 문화에 대한 관심은 라이트가 어렸을 적부터 가져왔고, 그 영향은 그전에도 간간이 드러났지만 데이코쿠 호텔부터 확연히 드러났다. 그러나 스타일과 상관없이 라이트가 이 건물에서 추구했던 것은 중후한 기념비성과 이국적이면서도 역사의 숨결을 느낄 수 있는 건물이었다.

▲ (위)데이코쿠 호텔의 투시도.
(아래)데이코쿠 호텔의 주 출입구.

▶ 데이코쿠 호텔의 내부.

　　우리는 라이트를 천재적인 건축가로만 알고 있지만, 그는 뛰어난 엔지니어이기도 했다. 그는 건축이 예술이면서 동시에 기술이라는 양면성을 잘 이해하고 있었다. 데이코쿠 호텔은 공학적 관점에서 볼 때 혁신적인 기술을 사용했다. 건물이 지어질 땅은 2미터 40센티미터의 표면층과 그 밑에 18미터의 부드러운 층으로 이루어져 있었는데, 이러한 토양 위에 지어진 건물은 지진이 발생할 때 건물의 구조 자체가 미끄러질 위험이 있었다. 전통적인 일본 집들은 나무로 지어져서 각각의 나무 기둥들이 그러한 충격을 흡수할 수 있지만, 벽돌과 스틸, 돌과 콘크리트로 이루어진 건물은 다른 해결 방법이 필요했다. 라이트는 시카고에서 설리번 밑에 있었을 때, 그러한 땅에 대한 경험이 있었다. 시카고 또한 지반이 무르기로 유명한 도시였다. 초고층 건물을 짓기 위해서는 연약한 지반에 대한 해결책이 필요했는데, 설리번이 조수로 일하기도 했던 윌리엄 제니 William

Le Baron Jenney(1832~1907)라는 건축가 겸 엔지니어가 고안한 해결책은 '떠 있는 기초floating foundation'였다. 이것은 건물 자체가 거대한 콘크리트나 스틸로 만들어진 기초 위에 떠 있도록 설계되어서 건물의 무게를 골고루 분산시켜 웬만한 충격에도 버틸 수 있게 하는 방법이었다. 데이코쿠 호텔을 위한 해결 방법도 이와 비슷했다. 제각기 독립적으로 움직일 수 있도록 느슨하게 연결된 콘크리트 파일들을 약한 지반 위에 박고 건물을 그 위에 떠 있도록 하여 지진이 나도 충격을 흡수할 수 있도록 했다. 지진이 발생하면 치명적인 무기로 변하는 전통적인 일본 기와 대신에 좀 더 가벼운 구리 지붕을 사용했고, 벽이 무너지는 것을 방지하기 위하여 무게중심을 낮춰 아랫부분을 윗부분보다 두껍게 만들었다. 화재가 날 때를 대비하여 즉시 물을 사용할 수 있도록 커다란 저수지를 건물 바로 앞에 놓았고, 여러 개의 작은 연못을 정원 전체에 걸쳐 넓게 배치했다. 이러한 결정들은 치솟는 비용 때문에 격렬한 반대를 불러오기도 했지만, 호텔이 실제로 문을 열기도 전에 그 가치를 증명해 보였다.

라이트는 데이코쿠 호텔에 전력을 기울였고 재능 있는 많은 젊은 건축가들과 함께 작업을 했는데, 그중에 가장 눈에 띄는 이름은 루돌프 신들러Rudolph Schindler다. 그는 빈에서 아돌프 로스Adolf Loos와 오토 바그너Otto Wagner 밑에서 공부했고, 시카고로 이민을 왔다가 라이트의 데이코쿠 호텔 프로젝트에 합류하게 된다. 신들러는 데이코쿠 호텔 프로젝트와 캘리포니아의 주택 작업에 참여하면서 라이트의 신임을 얻게 되었지만, 라이트 사무실에서 자신의 역할을 과장해서 여기저기 떠벌리고 다닌 것이 라이트의 심기를 건드렸다.(신들러는 데이코쿠 호텔이 지진에서 살아남은 것은 자신이 설계한 구조 덕분이라고 했고, 자신이 가르치던 학교의 출판물에 스스로를 라이트의 시카고 사무실 총책임자라고 소개했다.) 결국 둘은 앙숙으로 갈라서게 된다. 신들러는 나중에 리하르트 노이트라Richard Neutra(그도 한때 라이트와 함께 일했다.)와 함께 로스앤젤레스에 정착하고 미국 서부의 모더니즘 양식을 대표하는 인물이 되었다.

결론적으로 450만 달러가 들어간 데이코쿠 호텔은 라이트의 손길이 구석구석 안 미친 곳이 없을 정도였다. 그는 데이코쿠 호텔의 입면과 로비 공간을 위

▲ (왼쪽)루돌프 신들러가 1922년에 설계한 러벌 비치 하우스Lovell Beach house.
(오른쪽)리하르트 노이트라가 1946년에 설계한 카우프만 데저트 하우스Kaufmann Desert House.

해 엄청나게 많은 양의 정교한 디테일들을 만들었고, 가구뿐 아니라 접시와 노트 종이까지 모든 부분을 디자인했다.(사진을 보면 그 일에 들어간 시간과 노력이 어느 정도였는지 짐작하고도 남는다.) 이런 세심한 디테일링detailing이 그의 만성적 자금 부족의 원인 중 하나였다. 라이트는 설계비로 꽤 많은 돈을 받았지만(설계비가 50만 달러 가까이 되는 것으로 알려져 있는데, 이 금액은 당시로서는 상당히 큰 돈이었다.) 데이코쿠 호텔의 일이 돈이 안 된다고 투덜댔는데, 그도 그럴 것이 이 일이 5년 가까이 늘어졌기 때문이다. 호텔의 모든 부분을 뒤덮는 라이트의 정교한 장식 디자인을 실현시키기 위해 일본의 목수들과 장인들이 노력한 덕택에 건물은 무척 아름다웠지만, 공사 기간은 늘어났고 건축주의 인내심은 한계에 다다랐다. 결국 라이트는 건물이 완공되기도 전에 떠나야 했다. 물론 라이트는 자신이 더 이상 필요 없었으므로 스스로 떠났다고 주장했지만……

관동 대지진이 일어난 후, 일본 건축가이자 데이코쿠 호텔의 일본 측 공동 설계자였고 라이트의 통역 역할까지 했던 엔도 아라타遠藤新는 라이트에게 다음과 같은 편지를 보냈다.

▼ (위 왼쪽)데이코쿠 호텔의 전경.
(위 오른쪽)데이코쿠 호텔의 객실.
(아래)데이코쿠 호텔의 로비. 라이트가 디테일에 얼마나 신경을 썼는지 알 수 있다. 나중에 소개하겠지만 애리조나에 있는 빌트모어 호텔과 내부 공간 구성 및 장식이 대단히 비슷하다.

▲ 관동 대지진 직후에 도쿄 시내의 모습.

1923년 9월 8일

미스터 라이트.(라이트를 존경하던 사람들이 생전에 그를 부르던 호칭.-지은이) 첫 번째 지진은 많은 건물을 무너뜨렸습니다. 그리고 두 번째는 첫 번째 지진에서 살아남은 건물들을 모조리 무너뜨렸지요. 첫 번째 지진에서 간신히 살아남은 사람들이 안전한 곳을 찾아 헤맸지만 극심한 연기와 뜨거운 열기로 수천 명이 죽었습니다. 모든 철골 건물은 치명적이라는 사실이 드러났습니다. 하지만 도시 전체가 재로 변한 뒤에도 데이코쿠 호텔은 당당히 서 있으니, 이 얼마나 영광스러운 일입니까? 당신에게 이 영광을.

20세기에 일본을 강타한 지진 중 가장 컸던 관동 대지진은 1923년 9월 1일에 발생했다.(그 1년여 전인 1922년 4월, 도쿄에서는 30년 만에 가장 큰 지진이 있었지만 그때는 한창 공사 중이던 데이코쿠 호텔이 아무런 손상 없이 살아남았다. 3개월 뒤에 라이트는 미국으로 돌아갔다.) 이날은 기괴한 우연으로 호텔의 완공을 기념하는 행사가 열리는 날이었다. 정오에 공식 오찬이 계획되어 있었는데, 바로 몇 분 전에 지진이 발생했다. 그 뒤로 24시간 동안 끊임없는 여진이 이어졌고, 태풍과 화재가 도시의 절반을 파괴하며 15만 명의 목숨을 앗아 갔다. 미국의 신문들은 데이코쿠 호텔이 폐허만 남았다는 소식을 전했다. 라이트는 그 소식을 접

▲ (위)도쿄에 있던 데이코쿠 호텔의 전경.
(아래)메이지무라에 재현해 놓은 데이코쿠 호텔의 로비와 풀장.

▶ 데이코쿠 호텔의 위치에 자리한 현대식 데이코쿠 호텔. 일본 공주였다가 평민과 결혼하여 황적을 잃은 구로다 사야코가 2005년에 여기서 결혼식을 치렀다.

하고 깊은 시름에 빠졌다. 하지만 실제로 데이코쿠 호텔은 작은 손상만 입은 채 살아남아 피난민들을 위한 장소로 사용되었다. 이곳에서 무료 급식이 수천 명의 사람들에게 제공되었고, 대사관, 공공 기관, 언론의 임시 본부가 자리 잡았다. 며칠 만에 이 호텔은 일본인과 외국인들에게 칭송의 대상이 되었고, 라이트는 그 위대한 건물의 건축가로서 존경받았다. 다른 많은 건물들도 살아남았지만 나중에 사람들은 데이코쿠 호텔만이 살아남았다고 기억했다.

라이트의 또 다른 공공 건물인 라킨 빌딩과 미드웨이 가든처럼, 데이코쿠 호텔 또한 자본주의의 희생물이 되었다. 도쿄의 공해는 건물의 외관을 이루는 돌을 빠르게 부식시켰고, 지하철이 건물 밑으로 지나가면서 건물 한쪽의 구조가 주저앉고 금이 가기 시작했다. 건물은 끊임없는 보수 공사를 필요로 했고, 최신식 호텔의 밝고 넓은 공간에 익숙한 여행객들에게 데이코쿠 호텔의 좁고 어둠침침한 공간은 인기가 없었다. 하늘 높은 줄 모르게 치솟는 땅값 또한 도쿄의 한가운데에 기다랗고 낮게 깔린 이 건물을 점차 위협했다. 결국 이 건물은 1967년 11월에 문을 닫을 때까지 45년간 호텔로 사용되다가, 1968년에 국제건축가연맹UIA의 계속된 항의에도 불구하고 해체되어 별다른 특징이 없는 현대적 호텔로 대체되었다. 과거의 데이코쿠 호텔은 일본 황실에 의해 운영되었는데, 현재의 데이코쿠 호텔은 법인 사업체로서 최고급 호텔 체인을 소유하고 있다. 일본 정부는 나중에 나고야의 북쪽에 있는 메이지무라明治村의 거대한 야외 건축박물관에 라이트가 설계한 호텔의 로비와 풀장을 재현해 놓았다.

홀리혹 하우스, 프레리 양식에서 벗어나다

라이트는 데이코쿠 호텔을 건축하는 동안에, 태평양을 사이에 둔 일본과 미국을 왔다 갔다 하며 로스앤젤레스에서 저택 하나를 완성했다.(주로 도쿄에 머물렀던 라이트는 이 집의 실제 공사 감독을 아들인 로이드와 루돌프 신들러에게 맡겼다.) 이 주택은 라이트가 향후 몇 년간 캘리포니아에 머물면서 본격적으로 작업을 하는 계기가 된 홀리혹 하우스Hollyhock House로, 라이트의 1910년대 대표작이다. 제1차 세계대전이 끝나고 미국의 서부에서는 빌딩 붐이 일었는데, 이에 자

▲ 홀리혹 하우스의 전경. 거대한 돌을 깎아서 만든 듯한 육중한 느낌을 준다.
사진 제공: Messana Collection, University of Nebraska-Lincoln

▶ 홀리혹 하우스의 창문 디테일.

홀리혹 하우스의 거실. 화려한 패턴의 벽난로가
천장까지 닿아 있고, 천창에서는 빛이 쏟아져 들어온다.
사진 제공: Messana Collection, University of Nebraska-Lincoln

얼라인 반스댈은 반은 거주 공간이고 반은 정원으로 이루어진 저택을 원했다. 이에 라이트는 많은 외부 테라스들과 퍼골라 pergola, 열주들로 홀리혹 하우스의 정원과 내부 공간을 자연스럽게 연결시켰다.

극받은 라이트는 1923년에 사무실을 서부로 옮겼다. 하지만 결국 2년도 못 되어서 다시 시카고로 돌아가게 된다.

데이코쿠 호텔이 한창 건축 중이던 1919년, 라이트는 석유 재벌의 상속녀이자 연극 제작자인 얼라인 반스댈Aline Barnsdall에게 저택 건축을 의뢰받았다. 이렇게 탄생한 것이 홀리혹 하우스다. 이 시기의 작품들은 그전의 프레리 양식과는 완전히 다른 형태를 보인다. 프레리 양식의 날렵한 지붕 선들이 마치 날아갈 듯한 느낌을 주었다면, 이 집은 하나의 거대한 돌을 깎아서 만든 듯한 육중한 느낌을 준다. 창문들을 많이 배치하여 내부에서 외부로 확장되는 느낌을 주고 동시에 기둥의 존재감을 느낄 수 없었던 프레리 하우스에 비해, 이 집의 기둥들은 단단하고 두꺼웠고 창문들은 훨씬 작아졌다.

시카고에서 라이트를 처음 만난 반스댈은 원래 새 극장을 지을 생각을 하고 있었지만, 라이트를 만난 뒤에 생각을 바꿨다. 그녀는 할리우드의 한 언덕 위에 있는 대지 36에이커를 구입한 뒤에 라이트에게 주거와 극장, 숍, 로스앤젤레스의 아방가르드 예술가들을 위한 아파트를 포함한 대형 복합 공간을 설계해 줄 것을 요청했다. 이 중에서 반스댈의 주거 공간과 2개의 게스트 하우스, 스프링 하우스만이 실제로 지어졌다.(반스댈이 엄청난 유산을 상속받기는 했지만 재정 상태는 점점 더 나빠져 갔고, 라이트와 반스댈은 디자인의 여러 부분에서 많이 부딪쳤다.)

반스댈은 자신이 가장 좋아하는 홀리혹Hollyhock(접시꽃)을 자신의 주택 이름으로 짓고, 그 꽃의 형태를 외부 벽과 기둥 장식 등 전반적인 디자인에 반영해 달라고 주문했다. 화려한 패턴이 조각된 거대한 벽난로가 천장까지 닿아 있고 바로 앞의 유리 천창에서 빛이 쏟아져 내려오는 널찍한 거실 공간이 이 집의 백미다. 하지만 그녀는 실제로는 커다란 홀리혹 하우스에 머물기보다는, 라이트가 설계한 좀 더 자그마한 주거 공간에 머물기를 좋아했다. 홀리혹 하우스에서 고작 4년을 살던 반스댈은 1927년에 집의 일부를 로스앤젤레스 시에 기부하여 지금의 '반스댈 아트 파크'의 전신을 이루었다. 1974년, 라이트의 아들인 로이드에 의해 이 집이 복원되었다. 홀리혹 하우스는 미국건축가협회로부터 미국 문화에 기여했다고 인정을 받은 라이트의 건물 17채 중 하나다.

라이트의 여인들

매미마 체니가 죽은 지 얼마 되지 않아 라이트는 한 여인에게서 편지를 받았다. 미리엄 노엘Maude Miriam Noel(1869~1930)이라는 조각가로, 그녀는 자신도 남편의 죽음으로 고통을 겪고 있다고 했다. 미리엄은 교양 있고 부자였으며 라이트에게 빠져 있었다. 그녀는 라이트를 '나의 꿈을 깨워 준 주인'이라고 불렀다. 그녀는 남부 명문가 집안 출신이었고, 파리와 시카고를 오가며 예술계의 주요 인사들과 교류하고 있었다.(그녀는 자신이 어느 정도 성공한 조각가라고 주장했지만, 그녀의 작품은 알려진 것이 없었다.) 그녀가 라이트를 만난 것은 그녀 나이 45세 때였다. 그들은 빠르게 가까워져서 곧 시카고에서 살림을 차렸다. 하지만 그것이 잘못된 결정이었음을 깨닫는 데 오랜 시간이 걸리지 않았다. 미리엄은 겉으로 보기와는 달리, 다혈질에 불안정하고 모르핀에 중독되어 있었다.(19세기 전반의 미국에서는 마약에 대한 규제가 없었다. 사람들 사이에서 아편과 모르핀이 널리 퍼져 있었고, 1880년대 중반까지 코카인을 흡입하고 주사하는 것이 합법적이었다.)

둘은 처음부터 사사건건 싸우기 시작했다. 그녀의 화려함과 아름다움에 반했던 라이트였지만, 막상 같이 살게 되자 그녀와는 안 맞는 부분이 너무나도 많았다. 미리엄은 유럽 스타일의 식단에 와인을 곁들이는 우아한 식사를 즐겼지만, 라이트는 위스콘신 주의 시골 출신답게 간소한 미국식 식단을 즐겼다. 라이트는 그녀가 담배를 피우고 있다는 사실을 알고 있었지만, 그 자신은 담배를 혐오했다.(이러한 건강한 생활 습관이 라이트가 90세를 넘긴 장수의 큰 비결 중 하나였다.) 라이트는 화려한 장식이 달린 미리엄의 드레스를 너무 눈에 띄고 천박하다고 비난했고, 그녀는 라이트가 어머니의 치맛자락에서 벗어나지 못한다고 비난했다.(라이트의 어머니는 그녀를 매우 싫어했다.) 그럼에도 불구하고 이 둘은 8년 이상 시카고와 탤리에신을 오가며 같이 살았고, 라이트가 데이코쿠 호텔을 설계할 때도 일본 여행에 동행했다.

1923년에 키티가 마침내 이혼에 합의하고 같은 해에 어머니가 죽자, 라이트는 미리엄과 결혼을 결심했다. 1923년 11월, 라이트는 이혼한 지 한 달 만에 미리엄 노엘과 한밤중의 위스콘신 강 다리 위에서 비밀리에 결혼했다. 그러나 이

◀ (왼쪽)라이트의 두 번째 부인인 미리엄 노엘.
(오른쪽)라이트의 세 번째 부인인 올기바나 라조비치 힌젠부르그.

결혼은 처음부터 파멸로 치달을 운명이었다.

라이트가 일본에서 돌아온 1922년 이후로 10여 년간은 그에게는 개인적으로나 건축적으로나 매우 힘든 시기였다. 세상 사람들은 그의 전성기가 1910년에 이미 끝났고, 그 이후의 작업은 집중력과 영감을 점차 잃어 가는 구시대 건축가의 작품이라 여겼다. 개인적으로 그와 미리엄의 관계는 혼란 그 자체였다. 라이트의 바람기는 여전했고, 거기에서 불안을 느낀 미리엄은 점점 더 약물에 의존하게 되어 날이 갈수록 중독에 의한 기이한 행동들을 더 많이 했다. 나중에 미리엄과 라이트의 이혼재판 과정에서 복잡했던 결혼 생활이 속속들이 밝혀졌다. 한때 라이트는 미리엄을 때려서 몸 곳곳에 상처를 입히고 얼굴을 멍들게 했고, 미리엄은 칼을 들어 라이트를 위협했고 총으로 협박하기도 했다. 결혼한 지 6개월 만인 1924년 봄에 결국 미리엄은 라이트를 떠났다.

그 뒤로 라이트는 많은 여인들과 염문을 뿌렸다. 그렇지만 그중에는 라이트의 세 번째 부인이 되어 그의 인생에 가장 긍정적인 역할을 했던 여인이 있었다.

1898년에 몬테네그로의 당시 수도였던 체티네에서 태어난 올기바나 라조비치 힌젠부르그 Olgivanna Lazovich Hinzenburg는 라이트와 만났을 때 그의 나이의 절반도 안 된 26세였다. 동유럽의 귀족 가문 출신인 그녀는 러시아에서 교육을 받고 18세 때 러시아의 건축가였던 블라디미르 힌젠부르그와 결혼했다. 올기바나는 3년 뒤에 그와 헤어지고 게오르게 아바노비치 구르지예프 George Ivanovich Gurdjieff가

이끄는 공연단의 일원이 되어 전 세계를 돌아다녔다. 하지만 게오르게가 자동차 사고를 당한 뒤에 그 공연단은 해체되었고, 올기바나는 어린 딸과 함께 전남편이 있는 시카고로 오게 되었다. 라이트와 올기바나는 시카고의 발레 공연에서 우연히 만났다. 그녀와 라이트는 로비에서 보자마자 서로 첫눈에 반했는데, 놀라운 우연으로 두 사람은 같은 박스 안에서 공연을 감상하게 되었다. 라이트와 그녀는 대화를 나누었고 서로에게 운명적인 사랑을 느꼈다. 라이트는 그녀를 탤리에신으로 초청했다. 사랑에 빠진 올기바나는 얼마 뒤에 탤리에신으로 이사하고 라이트의 아이를 임신했다.

하지만 올기바나가 탤리에신으로 왔을 당시에, 라이트는 아직 미리엄과 결혼한 상태였다. 라이트는 미리엄과 조용히 이혼하기 위해 매달 250달러와 1만 달러의 현금, 탤리에신 부동산에 대한 재산권의 반을 주기로 했다. 미리엄은 처음에는 순순히 이혼에 응하는 듯했지만 나중에 올기바나가 있다는 사실을 알고는 질투심에 불타 이혼을 거부했다. 그녀는 이때부터 1927년에 이혼할 때까지 계속된 법적 공방을 시작했다. 미리엄은 신문사에 라이트를 비방하는 기삿거리를 주고 탤리에신에 무단으로 침입하기도 했다. 그녀는 계속해서 전화를 하고 편지를 보냈다. 그녀는 여러 차례 경고장을 들고 탤리에신을 방문하여 올기바나를 체포하려고 했고, 라이트가 파산할 때까지 샅샅이 파헤치며 생각할 수 있는 모든 고발을 했다. 라이트와 올기바나는 미리엄을 피해 도망다녀야 했다. 올기바나의 전남편 또한 딸인 스베틀라나 Svetlana의 양육권을 되찾기 위해 그들을 뒤쫓았다. 라이트와 올기바나는 미니애폴리스로 도망가서 월슨 부부라는 가명을 사용했지만, 그들의 사진을 신문에서 본 사람들의 신고로 라이트는 그 지방 보안관에게 체포되었다. 매춘을 근절하려는 취지로 부정한 목적으로 여자를 데리고 주 경계선을 넘는 것을 금지하는 연방법인 '맨 법 Mann Act'을 어겼다는 이유였다. 라이트는 보석으로 풀려날 때까지 이틀 동안 감옥에서 보냈다. 지루한 법적 공방 끝에 결국 미리엄은 6,000달러의 현금과 3만 달러가 예치된 트러스트 펀드에서 매달 250달러씩 평생에 걸쳐 받는 조건으로 이혼을 해 주었다. 이제 라이트의 수중에는 한 푼도 남아 있지 않았다.

고대 마야 건축에서 영감을 얻어 만든 텍스타일 블록으로 지은 밀러드 하우스.

Frank Lloyd Wright

7장_ 탤리에신 펠로십, 라이트의 왕국

다양한 실험, 캘리포니아 주택들

데이코쿠 호텔 프로젝트와 홀리혹 하우스의 준공 뒤에 일거리가 없어 허덕이던 라이트는 남캘리포니아에서 진행될 주택 프로젝트 4건을 맡게 되었다. 아들 로이드와 함께 1923년부터 1924년까지 캘리포니아에서 사무실을 열고 밀러드Millard 하우스, 스토러Storer 하우스, 프리먼Freeman 하우스, 에니스Ennis 하우스를 설계했다.

값싸고 관리하기 쉽고 불에 안 타는 현대적인 집을 만들고 싶어 했던 라이트는 홀리혹 하우스의 경험을 토대로 '텍스타일 블록textile block'이라 이름 붙인, 고대 마야 건축에서 영감을 얻은 패턴으로 장식된 콘크리트 블록을 발명했다. 텍스타일 블록은 다양한 크기와 패턴으로 만들 수 있고 구조적으로도 튼튼해서 외부와 내부에 모두 사용할 수 있었다. 구멍이 뚫린 블록 사이로 연출되는 빛과 그림자의 대비 및 감각적인 표면의 질감은 라이트의 천재성을 유감없이 보여 준다. 이 블록으로 지은 주택들과 프레리 양식의 주택들을 비교해 보면, 과연 같은 사람이 디자인한 것인가, 의심할 정도로 확연한 차이가 느껴진다. 그러나 사실 이 콘크리트 블록 주택들은 라이트의 건축에서 그다지 중요한 위치를 차지하지는 않는다. 1910년대 중반부터 낙수장을 설계한 1935년까지 라이트는 실제로 지은 건물은 거의 없이(라이트의 '상실의 시기'라 불린다.) 새로운 디자인의 다양한 실험과 변화를 꾀했고, 콘크리트 블록 주택들도 그러한 실험의 일종

◀ 스토러 하우스. 라이트는 급경사를 이루는 주변과 건물이 자연스럽게 어울리게 하기 위해 콘크리트 블록을 사용했다고 했지만, 그 효과는 그다지 성공적이지 못했다.

◀ 프리먼 하우스. 라이트가 프리먼 하우스를 위해 디자인한 가구들은 라이트를 떠나 캘리포니아에서 젊고 재능 있는 건축가로 이름을 날리던 루돌프 신들러가 디자인한 가구들에 밀려났다.

◀ 에니스 하우스. 라이트가 지은 콘크리트 블록 주택들 중에 규모가 가장 크다. 낮고 기다란 입구를 지나 거실에 다다르면 천장 높이가 22피트(약 6.6미터)에 이르는 거대한 공간을 만난다.

이라 할 수 있다. 다만 텍스타일 블록이란 아이디어를 실제로 적용해서 그 효과를 직접 느낄 수 있다는 점에서 의미를 찾을 수 있다.

이 시기에 라이트는 함께 일하던 아들인 로이드와 잦은 의견 충돌을 일으켰고, 무슨 일이든 잘못되면 로이드를 탓하며 "재능 없고 게으른 녀석"이라고 비난했다. 하지만 일반적인 견해로는 로이드 역시 뛰어난 건축가였다. 그는 아버지의 재능을 물려받았고 캘리포니아 주택 디자인의 많은 부분을 직접 완성했다. 캘리포니아 주택들은 집주인들이 불행한 결혼 생활에도 불구하고 그 집을 떠나는 것을 두려워하여 이혼하기를 주저했다는 이야기가 있을 만큼 사랑받았지만, 역시나 많은 문제점을 안고 있었다. 우선 비용이 초과되었다. 규모가 그다지 크지 않았던 프리먼 하우스에서도 11,000개의 블록들이 필요했고,(라이트는 프리먼 하우스를 지으며 건축주 부부에게 텍스타일 블록의 경제성과 실용성을 활용하면 1만 달러에 주택을 지을 수 있다고 장담했지만, 결과적으로는 2만3천 달러가 들어갔다.) 만든 지 28일이 지나야 실제로 사용할 수 있었던 텍스타일 블록은 대량생산을 하기도 쉽지 않았다. 게다가 블록의 정교한 패턴은 잘 부서졌기에 공사를 하면서 많은 블록들이 교체되었다. 나중에 완공되고 나서도 구멍이 숭숭 뚫린 블록은 물을 지나치게 잘 흡수하여, 이 블록으로 만든 벽에 물을 뿌리면 바닥에는 물이 한 방울도 떨어지지 않을 정도였다. 이러한 성질은 로스앤젤레스의 스모그에 섞여 있던 산의 흡수를 더욱 촉진하여 블록을 조금씩 부숴 버렸다.

1925년 봄, 비극이 다시금 탤리에신을 덮쳤다. 주거 공간에 번개가 내리쳐서 전소되었다. 다행히 인명 피해는 없었지만 30만 달러에 가까운 경제적인 손실은 이미 엄청난 빚을 지고 있던 라이트에게 치명적이었다. 그는 자신이 소장하고 있던 일본 목판화를 헐값에 경매에 내놓아야 했다. 간신히 건물을 복구하자마자 은행은 모기지 연체를 이유로 그의 계좌를 폐쇄하고 탤리에신을 차압했다. 라이트와 올기바나는 탤리에신을 떠나 뉴욕, 애리조나, 캘리포니아로 떠돌아야 했다. 이 시기에 라이트는 파산, 화재, 이혼과 소송, 도피 등 보통 사람이라면 평생에 걸쳐도 다 경험하지 못할 고통들을 한꺼번에 겪고 있었다.

24년이 지난 1949년 6월 8일, 라이트는 82세의 생일날에 탤리에신의 스튜디

◀ 1924년의 라이트. 이 시기의 라이트는 건축 설계 일이 거의 들어오지 않았을 뿐 아니라, 개인적으로도 파산, 화재, 이혼, 소송, 도피 등을 겪으며 극심한 고통에 처해 있었다. 사진 제공: Art Resource

오에서 실습생들과 함께 아침을 먹으며 그곳에 얽힌 에피소드를 회상하고 담소를 나누었다. 그는 거실과 스튜디오를 연결하는 복도에 있는 문을 가리키며 "매번 화재가 탤리에신을 잿더미로 만들 때마다 우리는 그 불을 바로 저 문 앞에서 멈출 수 있었네. 마치 하느님이 내 인간성에 의문을 던지지만, 내 건축은 인정하시는 것 같았지."라며 웃음을 지었다.

하지만 사실 그 당시에 불운은 라이트의 작업에도 따라다녔다. 1920년대 중반에는 전국적으로 모든 도시들에 수백 채의 고층 건물들이 올라가고 있었지만, 라이트는 단 한 채의 건물도 짓지 못했다. 20세기의 중흥기에 그의 경력은 밑바닥에 있었다. 라이트는 더 이상 위대한 건축가가 아니라 전성기가 지나간 평범한 중년 남자였다. 한때 수많은 제도공들을 지휘하며 세계적인 명성을 얻었던 그는 탤리에신의 농장에서 트랙터를 운전했고, 주말이면 탤리에신을 구경하러 온 관광객들을 안내하는 가이드 역할까지 해야 했다.

1927년 8월, 미리엄과 이혼한 라이트는 이제 한 푼도 없었기에, 친구들과 예전의 고객들이 그를 위해 위자료를 지불해 주었다. 라이트의 정신적인 삶은 올기바나와 함께 제자리를 찾아갔지만, 경제적 파산은 여전히 해결해야 할 문제였다. 라이트의 변호사와 친구들이 그를 돕기 위해 해결책을 내놓았다. 그들은 라이트에게 직접 돈을 꿔 주는 대신에 프랭크 로이드 라이트 주식회사Frank Lloyd Wright Co., Ltd.를 설립해서 라이트가 벌어들일 미래의 이익에 대한 투자 개념으로 그 회사에 돈을 빌려 주었다. 이 회사는 라이트의 빚을 갚고 그를 낭비로부터 떼어 놓기 위한 것이었다. 이를 통해 라이트는 탤리에신을 되찾을 수 있었다.

그와 올기바나는 1년 뒤에 결혼해서 탤리에신으로 돌아왔고, 탤리에신의 농장 기구들과 가재도구, 남아 있는 일본 목판화들을 경매에 부쳐서 생활비를 조달해야 했다. 라이트는 재기를 위해 몸부림쳤지만, 그에게 단 하나 남아 있던 프로젝트인 애리조나 사막의 리조트는 공사 시작을 눈앞에 두고 1929년의 대공황과 함께 사라져 버렸다. 상황은 점차 악화되어만 갔다. 콧대 높던 라이트가 예전 건축주에게 "우리는 침대 시트를 잘라서 앞치마를 만들었습니다. 새 옷은 4년 동안 한 벌도 사지 못했어요."라고 도움을 요청하는 편지를 쓸 정도였다.

1922년부터 7~8년 동안에 그에게 몇몇 대형 프로젝트들이 들어오기는 했지만, 어느 것도 실제로 지어지지 못했다. 그러나 이 기간에 라이트의 디자인은 큰 변화를 맞게 되었다. 이 시기의 대표적인 작품들인 국립생명보험사 빌딩National Life Insurance Building(시카고, 1924), 고든 스트롱 천체관측소The Gordon Strong Automobile Objective(메릴랜드, 슈가로프 산Sugarloaf mountain, 1925), 성 마가 사막 리조트The San Marcos-in-the-Desert Resort(애리조나, 챈들러Chandler, 1928), 성 마가 아파트 타워St. Mark's-in-the-Bowery Apartment Tower(뉴욕, 1929)를 보면 최신 기술과 새로운 형태에 대한 실험을 엿볼 수 있는데, 이때의 디자인 실험들은 그의 후기 건축에서 활짝 꽃을 피웠다. 성 마가 아파트 타워에 사용된 디자인은 1952년에 프라이스 타워Price Tower를 지을 때 그대로 사용되었고, 고든 스트롱 천체관측소의 나선형 형태는 나중에 구겐하임 미술관의 모티프가 되었다.

▲ 고든 스트롱 천체관측소의 계획안 스케치. 사진 제공: Art Resource
▶ 성 마가 아파트 타워의 계획안 스케치. 사진 제공: Art Resource
▼ 국립생명보험사 빌딩의 계획안 스케치. 사진 제공: Art Resource

애리조나 빌트모어 호텔

이 시기에 라이트가 직접 설계하지는 않았지만, 그가 발명한 텍스타일 블록을 사용한 흥미로운 건물이 하나 있다. 애리조나 피닉스의 빌트모어에 있는 호텔은 라이트가 프로젝트를 맡지 못해 허덕이던 1928년 2월, 오크 파크 시절에 라이트의 조수였던 앨버트 체이스 맥아서Albert Chase McArthur가 그를 찾아오며 시작되었다. 건강상의 이유로 애리조나로 이주했던 맥아서는 두 형제들과 함께 애리조나 호텔 컴퍼니Arizona Hotel Company를 차렸고, 애리조나 최초의 최고급 호텔을 짓기 위해 호텔 체인과 사업을 추진 중이었다. 이 야심 찬 계획은 600에이커의 대지에 예상 비용만 백만 달러 정도가 되는 거대한 프로젝트였다.

맥아서는 라이트가 개발한 텍스타일 블록을 사용하고 싶어 했다. 사실 그는 라이트의 텍스타일 블록 공사의 상세 도면만을 얻기 원했지만, 라이트는 자신이 직접 애리조나로 가서 공사를 감독하겠다고 자청했다. 맥아서는 썩 내키지는 않았지만 라이트와 좋은 관계를 유지하고 싶은 마음에 기꺼이 동의했다. 7개월 동안 한 달에 천 달러씩, 그리고 호텔이 개관한 뒤에 7천 달러를 더 주는 조건으로 라이트를 고용했다. 라이트와 맥아서가 사인한 계약서를 보면 라이트의 역할은 "특허를 받은" 텍스타일 블록의 사용을 허가하고 시공 디테일을 제공하는 데 한한다고 써 있다. 나중에 텍스타일 블록 디자인은 특허를 받은 적이 없었던 것으로 드러났다. 라이트는 맥아서에게 거짓말을 해서 있지도 않은 특허를 팔아먹은 것이었다.

초기 예상 비용은 백만 달러였지만 결국 2백50만 달러가 들어간 호텔은 232개의 방과 17개의 코티지cottage(산장)를 보유했다. 애리조나의 사막 한가운데에 새 건물을 짓는 일은 현재보다 인건비가 훨씬 쌌던 그 당시에도 상당히 많은 돈이 들어가는 일이었다. 예상하지도 못한 돈이 계속 들어갔다. 마침내 1929년 2월, 호텔이 문을 열었을 때 다양한 패턴의 블록으로 이루어진 외관, 세심히 디자인된 가구들과 풍부한 재료로 완성된 인테리어에 대한 많은 찬사가 이어졌다. 호텔의 개관식은 1929년 2월 23일이었는데, 너무 인기가 좋아서 개관식을 3일간으로 연장해야 했다. 그러나 불행하게도 문을 연 지 채 몇 달이 지나지 않

▲▼ 애리조나 빌트모어 호텔의 전경(위)과 외관에 사용된 텍스타일 블록(아래). 블록들은 햇빛을 받으면 반짝거린다.

아 대공황이 찾아와서 적자가 계속되었다. 결국 맥아서는 호텔을 껌 재벌 회사인 리글리^{Wrigley}에 팔고 애리조나를 떠났다.

오늘날에 호텔을 소개하는 책자를 보면 건축가는 앨버트 체이스 맥아서로 되어 있으며, 라이트는 맥아서에게 텍스타일 블록을 사용할 권리를 팔았고 건물을 지을 때 간단한 자문을 했다고 적혀 있다. 하지만 낮은 수평선이나 복잡한 실루엣, 아르 데코 스타일의 디테일과 내부 공간을 보면 라이트의 영향이 강하게 느껴진다. 이는 원래 맥아서가 라이트의 영향을 많이 받기도 했지만, 호텔 본관과 리조트뿐 아니라 이곳저곳을 증축하면서 호텔 측에서 라이트의 명성을 이용하기 위해 그의 스타일을 더욱 많이 집어넣었기 때문이기도 하다. 지금도 이 건물의 건축가가 라이트라고 착각하는 사람들이 많이 있다. 사실 다른 설명이 없이 그냥 와서 본다면 이 시기의 라이트 건물 중 하나로 착각할 만큼 그의 건물들과 비슷하다.

주요 공간이 2개 층의 아트리움으로 이루어져 있지만 천장이 낮고 어두워서 마치 데이코쿠 호텔의 로비를 보는 것 같고, 하나의 커다란 공간이 아니라 여기저기의 아기자기한 구석 공간들로 나뉘어 있다. 겉모습 또한 애리조나 사막의

▼ 애리조나 빌트모어 호텔의 1층(왼쪽)과 2층 로비(오른쪽).
천장이 낮고 어두워서 데이코쿠 호텔의 로비를 연상시킨다.

강렬한 햇볕을 받으면 텍스타일 블록의 패턴이 반짝반짝 빛나는 듯하여, 마치 데이코쿠 호텔을 방문한 것과 같은 착각에 빠지게 한다.(물론 대부분의 사람들이 데이코쿠 호텔을 사진으로만 접했을 뿐이다.)

어쨌든 애리조나 빌트모어 호텔은 주인이 계속 바뀌고 많은 리노베이션을 거쳤지만 오늘날까지 살아남아서 75년이 넘는 세월에도 최고 수준의 호화로움을 지켜 오며 미국에서 가장 유명한 호텔 중 하나가 되었다.

1920년대에는 라이트가 하려고 하던 많은 것들이 먼지와 재로 변했다. 20세기 초반에 혁신적이라 평가받던 그의 스타일은 20년이 지난 뒤에는 구식이 되었고, 1920년대 후반의 바깥세상에서 라이트는 잊힌 사람이었다. 오랜 세월 동안 든든한 후원자였던 다윈 마틴(라킨 빌딩을 기억하시는지. 다윈 마틴은 그 뒤로도 수십 년간 라이트의 든든한 후원자 역할을 했다.)도 돈이 다 떨어져서 점심 값을 걱정해야 할 정도가 되었다. 다윈 마틴은 라이트에게 쓴 편지에서 서점에서 그의 자서전을 보았지만 책을 살 돈이 없어서 포기해야 했다고 썼다.

라이트는 다시금 탤리에신을 은행에 빼앗길 위험에 처했다. 1929년에 62세가 된 라이트는 이제는 길고도 험난한 경력의 마지막에 다다른 것같이 보였다. 이때의 라이트는 인생에서 가장 절박한 시기를 맞이했다. 부자 고객들은 더 이상 그를 찾지 않았고, 젊은 건축가들은 그를 흘러간 과거로 치부했다. 불과 한 세대 전에 혁신적인 주택 건축가로서 칭송받았지만, 이제 스포트라이트는 유럽의 건축가들을 비추고 있었다.

건축은 음악이나 소설과 달리, 건축가가 자신의 건물을 실제로 지을 수 없다면 아무런 의미가 없다. 작곡가가 작곡한 악보나 작가가 쓴 글은 서랍 속에서 잠자다 수십 년의 시간이 흐른 뒤에 세상에 발표되어 많은 사람들을 감동시킬 수도 있지만, 건축가가 아무리 멋진 도면을 그리고 수많은 스케치를 한다 해도 아무도 그 건물을 지으려 하지 않는다면 그것들은 한 더미의 휴지 조각에 지나지 않는다.(물론 1970~1980년대에 건축 도면 그 자체의 아름다움을 추구하던 경향이 있기는 했지만 이것은 특수한 경우다.) 건축가가 죽고 나면 그 계획안들은 절대 지어지지 않는다.(라이트의 건물 중에서 그가 죽은 뒤에 지어진 건물이 한 채 있

▼ 라이트가 죽은 지 30년 뒤에나 지어진 모노나 테라스.

기는 하다. 아마 존 헤이덕^{John Hejduk}의 월 하우스^{Wall House}와 함께, 유일한 경우가 아닐까 싶다. 라이트의 어릴 적 고향인 매디슨에 지어진 모노나 테라스^{Monona Terrace}라는 건물로, 이 건물은 1930년대에 계획안이 태어났으나 라이트가 죽고 30년이 지난 1990년대에 이르러서야 지어지게 된다.)

탤리에신 펠로십

대공황의 시름이 더욱 깊어질 무렵인 1932년, 올기바나는 라이트에게 '탤리에신 펠로십^{Taliesin Fellowship}'이라는 실습생 프로그램을 시작하자고 제안했다. 그 당시에 단 한 채의 건물 의뢰도 받지 못했던 라이트는 생활비도 벌고 인력도 충원할 좋은 방법이라고 생각했다. 이 프로그램은 라이트를 열렬히 존경하는 학생들을 끌어모았다. 그들은 위대한 인물과 함께 살면서 일하는 데 1년에 650달러를 기꺼이 지불했다.

　1932년에 19세의 잭 하우^{John 'Jack' Howe}는 첫 번째 실습생으로 탤리에신에 발을 내디딘 뒤로 30년이 넘는 동안에 탤리에신에서 라이트의 수석 제도공으로 일했다. 첫해에 웨슬리 피터스^{William Wesley Peters},(나중에 라이트의 사위가 된다.) 에드거 태펠^{Edgar Tafel}, 로버트 모셔^{Robert Mosher}를 포함한 23명의 실습생들이 왔다. 결과적으로 이 펠로십은 라이트가 말년에 엄청난 생산성을 가지고 일을 할 수 있도록 수준 높은 조수들을 배출하는 역할을 했다. 라이트가 총애하던 몇 명의 제도공들은 라이트의 분신처럼 일하면서 도면의 작성, 공사 감독 등 모든 일을 대리해서 처리했다. 그곳에 모인 젊은이들은 모두 열정적이었다. 그들 모두는 라이트가 천재라고 믿었고, 천재와 매일매일 마주 앉아 일했다. 설리번은 자신과 라이트의 관계를 말할 때 "내 손의 연필과 같다."는 비유를 하고는 했는데, 라이트는 실습생들을 가리켜서 "내 손의 손가락과 같다."고 말하고는 했다. 뽐내기를 좋아하는 라이트는 제도 책상에 앉아서 도면을 그릴 때면 학생들이 주위에 많이 몰려들수록 우쭐했다. 물론 고독과 집중을 요구하는 건축 작업에서 많은 사람들이 북적거리는 것은 절대 도움이 되지 않았지만, 라이트는 상관하지 않았다. 그는 탤리에신에서 언제나 "미스터 라이트"로 불렸다. 올기바나가 라이트

▲ 실습생들에게 둘러싸인 라이트.
사진 제공: Art Resource

를 가리킬 때도 "미스터 라이트가……."라고 말했지, 결코 "프랭크가……."라고 말하지 않았다. 라이트 주변의 극소수 사람만이 그를 프랭크라고 불렀다. 실습생들은 그가 숨 쉬고 있는 것을 가까운 거리에서 지켜보는 것만으로도 충분했다. 그는 거기서 왕과 같았다. 그는 거기에 서 있기만 하면 되었다. 실습생들은 라이트의 목소리만 들어도 행운이었다. 말도 안 되는 이유로 그의 꾸중이라도 듣게 되면, 그것은 행운이었다.

라이트는 탤리에신이 자급자족적인 공동체가 되기를 원했기에, 모든 실습생들은 적어도 매일 4~6시간의 육체노동을 해야 했다. 그들은 모두 아침 7시부터 저녁 10시까지 일했고 그것에 만족했다. 그들은 탤리에신의 농장에서 달걀, 우유, 곡물, 과일, 채소 등을 직접 기르며 매일매일 신선하고 영양 많은 식사를 섭취할 수 있었다. 라이트에게 설계 의뢰가 한 건도 들어오지 않던 초반에는 실습생들은 주로 탤리에신에 새로운 건물을 짓거나 오래된 건물을 보수하는 노동에 투입되었다. 돈이 충분하지는 않았지만, 가까운 언덕에서 나무를 구하고 근처 채석장에서 돌을 채취하고 강가의 둑에서 모래를 공짜로 얻을 수 있었다.

탤리에신에는 '실습생의 벽 apprentice's wall'이란 곳이 있다. 사진에서 보는 바와 같이 아랫부분과 윗부분의 돌 쌓는 방식이 다른데, 여기에는 재미있는 일화가 있다. 실습생들이 벽돌을 한참 쌓고 있는데, 라이트가 마침 지나가고 있었다. 말없이 그 광경을 지켜보던 라이트는 점심시간이 되자 실습생들을 앞에 놓고 '유기적 건축'에 대한 장황한 설명을 했다. 점심시간을 마치고 다시 돌을 쌓게 된 실습생들은 그전까지와는 다르게 돌을 쌓았다. 그것이 다른 건축주의 집이었다면 벽을 허물고 다시 쌓게 했겠지만, 교육적인 효과가 있다고 생각한 라이트는 그대로 놔두었다. 그러고는 나중에 실습생들에게 이 벽을 '유기적 건축'의 예로 보여 주고는 했다고 한다.

탤리에신의 비판자들은 실습생들이 공식적인 건축 교육을 받지 않는다고 비난하면서, 학생들이 노예보다 나을 것이 없다는 점에서 탤리에신을 '현대판 노예 농장'이라고 불렀다. 하지만 라이트는 그들이 직접 '일을 하면서 배우게 된다.learning by doing.'고 주장했다. 라이트는 다양한 종류의 문화생활이 펠로십의 일

▲ 탤리에신에 있는 실습생의 벽. 돌을 쌓는 방식이 위와 아래가 확연히 다르다.

◀ 탤리에신이라는 자신들의 왕국에서 여가를 즐기고 있는 라이트와 올기바나.

상생활에 녹아들어야 한다고 생각했기에, 아침에 트랙터에 올라 밭을 갈던 실습생이 저녁때는 정장을 차려입고 콘서트를 감상했다. 음악은 특히 탤리에신에서 중요한 요소였다. 토요일 저녁에는 극장에서 저녁식사를 한 뒤에 영화를 감상했고,(라이트는 열렬한 영화 애호가여서 세계 곳곳에서 영화 필름들을 입수하여 상영했다.) 일요일 저녁에는 라이트의 집에서 다 같이 저녁을 먹고 실습생들로 이루어진 연주단의 음악을 감상했다. 라이트는 음악을 사랑했고 실습생들이 연주회를 여는 것을 무척 자랑스러워했다. 실습생들에게는 요리, 청소, 농장 일, 연극 공연, 시 낭송 등이 설계실에 앉아 일하는 것만큼 중요했다.

라이트와 올기바나는 마치 부모와도 같이 실습생들을 돌보았다. 특히 올기바나는 모든 것을 감독했다. 그녀는 식사 메뉴를 짜고, 설계실에서 들을 음악을 선정했고, 심지어 실습생들이 신을 양말조차 골랐다. 그녀는 펠로십을 만들어 나가는 데 절대적인 역할을 했다. 라이트는 사람들 사이의 관계에 신경 쓰지 않았고, 그저 건축을 하는 데 방해가 될 뿐이라고 여겼다. 하지만 그녀는 많은 실습생들의 사생활을 통제했다. 펠로십 안에서 방을 배정하고, 결혼과 이혼을 중재했다. 올기바나는 특히 여자들에게 엄격했다고 하는데, 한 여자 실습생은 '미시즈 라이트Mrs. Wright'를 '여왕벌'로 기억했다. 라이트와 올기바나 둘 다 사람들에게 존경과 사랑, 두려움을 불러일으켰다. 그들 중 한 명을 기분 나쁘게 하면 즉시 추방당했다. 졸업할 때 축하를 받으며 나서는 다른 학교들과는 다르게, 탤리에신에서 졸업은 곧 추방당하는 것이었다. 다른 학교를 떠날 때는 축복이 함께하는 것이 보통이지만, 이곳에서는 실패를 의미했다.

라이트는 공동생활에 대한 이상적인 생각을 가지고 있었지만, 그 자신은 스스로가 끊임없이 옹호하던 소박한 농부의 삶을 절대로 살 수 없었다. 라이트의 가족에게는 수백 에이커의 땅이 있었고, 주위에는 그들을 위해 일하는 많은 사람들이 있었다. 그들은 다른 사람들보다 더 높은 제단 위에서 식사했고, 더 높은 자리에 앉아서 토요일 저녁의 콘서트를 즐겼다. 라이트는 탤리에신에서 추종자들에게 둘러싸여 오직 자신만이 옳다고 생각했다. 세상 사람들은 그들을 이해할 수 없었다. 탤리에신에서는 그는 언제나 옳았다. 그곳에서는 모두들 라이트에 대해서 다음과 같이 이야기했다. "미스터 라이트가 이렇게 말했다." "미스터 라이트가 이렇게 생각한다." 탤리에신에서는 모두들 매 순간 라이트가 어디에 있는지, 무엇을 하고 있는지, 무슨 생각을 하고 있는지 알고 있었다. 그리고 그가 10년 전에 한 생각들과 그가 한 말들도 정확히 알고 있었다. 실습생 중의 한 명은 나중에 투덜거리며 이렇게 말했다. "그곳 말고는 그렇게 많은 사람들이 그렇게 적은 숫자의 사람들을 위해 많은 시간과 노력을 들이는 것을 본 적이 없다."

라이트가 그린 낙수장 투시도, 사진 제공: Art Resource

▲ 낙수장.
사진 제공: Messana Collection, University of Nebraska-Lincoln

8장_ 화려한 부활

> 아름다운 숲 속에 단단하고 높은 바위가 폭포 옆으로 솟아 있었다. 그 바위에서 폭포수 위로 집을 내뻗게 하는 것이 자연스러워 보였다. 물론 거기에는 자연에 대한 카우프만 씨의 사랑이 있었다. 그는 그곳의 자연을 사랑했고 폭포 소리를 듣기를 좋아했다. 이것이 디자인의 주된 모티프였다. 사람들은 도면을 보기만 해도 폭포 소리를 들을 수 있을 것이다.
>
> —프랭크 로이드 라이트

낙수장의 탄생

라이트의 첫 실습생 중에는 부유한 피츠버그 백화점 사장의 아들인 에드거 카우프만 주니어 Edgar Kaufmann Jr.가 있었다. 그는 라이트의 전기를 읽고 깊은 감명을 받아 텔리에신 펠로십에 지원했다. 그는 오래 지나지 않아 펠로십을 떠났으나, 그의 아버지인 에드거 J. 카우프만 Edgar J. Kaufmann은 라이트에게 관심을 갖게 되었고 1934년에 추진 중이던 여러 건설 프로젝트에 참가할 것을 라이트에게 제안했다. 편지들이 오가며 둘은 점점 가까워졌다. 라이트는 카우프만을 이제이티라는 애칭으로 부르면서, 그가 늙고 쇠약해진 다윈 마틴을 대신할 수 있을 것이라고 생각했다.

1934년의 어느 날, 카우프만은 라이트에게 펜실베이니아 주 서쪽에 자신의 가족들이 무척 좋아하는 '베어 런Bear Run'이라는 이름의 작은 폭포가 있는데, 그 옆에 주말 별장을 지어 달라고 요청했다. 라이트는 곧 현장site을 방문하고, 실습생들로 하여금 주변의 모든 나무와 바위들의 위치를 정확히 표시한 정교한 지형도를 그리도록 했다. 그러나 정작 자신은 3개월 동안 아무것도 하지 않았다. 그는 언제나 건물의 형태가 자신의 머릿속에서 구체적으로 떠오를 때까지 섣불리 이야기하거나 스케치조차 하지 않았고, 이번에도 역시 그러했다.

그러던 어느 날, 라이트는 "소매를 흔들어 디자인을 빼내듯이" 2시간이 조금 넘는 동안에 20세기 최고의 명작 '낙수장Fallingwater'을 완성한다. 라이트가 낙수장을 설계한 에피소드는 그 건물만큼이나 극적이다. 여러 자료들에서는 그 상황이 조금씩 다르게 묘사되어 있지만, 여기서는 공통적인 부분만 추려서 그의 실습생의 입을 빌려 재구성해 보겠다.

    오늘도 미스터 라이트가 설계실을 할 일 없이 왔다 갔다 했다. 벌써 3개월이나 지났지만 처음에 현장에 가서 실측을 한 뒤로는 아무것도 한 일이 없었다. 설계실의 커다란 벽에는 별장 부지 부근을 정교하게 그린 대형 지형도가 붙어 있었고, 미스터 라이트는 가끔 가다 뒷짐을 지고 그 앞에 멈춰 서서 한참을 들여다보며 골똘히 생각에 잠기곤 했다. 벌써 몇 주나 우리가 무엇을 할지를 물어보면 그는 무심하게 "응." 하고 대답한 뒤에 그냥 지나갔다.

    그러다 드디어 오늘, 미스터 라이트의 개인 비서가 설계실로 황급히 뛰어왔다. 그녀는 미스터 라이트에게 귓속말을 했다. 잠깐 놀란 듯한 미스터 라이트는 설계실 귀퉁이에 놓여 있는 전화를 천천히 들었다. 그 전화는 카우프만 씨에게서 걸려 온 것이었다. 카우프만 씨는 탤리에신에서 얼마 떨어져 있지 않은 밀워키에 있었다. 간단한 안부를 묻고 한동안 말없이 듣고만 있던 미스터 라이트는 "그럼요, 이제이. 어서 와요. 우리 모두 기다리고 있어요."라는 말과 함께 전화를 끊었다. 뭐라고? 밀워키는 140마일밖에 떨어져 있지 않아서 2시간 반이면 올 수 있는 거리였고 미스터 라이트는 그린 게 아무것도 없지 않나?

전화를 끊고 나서 잠시 두리번거리던 미스터 라이트는 나에게 지형도를 벽에서 떼어 자신의 제도판으로 가져오라고 말하고는 자리에 가서 앉았다. 미스터 라이트는 조금의 동요도 없이 제도판에 앉아 도면을 그릴 준비를 한 뒤에 각각 다른 색깔의 트레이싱 페이퍼를 꺼내서 지하실, 1층, 2층을 빠르게 스케치했다. 실습생들이 한두 명씩 점차 미스터 라이트의 주변으로 몰려들었다. 스케치를 끝낸 그는 T자와 삼각자를 이용하여 전체 배치도를 재빠르게 그리고 나서 1층 평면도를 그렸다. 이제껏 미스터 라이트를 보아 왔지만 오늘처럼 빠르고 확신에 차서 도면을 그리는 것은 처음 보았다. 그는 도면을 그리면서 들릴 듯 말 듯 이렇게 중얼거렸다. "강을 건너기 위해선 다리가 필요하지." 도면은 어디에 폭포가 있는지를 정확히 보여 주었다.

그는 2층 평면도를 그리기 시작했다. 발코니를 그리며 이렇게 말했다. "이제이가 앉을 바위 바로 뒤에는 바닥에서 솟아오른 벽난로가 있어서 불이 그곳에서 타오를 거야. 따뜻한 주전자는 그 벽 안에 꼭 맞을 것이고 증기가 공기 중으로 스며들 것이고, 이제이는 쉬쉬 하며 물 끓는 소리를 듣겠지."

"위층은 아들의 방이고……."

쉴 새 없이 중얼거리며 평면도를 그리던 미스터 라이트는 이번에는 건물을 자른 단면도를 그렸다. 그는 계속해서 그렸다. 나는 그에게 쉴 새 없이 새로 깎은 색연필을 쥐어 주었고, 그는 그것들을 부수고 문지르면서 색채를 더했다가 떼어 냈다. 평면도, 단면도 그리고 디테일들이 말 그대로 종이 위에 쏟아져 나왔고, 연필들은 날카롭게 깎이자마자 금방 닳아 없어졌다. 우리는 누구든 설계실에 들어오면 "쉿! 조용히 하고 나가."라며 내쫓았다. 평소에는 주위에 사람들을 거느리며 일하는 것을 즐기는 미스터 라이트였지만, 오늘같이 집중해서 일할 때는 누구도 설계실을 지나가서는 안 되었다.

2시간이 지나자 그는 입면도를 그리기 시작했다. 전체 집을 다 그리는

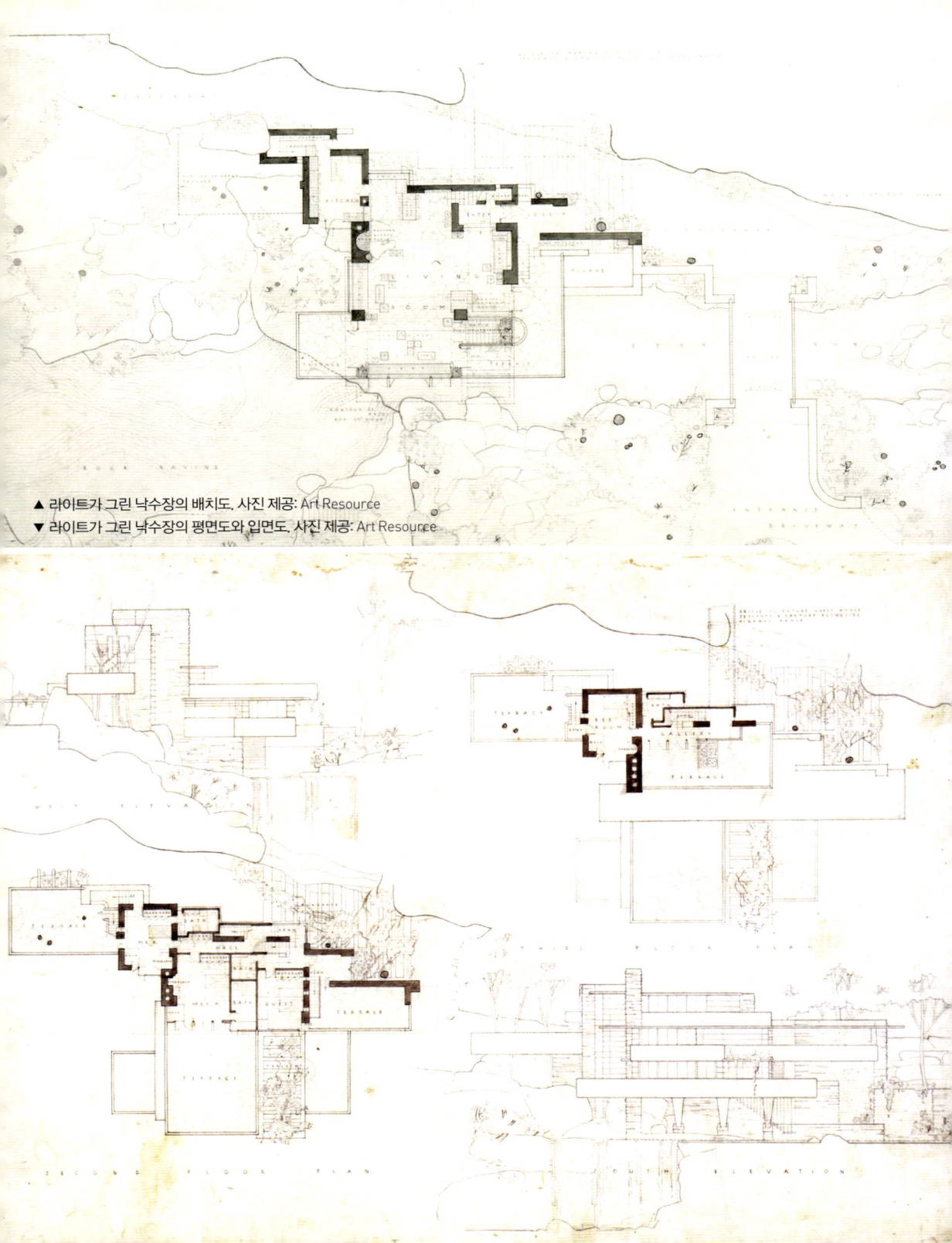

▲ 라이트가 그린 낙수장의 배치도. 사진 제공: Art Resource
▼ 라이트가 그린 낙수장의 평면도와 입면도. 사진 제공: Art Resource

Frank Lloyd Wright

커다란 것이었다. 그리고 그는 나무들을 그려 넣었다. 제기랄, 그는 모든 나무들과 바위들의 위치를 정확히 알고 있었다! 미스터 라이트가 작업을 모두 마치자, 비서가 들어와서 "미스터 라이트, 카우프만 씨가 왔습니다." 라고 전했다. 미스터 라이트는 "모시고 오게."라고 말한 뒤에 자리에서 일어났다. 미스터 라이트는 설계실로 들어서는 카우프만 씨에게 다가가 손을 내밀며 말했다. "이제이, 환영합니다. 우리는 당신을 기다리고 있었어요."

▼ 라이트가 그린 낙수장의 입단면도. 건물의 천장 높이와 공간의 수직적 연결 상태를 살펴볼 수 있다. 어느 정도의 과장이 있었을 것이고 나중에 실습생들이 작업을 더하기는 했겠지만, 어쨌든 라이트는 이 모든 도면을 3시간 안에 완성했다고 전해진다. 사진 제공: Art Resource.

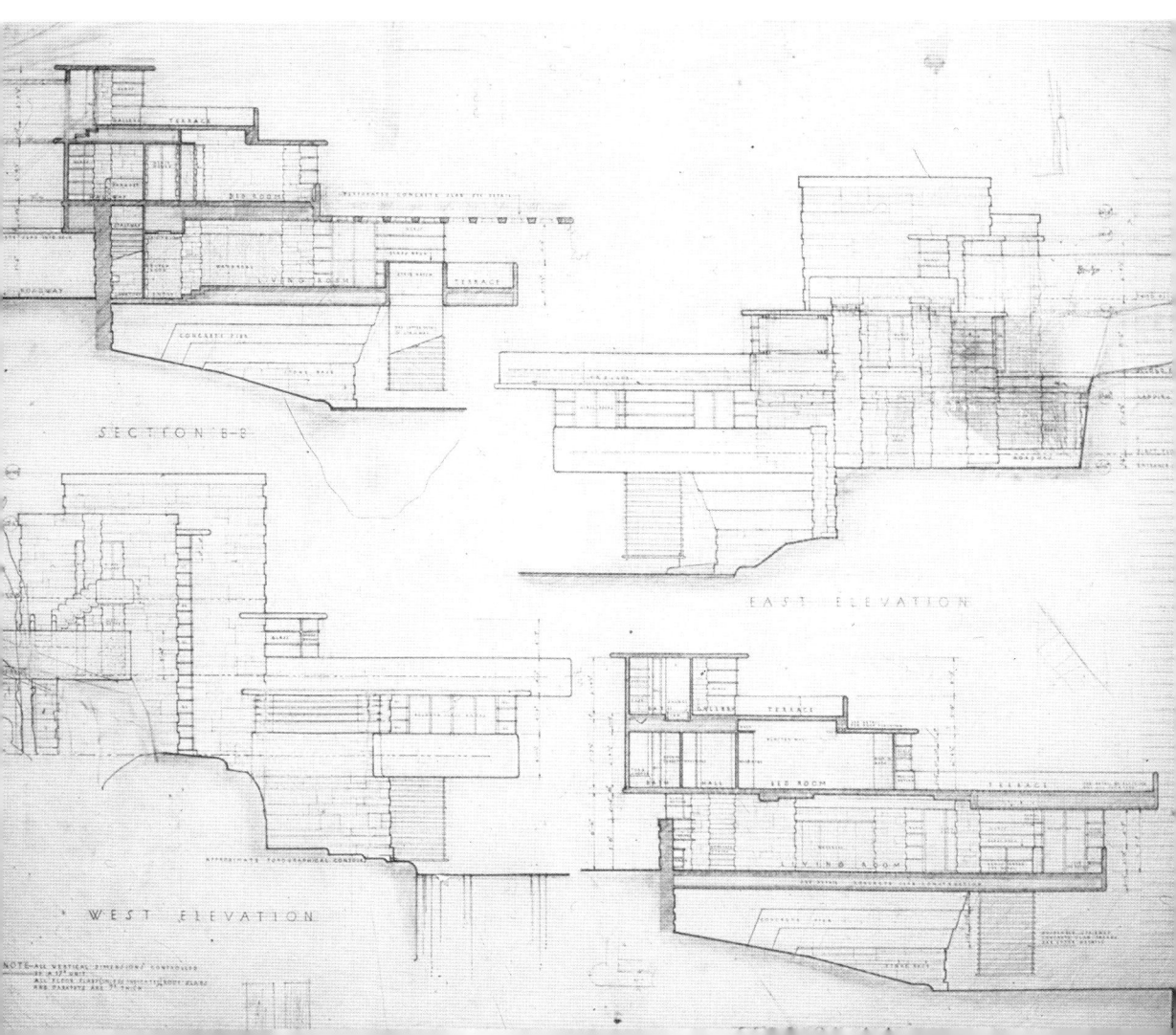

이 광경은 건축 역사상 가장 유명한 순간 중 하나로, 너무도 극적이어서 믿기지 않지만 수많은 실습생들이 실제로 목격한 장면이었다. 나중에 그가 그린 도면과 실제 건물을 비교해 보면 거의 90퍼센트는 처음에 계획한 대로 지어졌다. 대부분의 건물은 건축가의 초기 스케치 그대로 지어지지 않는다. 경제적, 기술적 문제뿐 아니라 현장에서 실제로 일어나는 일들에 이르기까지, 초기 구상과 실제 건물 사이에는 항상 변화가 따르기 마련이다. 그런데 라이트는 이 모든 것들을 머릿속에 집어넣고 한꺼번에 생각한 것이니, 천재라 부르지 않을 수 없다. 라이트는 이 건물을 낙수장이라 이름 붙이고, 사인을 할 때 자신의 이름 머리글자를 넣어 'faLLingwater'라고 적기를 즐겼다. 이 건물은 결과적으로 세계에서 가장 유명한 건물 중 하나가 되었고, 그는 이 건물의 모든 구상을 3시간이 채 못 되는 시간에 끝냈다.

    처음에 설계를 의뢰받았을 때 건물을 지을 장소에 같이 간 라이트는 카우프만에게 "여기에 오면 주로 어디서 시간을 보내세요?"라고 물어보았다. 카우프만은 "우리는 이 바위 위에서 즐기는 소풍을 정말로 좋아해요."라고 대답했다. 카우프만은 원래 별장이 폭포를 밑에서 올려다볼 수 있는 베어 런의 다른 쪽에 놓이기를 원했다. 그래서 카우프만은 라이트의 설계를 처음 보았을 때 "나는 당신이 그 집을 바위 위가 아니라 그 옆에 지을 줄 알았어요."라고 말했다. 라이트는 조용히 대답했다. "이제이, 나는 바위와 폭포가 그냥 쳐다만 볼 수 있는 것이 아니라 당신 삶의 일부가 되기를 바라요." 카우프만은 할 말을 잃었고 라이트의 말은 사실이 되었다. 그 후에 카우프만 가족은 수풀을 헤치고 개울가 밑으로 내려가야만 낙수장 아래에 숨겨진 바위를 간신히 볼 수 있었지만, 그들은 그 집을 영원히 사랑했다. 카우프만 가족이 그 집을 얼마나 사랑했는지는 집이 완성되자마자 몇 번의 주말을 그곳에서 지낸 카우프만 부인이 너무나도 기쁜 나머지 라이트에게 보낸 편지에서 잘 드러난다.

    친애하는 미스터 라이트, 미시즈 라이트께

당신들이 그 아름다운 판화를 크리스마스 선물로 보내 주었을 때(라이트는 카우프만에게 일본 목판화를 선물했다.-지은이) 얼마나 기뻤는지는 표현하기조차 힘듭니다. 그 판화는 지금 이 편지를 쓰는 내 책상 위에 놓여 있고, 나는 편지를 쓰는 와중에도 계속해서 그 판화를 쳐다본답니다. 이것을 보내 주시고 우리를 생각해 주신 점에 대해 정말로 감사합니다. 커다란 발삼 가지가 거실 주위의 금속 선반을 따라 놓여 있고, 바에 있는 계단 난간에도 있습니다. 그것이 얼마나 아름답게 보이는지, 당신들은 상상도 못 할 거예요. 우리는 지난 2주간 주말마다 여기서 큰 파티를 열었고, 곳곳에 삼삼오오 모인 많은 사람들 사이에서 이 집이 얼마나 아름답게 어울리는지를 보는 것은 커다란 기쁨이었습니다. 나는 당신들이 조만간 여기서 함께 며칠을 보낼 수 있기를 바랍니다. 특히, 미시즈 라이트는 한 번도 이 집에 와서 물이 흐르는 소리를 들어 본 적이 없으니 꼭 오시기를. 우리 모두는 당신들이 가장 행복한 새해를 맞으시기를 빌고, 당신들이 우리에게 준 기쁨에 더욱 감사합니다.

1937년 12월
릴리안 카우프만 드림

낙수장은 건물이 대지에서 자라 나와야 한다는 의미를 담은 라이트의 '유기적 건축'이 실제로 무엇인지를 보여 주는 정수이자, 건물이 들어선 땅에 대한 아름다운 응답이었다. 이 건물은 대지와 절묘하게 조화를 이루어 인간과 자연과 하나 됨을 추구한다. 낙수장은 평평한 잔디밭 위에 깔끔하게 서 있는 대신에 바위로부터 자라 나왔다. 낙수장 뒤로 돌아가면 건물을 지지하는 구조체가 바위에 고정되어 있는 것을 볼 수 있다. 거기서 뻗어 나온 슬래브slab는 9미터 높이의 폭포 위에 아슬아슬하게 떠 있으며, 바로 밑에서 물이 콸콸거리며 흐른다. 밑에서 흐르는 물소리를 들으면 위험하다고 느껴지기도 하지만, 건물 안에 있으면 낮은 천장이 보호를 해 준다는 느낌을 받는다. 이렇게 낮은 천장은 공간과 일체감을 느끼게 하고, 널찍한 외부 테라스는 여름에 자연을 더 가까이 느낄 수 있도록 한다.

낙수장 내부의 굴뚝과 바닥은 부근에서 캐낸 돌을 거칠게 놓아 마무리되었고, 울퉁불퉁한 돌의 노출 부위는 벽난로의 일부가 되었다. 이 넓고 친근한 거실에 앉아 있으면 물이 흐르는 소리, 바람이 스치는 소리, 계속 변하는 빛과 그림자 때문에 아늑한 굴 속에 있는 듯한 느낌을 받는다. 그러나 반대로 폭포를 향해 확 트인 시야는 눈앞의 자연을 바로 느끼게 하고, 햇빛은 여러 방향에서 쏟아져 들어온다. 그는 국제 양식International Style의 대표적인 특징인 평평한 지붕을 싫어했지만, 이 작품에서는 자신의 아이디어 속에 녹여내어 훨씬 더 뛰어나고 아름다운 건축으로 만들어 냈다.

위대한 건축은 말과 설명이 굳이 필요 없다. 노트르담 대성당 안에 들어서면 마치 절대자를 만날 듯한 느낌을 받는 것처럼, 낙수장도 그런 감동을 주는 건축 중 하나가 아닐까 싶다. 낙수장에 앉아 있으면 자연과 하나 되는 자신을 발견한다. 단순히 시각적인 것뿐 아니라, 청각과 촉각 등을 통해 자연과 하나 된 자신을 느낄 수 있다. 이렇듯이 낙수장의 진정한 위대함은 건축이 인간과 자연을 연결시키는 방법을 보여 준 게 아닌가 싶다. 낙수장은 대부분의 사람들이 은퇴 준비를 할 시기인 68세의 나이에, 라이트가 위대한 마지막 단계에 접어들었다는 것을 알려 준 놀라운 전조였다.

> 정말 즐겁고 충분한 휴식을 취했지만, 내 머리는 언제나 베어 런에 대한 생각으로 꽉 차 있습니다. 베어 런은 내 생활의 일부가 되었고 모든 이가 만족할 만한 건물이 완성될 때까지 계속 그럴 것입니다. 가구들과 캐비닛들의 디테일을 그릴 때, 그곳이 도심 속 집이 아니라 산속의 오두막이라는 사실을 잊지 마시기를……. (카우프만이 1937년 2월에 보낸 편지)

건물과 가구를 포함한 총비용이 2만~3만 달러라는 것을 우리는 기억해야만 합니다. 내 생각에는 2만 달러를 마음속에 간직하고 일을 시작했으면 좋겠습니다. 왜냐하면 우리가 건물을 짓는 과정에서 몇 가지 추가되는 사항이 있을 것이라는 데 동의했으므로, 나중에는 2만 달러를 확실히 넘

▲ 낙수장의 내부. 다듬지 않은 돌로 만든 바닥과 벽이 자연 속에 있는 듯한 느낌을 자아낸다. 사진 제공: Messana Collection, University of Nebraska-Lincoln

◀ 캔틸레버 방식으로 만들어진 낙수장 테라스.

게 될 것이므로 말이지요. (카우프만이 1937년 7월에 보낸 편지)

공사는 1936년에 시작되어 1939년에 게스트 하우스를 완성하면서 끝났다. 처음에 카우프만은 라이트에게 비용이 3만5천 달러를 넘으면 절대로 안 된다고 말했지만 결과적으로 7만5천 달러가 들어갔고, 나중에 게스트 하우스를 증축하면서 추가로 5만 달러가 더 들어갔다.

낙수장에서 캔틸레버 방식으로 만들어진 철근 콘크리트 구조는 당시의 기술로서는 대단한 것이었지만, 구조적으로는 심각한 문제를 안고 있었다. 건물이 한참 지어지던 도중에 균열이 가기 시작해서 그 뒤로 계속해서 보수 공사를 해야 했다. 결국 더 이상 방치하면 건물 자체가 무너질 수도 있다는 진단에 따라 2001년 겨울에 대대적인 보수 공사가 시행되었다. 수많은 테스트와 비파괴검사를 한 끝에 주요 구조체가 심각할 정도로 저강도로 설계되어 있었다는 사실을 발견했다. 철근은 거의 끊어지기 직전이었고, 콘크리트의 압축력은 절대 파괴강도에 근접하고 있었다. 이 저강도 캔틸레버에는 15피트(약 4.5미터)당 7인치(약 18센티미터)의 처짐이 생겼다. 이런 상태라면 건물이 언제라도 무너질 수 있었다. 어떻게 이런 일이 생겼을까? 당시에 보수 공사를 담당했던 로버트 실만Robert Silman이 생각하는 몇 가지 가정은 다음과 같았다.

그 집은 매우 빨리 설계되었습니다. 라이트는 현장을 고작 한두 번밖에 방문하지 않았고, 그 뒤로 아무것도 하지 않았지요. 마침내 설계가 끝나고 공사가 시작되었을 때 엔지니어들은 구조 도면을 빨리 그리도록 재촉을 받았을 것이라고 생각합니다. 시간에 쫓긴 엔지니어들이 2층의 무게가 1층의 캔틸레버로 전달된다는 점을 알아차리지 못한 것 같습니다. 이것 외에도 각 층을 떠받치는 빔beam들이 부족했습니다. 거기에는 아마도 실수가 있었던 것으로 보이는데, 거푸집을 떼어 내자마자 캔틸레버는 1과 3/8인치(약 4센티미터)나 처졌고 2층 난간 벽에 균열이 생겼습니다.

◀ 낙수장 뒤쪽의 구조체. 캔틸레버 방식의 건물을 지탱하기 위한 것으로, 1층 바닥을 뒤에서 지탱하고 있다. 라이트는 1층 바닥과 2층 바닥의 철근 보강에 부주의하여 완공 직후부터 보수 공사가 계속되었다.
사진 제공: Messana Collection, University of Nebraska-Lincoln

처음부터 1층 바닥의 캔틸레버에 들어간 철근이 많이 부족해서 1층 무게만을 버티기에도 충분하지 않았다. 시공자들과 엔지니어들은 이 사실을 발견하고 카우프만에게 알렸고, 카우프만은 그 편지를 라이트에게 보여 주었다. 자신의 잘못을 절대 인정하지 않기로 유명한 라이트는 카우프만에게 자신과 시공자들 중 한쪽을 선택하라는 편지를 보냈다. 카우프만은 결국 라이트의 손을 들어주었고 공사는 계속되었다. 그러나 시공자들은 라이트 몰래 철근을 2배나 보강했다. 그런데도 여전히 무게를 버티기에는 부족했다. 그때까지도 그들은 1층 끝에 기대고 있는 2층의 무게를 계산하지 않았다. 대대적인 보수가 이루어지기까지, 낙수장은 부분적인 보수 공사를 계속 받아 가며 65년간이나 위험한 상태로 있었다.

▲ (왼쪽)낙수장의 내부 구조를 보강 공사하는 모습.
사진 제공: Robert Silman Associates
(오른쪽)낙수장의 구조를 보강하기 전에 테라스 밑을 철제 구조물로 받쳐 놓은 모습.
사진 제공: Robert Silman Associates

가장 중요한 미국 건축

카우프만 가족은 뉴욕 모마 The Museum of Modern Art, MoMA의 큐레이터였던 에드거 카우프만 주니어가 낙수장을 물려받기 전인 1950년대에 거의 모든 주말과 휴가 때마다 이곳을 찾았다. 카우프만 주니어는 부모가 사망한 1963년 이후에 낙수장을 서부 펜실베이니아 관리위원회에 기증했다. 이 당시에 라이트의 많은 건물들이 해체되거나 사라질 운명에 처했는데, 카우프만 주니어의 기증은 건축계로부터 건물의 보존을 위한 훌륭한 본보기로 환영받았다. 낙수장은 진품 가구들과 예술품들이 그대로 일반에 개방된 유일한 라이트의 주택 작품이다. 이곳에는 라이트가 디자인한 가구들과 그가 선물한 일본 목판화들과 함께, 1930년대부터 1960년대까지 카우프만 가족이 수집한 예술품, 직물, 책, 가구들이 전시되어 있다.

1991년에 낙수장은 미국건축가협회에서 선정한 '가장 중요한 미국 건축 the best all-time work of American architecture'에 뽑혔다.

9장_ 존슨 왁스 빌딩, 미래 지향적 디자인

Frank Lloyd Wright

> 허버트 씨, 당신은 마치 소나무 숲에서 신선한 공기를 마시고 햇빛을 쬐는 것과 같은 느낌이 드는 아름다운 건물을 가지게 될 겁니다.
>
> —프랭크 로이드 라이트

최첨단 건축을 시도하다

라이트를 잘 아는 사람들은 그의 건축에서 한 가지 일관된 것이 있다면 끊임없는 변화이고, 지칠 줄 모르는 창의력이라고 말했다. 계속되는 새로움만이 그의 원동력이었다. 라이트와 미스 반 데어 로에가 각자 말했던 명언들은 이 두 사람의 성격 차이를 잘 드러내 준다.

> **라이트:** 우리가 어제 한 것은 오늘 다시 하지 않을 것이다. 그리고 우리가 내일 하지 않을 것은 그 다음날에 할 것이 되지는 않을 것이다.
>
> **미스:** 우리가 매일 아침마다 새로운 것을 발명해야 하는 것은 아니다.

라이트는, 자신의 스타일을 꾸준히 갈고닦아 최고의 수준으로 만드는 것이 궁극적인 목표였던 미스와는 완전히 반대되는 입장에 있었다. 그는 언제나 새로운 경향이 유행할 때 그것에 재빨리 적응했다. 1936년, 존슨 왁스 빌딩 Johnson

▲ 날렵한 유선형의 외관을 지닌 팬퍼시픽 오디
토리엄Pan-Pacific Auditorium, 1935년.
▶ 유선형으로 디자인된 1930년대의 자동차(위)
와 토스터(아래).

    Wax Building을 설계할 당시에 유행했던 새로운 경향은 유선형Streamline이었다. 물방울이나 포물선 모양의 유선형은 처음에는 배, 비행기, 자동차 등의 디자인에서 빠른 속도로 움직이는 물체에 닿는 공기의 저항을 최소화하기 위해 사용되었다. 하지만 1930년대에 들어서면 유선형은 단순히 기능적인 목적이 아니라 효율성과 자유로움, 역동성을 표현하기 위한 가장 효과적인 형태로 각광을 받으면서, 반들반들한 선과 둥그스름한 모서리가 라디오, 토스터, 그리고 건축에 이르기까지 기능과는 상관없이 거의 모든 공업 제품에 급속도로 퍼져 나갔다.
    1936년에 새로운 고객이 라이트를 찾아왔다. 위스콘신의 라신Racine에 있는 존슨 왁스 사Johnson Wax Company의 사장인 허버트 존슨Herbert Johnson은 새로운 사옥을 지어 줄 건축가를 찾고 있었다. 그는 원래 예전의 건물을 증축하고 싶어 했지만 날로 번창해 가는 사업 때문에 필요한 공간이 점차 늘어나게 되었고, 기존의 건물이 너무 낡아 차라리 새로 짓는 편이 낫겠다고 생각했다. 이 프로젝트는 라이트에게는 수십 년 만에 찾아온 대규모의 일이었다.

라이트는 일을 시작한 지 10일도 되지 않아서 존슨 왁스 사의 이사회에서 계획안을 프레젠테이션했다. 라이트는 거의 완성된 도면을 들고 나타났는데, 이는 라이트가 바로 전에 비슷한 계획안을 진행하고 있었기 때문에 가능한 일이었다. 이사회에서는 그 정도의 도면들을 기대하지 않았기 때문에 상당히 놀랐다고 한다. 라이트는 거의 한 시간 반을 혼자서 이야기했다. 라이트의 프레젠테이션은 매우 드라마틱하고 정곡을 찔렀다.

여러분의 직원들을 위한 사원을 가지게 될 겁니다.
여러분이 평생토록 사랑하게 될 곳을 가지게 될 겁니다.

라이트의 말이 끝나자 단 하나의 질문도 없었고, 모두 만장일치로 찬성이었다.
라킨 빌딩의 상황과 비슷하게, 존슨 왁스 빌딩의 주변 또한 창고와 공장들로 이루어져서 그다지 아름답지 못했다. 라이트는 좀 더 괜찮은 곳으로 옮길 것을 제안했지만, 회사의 고향과도 같은 곳을 떠나기 싫었던 허버트 존슨은 끝까지 고집을 부렸다. 둘은 그 문제에 대해서 계속해서 부딪쳤고, 결국 라이트는 외부 경치를 포기하는 대신 내부에 집중하기로 한다.

이 건물은 일반적인 사무실 건축의 상식을 완전히 뒤집는 것이다. 그는 외부를 창문 없이 벽돌로 막고 내부에다 새로운 자연을 창조했다. 내부의 커다란 홀에는 나무줄기 모양의 얇은 콘크리트 기둥이 쭉 뻗어 올라 천장에서 수련 잎 lily pad 같이 퍼지며 커다란 공간을 떠받치고 있다. 창문 없이 붉은 벽돌로 둘러싸인 공간은 천창에 의해 채광이 이루어지며, 천창은 라이트가 특허를 받은 반투명의 파이렉스 글래스 튜브 pyrex glass tube로 덮여 있어서 빛이 은은하게 퍼지는 효과를 주었다.

또한, 라이트는 모든 직원들을 하나의 커다란 공간에 집어넣었는데, 이러한 결정은 여러 의미를 갖는다. 직위의 높고 낮음을 떠나 모두 같은 방 안에서 서

▲ 유니티 교회의 예배당(위)과 라킨 빌딩의 사무실(아래). 이처럼 밝고 넓은 공간에 도착하기 전에는 좁고 어두운 공간을 통과해야 하는 게 라이트 건축의 특징이다.

◀ (위, 아래)존슨 왁스 빌딩의 내부 모습. 바닥에서 천장까지 이어진 기둥의 형태가 마치 수련 잎 같다. 사진 제공: Messana Collection, University of Nebraska-Lincoln

로를 쳐다보며 일한다는 생각은 그가 추구한 민주적인 건축의 구현이었다. 이 건물에서 근무했던 직원들은 대부분 근무 환경에 상당한 만족감을 나타냈다. 그 효과는 기능적인 면에서도 두드러졌는데, 이 건물로 옮기고 나서 사무원들의 생산성이 15퍼센트 이상 늘어났다는 연구 결과도 있다.

직접 방문해 본 존슨 왁스 빌딩은 종교적인 인상을 풍겼다. 어둑한 진입로를 지나 빛으로 가득 찬 커다란 사무실에 도착하면, 말 그대로 종교 공간에 들어선 것 같았다. 한눈에 들어오는 커다란 공간은 종교 공간에서 겪는 경험과 비슷한 경건한 느낌을 불러일으켰다. 창문이 하나도 없고 주위는 발코니로 둘러싸여 있었지만, 가늘게 올라가다 천장에서 넓게 퍼지는 기둥들은 내부 공간을 더욱 활기차게 하고, 수련 잎 사이로 쏟아지는 햇빛은 마치 물속을 떠다니는 듯한 느낌을 주었다. 한 공간 안에서 모든 직원들이 함께 근무를 하면 소음 문제가 있지 않을까 생각했지만, 오히려 적당한 정도의 '백색 소음white noise'만이 들려서 일하는 데 훨씬 쾌적해 보였다. 책상과 의자들 또한 라이트가 디자인한 원래 형태 그대로를 아직도 쓰고 있었다.

빛으로 가득 찬 공간에 도착하기 전에 나지막한 통로로 들어가게 하는 것은 라이트가 드라마틱한 공간을 만들 때 자주 사용하는 방법이었다. 라킨 빌딩, 유니티 교회, 데이코쿠 호텔 등 라이트가 설계한 대부분의 공공 공간들은 각각의 형태상의 차이에도 불구하고 이런 특징을 공통적으로 가지고 있다. 라이트는 언제나 사람들이 환하게 빛나는 내부 공간이 있음을 전혀 눈치채지 못하도록, 좁고 낮은 리셉션 홀을 통해 입장하게 해서 주요 공간의 느낌을 배가시켰다. 이것은 그가 오크 파크 시절에 자신의 아이들을 위한 놀이방에서 처음 시도한 뒤로 한 번도 실패한 적이 없었다.

처음 공사를 시작했을 때 건물을 짓기 위한 전체 공사 도면의 숫자는 20장도 채 되지 않았다.(자그마한 주택을 설계하는 데 드는 도면도 100장 이상인 게 보통이다.) 54,000제곱피트(약 5,000제곱미터)의 면적을 가진 건물을 짓기에는 턱없이 부족한 숫자였지만, 대부분의 치수는 20피트(약 6미터)의 기둥 간격과 3.5인치(약 9센티미터)의 벽돌 높이에 의해 결정되었으므로, 라이트는 그 정도면 충분

◀▶ 존슨 왁스 빌딩의 천장에 사용된 파이렉스 글래스 튜브(왼쪽)와 발코니에서 바라본 내부 모습(오른쪽), 사진 제공: Messana Collection, University of Nebraska-Lincoln

하다고 생각했다. 그러나 실제로 공사할 때는 건축가가 생각하지 못한 디테일들이 항상 나타나기 마련이다. 더군다나 건물의 각 부분이 전체와 완벽한 조화를 이루어야 한다는 라이트의 생각은 변함없어서 그가 거의 모든 공사 디테일들을 발명해야 했기에 공사는 더디게 진행되었다.

라이트는 또한 사무실의 모든 가구를 그 건물에 어울리도록 직접 디자인했다. 라이트는 직원들이 앉아서 일할 책상을, 내부 기둥의 둥그런 모양에 맞춰서 디자인했다. 이 책상 디자인은 매끈한 선과 밖으로 돌려서 여는 서랍과 3개의 다리로 이루어진 의자와 함께 특허를 받을 만큼 혁신적이었으나, 직원들은 다리가 셋뿐인 의자에 적응하지 못해 자리에서 미끄러지고는 했다. 그렇지만 라이트는 계속해서 의자 디자인을 바꾸기를 거부했다. 그러던 어느 날, 허버트 존슨은 사무실에서 담소를 나누던 도중에 펜을 슬쩍 라이트 쪽으로 떨어뜨렸다. 펜을 주우려고 허리를 굽히던 라이트는 불안정한 의자 때문에 자리에서 떨어져 엉덩방아를 찧었다. 이 사건 이후에 라이트는 의자에 다리 2개를 더 달았다.

▼ 라이트가 직접 디자인한 책상과 의자. 사진 제공: Art Resource

라이트는 이 프로젝트를 맡기 위해 처음에는 총비용이 20만 달러라고 말했다. 그 비용은 곧 25만 달러로 불어났고 5개월 뒤에는 30만 달러가 되었다. 1937년에 공사가 시작되었을 때 라이트가 계산한 예산은 45만 달러로 늘어났고, 건물이 완공될 시점에는 그 비용이 90만 달러 가까이 되었다. 허버트 존슨이 다음과 같이 말한 것도 무리는 아니었다.

> 처음엔 프랭크 로이드 라이트가 나를 위해 일했습니다. 비용은 계속 올라갔지요. 그러자 우리는 같이 일하게 되었습니다. 결국엔 내가 그를 위해 일하는 것이 되었습니다.

라이트가 디자인한 기둥은 정말로 아름답고 20세기의 가장 뛰어난 구조 디자인이라는 칭송을 받았지만, 처음 그 디자인을 본 위스콘신 산업위원회Wisconsin Industrial Commission 관계자들은 그 기둥들이 건물 무게를 버틸 수 없다고 생각했기 때문에 공사 허가를 내주지 않았다. 이에 라이트는 공개 테스트를 주장했다. 만약 그 실험에서 기둥이 12톤을 버틸 수 있다면 공사의 허가를 받을 수 있었다. 1937년 6월 4일에 열린 실험에는 모든 관계자들과 지역 신문과 방송사에서 몰려들어서 그 광경을 지켜보았다. 모래주머니가 기둥 위에 계속해서 올려졌고, 12톤이 넘어서도 계속해서 올려졌다. 30톤이 넘었을 때, 라이트는 일꾼들에게 "계속하게."라고 명령했다. 모래주머니가 다 떨어지자 현장의 모래를 위에 쌓았고, 계속해서 강철 블록들을 쌓았다. 라이트는 이 유명한 실험에서 기둥이 마침내 무너지기 전까지 예상보다 5배나 더 나가는 무게인 60톤의 모래를 올려놓아서 관계 당국자들의 코를 납작하게 해 주었다.

그러나 그 건물은 허버트 존슨이 생각했던 것보다 훨씬 더 많은 시간과 돈이 들어갔고, 유지하는 데도 엄청난 노력이 들어갔다. 먼저 그 건물은 많은 기술적인 문제점을 안고 있었다. 새로 도입한 에어컨디셔닝 기술은 만족스럽지 못했고, 라이트가 발명해 벽과 지붕에 사용한 파이렉스 글래스 튜브는 처음부터 비가 샜다. 천장에 파이렉스 글래스를 쓰면 비가 샐 것을 우려하여 여러 사람이 만

존슨 왁스 빌딩의 기둥 강도를 테스트한 1937년의 실험.
사진 제공: Art Resource

류했지만, 라이트는 계속해서 고집을 부렸고 결국 그의 장담과는 다르게 비가 오면 항상 샜다. 허버트 존슨은 사무실에서 빈 쓰레기통을 옆에 놓고 일하다가 비가 오면 떨어지는 물방울을 받아야 했다. 결국 그는 비가 올 것 같으면 비가 새는 곳을 때울 작업부를 항상 대기시켜 놓았다. 지붕에서 비가 새는 데 화가 난 건축주와 라이트의 통화 내용은 지금도 여러 가지 버전으로 각색되어 전설처럼 전해진다.

허버트 존슨: 프랭크! 비가 내 머리 위로 떨어지네!
라이트: 양동이를 받쳐 놓으세요.

이처럼 라이트의 빌딩들에는 비가 새는 지붕이라든지, 처지는 캔틸레버, 작동하지 않는 환기 시스템, 찬 바람이 들이치는 창문들, 빌딩을 차갑게 하는 난방 기구 등 수많은 실패들이 있었다. 하지만 그 문제점들은 오히려 프랭크 로이드 라이트에 관해 중요한 점을 말해 준다. 결과적으로 그가 주로 관심이 있었던 것은 실제 빌딩이 아니라 그 너머에 있는 이상에 도달하는 것이었다. 그 당시의 재료로 성취할 수 있는 것보다 더 큰 것에 도달하기 위해 그는 기꺼이 실패를 감수하려고 했다. 그리고 이상하게도 라이트의 건축주들조차 그러한 실패에 동참하고자 했다.

완공된 건물은 1939년 4월에 일반에 공개되었고, 그 자리에 라신의 주민들이 초대되었다. 라신 전체 인구의 1/3에 달하는 2만6천 명의 사람들이 와서 2개의 블록을 차지할 정도로 길게 줄을 섰다. 지역 신문은 앞다투어 장문의 기사로 다루었고, 내부를 둘러본 기자들은 감탄하여 입을 다물지 못했다. 전국의 많은 잡지들이 표지에 존슨 왁스 빌딩의 사진을 실으며 미래의 디자인이라고 칭송했다. 존슨 왁스 사의 새로운 사옥은 회사에 혁신과 고품질의 이미지를 가져다주었다.

건물을 짓는 데 들어간 비용과 기간은 예상을 훨씬 초과했지만 건물에 만족한 허버트 존슨은 라이트에게 자신의 집도 설계해 달라고 요청했고, 1943년에

▲ 존슨 왁스 부속 연구동의 1940년대 모습(위 왼쪽)과 최근의 모습(위 오른쪽).
(아래)미래적인 디자인을 실현한 존슨 왁스 빌딩. 사진 제공: Messana Collection, University of Nebraska-Lincoln

는 존슨 왁스 부속 연구동까지 지어 달라고 의뢰했다. 캔틸레버 시스템으로 지어진 최초의 고층 건물이었던 이 연구동은 시설 확장이 필요하고 새로운 건축 법규를 맞추지 못하여 지금은 창고로 쓰이고 있다.

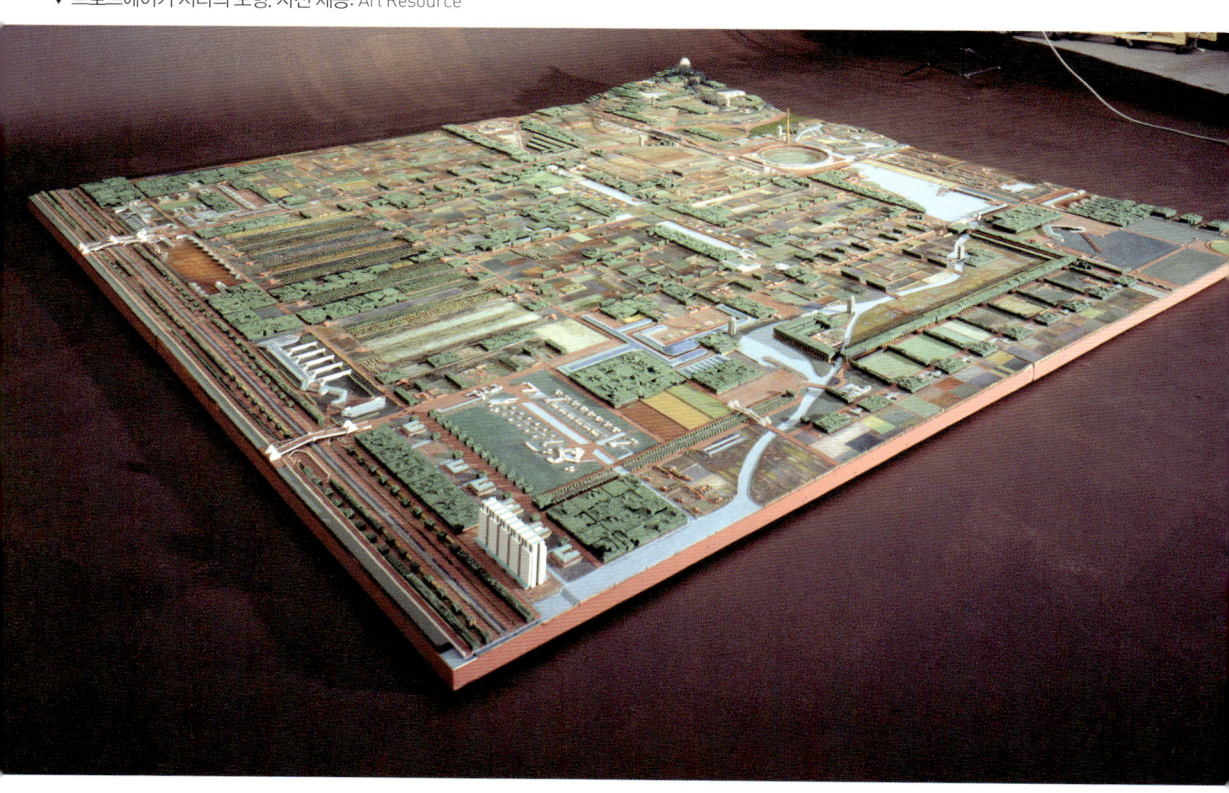
▼ 브로드에이커 시티의 모형. 사진 제공: Art Resource

10장_ 탤리에신 웨스트, 사막을 만나다

경제성과 완성도를 모두 잡은 유소니언 하우스들

대공황이 터진 지 얼마 되지 않은 1935년에 라이트는 '브로드에이커 시티Broadacre City'라는 새로운 개념의 도시를 계획했다. 그는 이 계획안에서 교통과 통신 기술의 발달로 더 이상 도시에 몰려서 살 필요가 없다고 주장하며, 모든 사람이 1에이커의 땅을 가질 수 있고 학교와 공장, 농장, 시장과 놀이 시설들이 자동차로 쉽게 접근할 수 있는 거리에 넓게 퍼져 있는 도시를 계획했다. 이 도시는 자급자족적이고 도심 여러 곳에 종교, 오락, 교육, 예술, 문화를 위한 시설들이 있어, 사람들이 편리한 문화적 환경과 목가적 생활을 동시에 즐길 수 있도록 계획되었다.

지금 생각해도 혁신적인 아이디어이기에 그 당시에는 실현 가능성이 거의 없는 이상적인 계획이었을 뿐이지만, 이 도시에 들어갈 표준화된 저비용 주택이라는 아이디어는 나중에 그가 '유소니언 하우스Usonian House'라 부르는 주택의 원형이 된다. 1929년의 대공황에 따른 경기 침체는 라이트로 하여금 중산층 가족을 위해 좀 더 실용적인 접근이 필요함을 절실히 느끼게 했다. 라이트는 '유소니언'이란 이름을, 1872년에 출간된 새뮤얼 버틀러의 유토피아 소설 『에레혼』에서 따왔다고 말했지만, 실제로는 1910년에 처음 유럽 여행을 갔을 때 그 이름을 고른 것으로 보인다. 그때 유럽에서는 남아프리카 연방Union of South Africa과의 혼동을 피하기 위해 미국USA을 'U-S-O-N-A'라고 표기했다. 그것의 기원이 무엇이든 간에, '유소니언'은 라이트에게 최소한의 재료와 비용으로 자연 속에서 이상적인 삶을 영위할 수 있는 집을 의미했다.

1936년에 라이트가 위스콘신의 언론인인 허버트 제이콥스Herbert Jacobs를 위해 설계한 주택은 최초의 유소니언 하우스이자 대표작으로 꼽힌다. 제이콥스는 처음 라이트를 만났을 때 그에 대해 '부자들을 위한 건축가'라고 생각했다. 사실 라이트에 대한 이러한 인상은 유소니언 하우스를 지은 대다수의 건축주들이 가지고 있었다. 그들은 라이트가 적은 예산의 주택에는 관심이 없을 것이라고 생각했다. 사실 대공황 이후에 라이트에게 주택을 의뢰한 고객은 중산층이 대다수였다. 라이트의 초기 주택들은 대부분 프레더릭 로비와 같은 부자들을 위한 것이었지만, 1930년대 이후의 고객들은 중산층의 전문직 종사자들이 주를 이루었고, 카우프만이나 존슨 같은 사람들이 오히려 예외였다. 허버트 제이콥스 하우스(이하 '제이콥스 하우스')에서 라이트는 (설계비 450달러를 포함해) 5,500달러의 예산으로 자그마한 교외의 부지에 건물을 L자로 배치하고, 창문 없는 벽을 거리에 바로 맞닿게 놓은 뒤에 그 안쪽으로 정원을 놓았고, 1,500제곱피트(약 139제곱미터)의 넓은 내부 공간을 만들었다. L자의 한쪽 끝에는 침실을, 다른 쪽 끝에는 거실을 놓고, 그 둘이 만나는 지점에 부엌을 위치시켜서 주부가 집의 모든 곳을 한눈에 다 바라볼 수 있게 했다. 이제 가정주부는 더 이상 집의 한쪽 구석에 처박혀서 부엌일만 하는 존재가 아니라, 집의 안주인으로서 집 안의 모든 면을 관장하는 지위에 올랐음을 보여 준다.

길쭉한 형태와, 건물과 대지의 관계는 프레리 양식의 특징을 이어받고 있지만 훨씬 간결하고 소박해졌다. 오크 파크 시절의 기준으로 볼 때는 보잘것없었지만, 변화된 사회상을 잘 반영하여 하인을 위한 방과 창고 다락방을 없앴고 식당과 거실을 하나로 합쳤다. 부엌은 예전에는 집 구석에 숨겨져 있었지만,(하인들이 음식을 날랐으므로 부엌이 굳이 식당과 가까울 필요가 없었다.) 이제는 주부가 바로 접근할 수 있고 집 안의 모든 곳을 바라볼 수 있도록 집의 중심에 놓여서 가사노동의 부담을 줄였다. 제이콥스 부부는 집이 지어지자마자 밀려드는 방문객들 때문에 골치를 앓았다. 나중에는 한 번 방문하는 데 50센트씩을 받았는데,

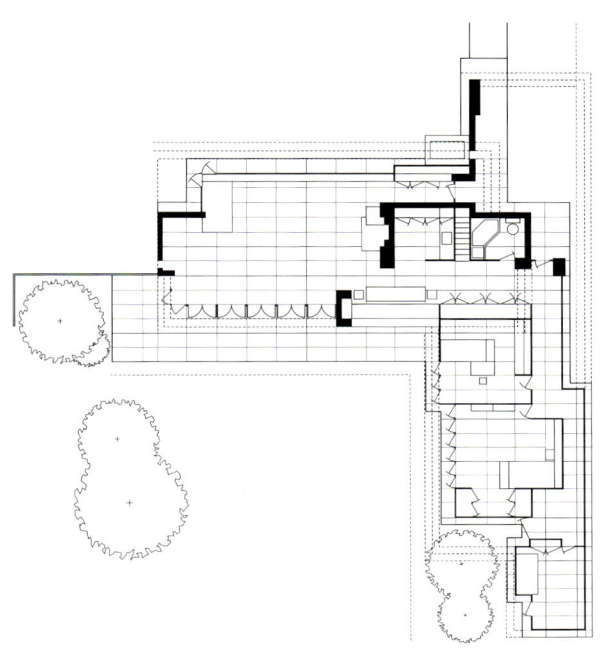

◀ 라이트가 표준화된 저비용 주택 설계 방식을 처음 시도한 허버트 제이콥스 하우스의 평면도.

▼ 허버트 제이콥스 하우스의 전경.
사진 제공: Messana Collection, University of Nebraska-Lincoln

허버트 제이콥스 하우스의 내부.
사진 제공: Messana Collection, University of Nebraska-Lincoln

Frank Lloyd Wright

그 집을 팔 즈음에 그 돈이 500달러 가까이 되었다고 한다. 제이콥스 하우스의 경제성과 새 경향을 반영한 디자인은 대단히 성공적이어서 큰 유행이 되어 미국 전역에 이 집을 본뜬(그러나 훨씬 못 미치는) 수많은 모방품들이 생겨났다.

유소니언 하우스에서 가장 성공적이었던 점은 무엇보다 싼 건설 비용이었다. 불필요한 요소들을 과감히 제거해 건설을 한층 쉽도록 하여 저렴한 비용과 완성도, 두 마리 토끼를 다 잡았다. 특히 제이콥스 하우스는 라이트가 직접 감독했다. 이 집을 지을 당시에 라이트는 존슨 왁스 빌딩도 짓고 있었는데, 이 집이 탤리에신과 라신 사이의 매디슨에 위치해 있어서 두 작업이 동시에 가능했다. 라이트는 5,500달러의 예산을 절대 넘기지 않겠다고 다짐했기에 라신에서 기준 미달의 벽돌을 가져다 사용하기도 했다. 집이 완성된 뒤에 모기와 파리가 극심한 이 지방에서는 방충망이 필수라는 사실을 발견한 라이트는 자신이 받기로 한 설계비의 일부를 떼어 방충망을 달아 주었다.

유소니언 하우스들은 프로젝트 규모는 작았지만, 집주인들은 이 집의 재료와 공간이 평온함과 안정감을 준다고 입을 모아 이야기했다. 35년이 지난 뒤에 유소니언 하우스의 거주자들을 상대로 조사했을 때, 원래의 건축주들이 그 집에 계속 사는 비율이 50퍼센트를 넘었다는 것을 보면 이것이 빈말이 아님을 알 수 있다.(전쟁과 사망을 고려하면 더욱 그러하다.) 나무 보드 wood board 로 만든 벽은 방음에는 그다지 좋지 않았지만 단열과 유지 보수에 편리했고, 특히 가로 2피트, 세로 4피트의 모듈은 집의 평면뿐 아니라 창문과 벽의 위치를 정하는 데도 사용되었는데, 이것은 집을 짓는 데 사용된 주요 재료인 합판 Plywood 의 규격과도 일치하여 별도의 낭비를 줄일 수 있었다.

▼ 『타임』지의 표지를 장식한 라이트.

낙수장, 유소니언 하우스, 존슨 왁스 빌딩······. 70세의 나이에 라이트의 경력은 화려하게 부활했다. 『아키텍처럴 포럼 Architectural Forum』의 특별호에 그의 기사가 특집으로 실렸다. 이제 그는 다시 정상에 섰고, 라이트의 사무실은 수십 개의 프로젝트로 넘쳐 났다. 라이트의 화려한 부활을 인정한 모마는 1940년에 라이트의 회고전을 개최했다.

또 하나의 보금자리, 탤리에신 웨스트

라이트는 1927년에 애리조나 빌트모어 호텔의 공사를 감독하며 처음으로 사막과 만났다. 그리고 그는 성 마가 사막 리조트의 건축을 의뢰받았을 때, 탤리에신의 가족과 실습생들을 데리고 가서 사막에서 몇 달간 야영 생활을 했다. 라이트는 이 시기에 사막 생활에 눈을 뜨고 그 자연을 사랑하게 되었다. 1937년 12월, 라이트는 급성폐렴을 앓고 난 뒤에 겨울을 좀 더 따뜻한 곳에 가서 지내라는 의사의 지시에 따라, 올기바나와 함께 위스콘신에서 약 2,900킬로미터 떨어진 애리조나 사막으로 여행을 떠났다. 이 여행은 곧 연중 행사가 되었다. 라이트는 매년 3월부터 10월까지는 위스콘신의 탤리에신에서, 11월부터 2월까지는 애리조나의 탤리에신 웨스트 Taliesin West에서, 탤리에신 펠로십의 식구들과 같이 보냈다.

라이트는 애리조나 사막의 모래와 바위와 선인장과 다양한 식물들을 사랑했고, 이곳에서 새로운 삶을 시작하기로 마음먹었다. 새로운 탤리에신 웨스트는 피닉스에서 동쪽으로 약 42킬로미터 떨어진 곳에 자리를 잡았다. 라이트는 이때 나이가 70세가 넘었지만 건물을 짓는 동안에 사막에서 살며(처음에는 텐트에서, 나중에는 작은 나무 오두막에서 살았다.) 공사를 직접 감독했다. 처음 3년 동안은 물도 전기도 없는 이곳에서 야영을 하면서 건물을 짓고 건축 작업을 했다.

건물은 주위에서 퍼 온 모래와 바위를 혼합해 만든 '사막 콘크리트'를 사용하여 실습생들이 직접 지었다. 이 사막 콘크리트는 의도적이라기보다는 필연적이었다. 땅을 사느라 돈을 거의 다 써 버린 라이트는 가능한 한 싸게 건물을 지어야 했다. 게다가 주변의 돌들이 너무 단단하여 잘라 내기가 어렵자, 라이트는 나무로 틀을 만들고 거기에 큼직한 돌을 집어넣고 자갈을 채운 뒤에 콘크리트를 부어 벽을 만들었다. 나중에 틀을 제거했을 때, 벽은 변화무쌍한 패턴을 가지게 되었다. 황량한 풀과 선인장뿐인 사막에서 경사진 지붕은 강렬한 햇살과 함께 멋진 경관을 연출했고, 건물 자체가 자연의 일부처럼 보였다.

위스콘신의 탤리에신에서 볼 수 있는 아기자기한 외부 공간들이 이곳에서도 어김없이 나타났고, 15도로 기울인 지붕들로 뒤덮인 낮은 건물들은 내외부

◀ 애리조나 사막.

▼ (위 왼쪽)애리조나로 향하는 라이트 일행. 사진 제공: Art Resource
(위 오른쪽)탤리에신 웨스트가 건설될 당시의 모습.
(아래)사막 콘크리트로 지은 탤리에신 웨스트.

의 구분이 거의 없었다. 나중에 유지 보수와 냉방 때문에 약간 바뀌기는 했지만, 처음에는 얇은 캔버스canvas(유화를 그릴 때 쓰는 천)로 이루어진 천장이 마감의 끝이었고, 칸막이로 간단한 공간 구분만 했다. 여름의 애리조나 사막은 뜨겁고 덥지만, 겨울에는 온도가 적당하기에 가능한 일이었다. 1900년대 초반에 라이트가 프레리 하우스에서 탐구했던 내외부 공간 사이의 상호 유입을 애리조나에서는 적극적으로 사용할 수 있었다. 애리조나의 날씨는 비가 거의 오지 않았고 혹시 오더라도 양이 적었기에, 천장의 캔버스 밑에 설치된 내부 배수로를 통해 물이 흐르도록 하여 배수 문제를 해결했다. 건물의 내부에 들어서면 마치 커다란 텐트 안에 들어온 느낌이 들었다. 캔버스를 통해 들어온 자연광은 실내 구석구석을 환하게 비추기 때문에 낮에는 실내조명이 전혀 필요 없었다. 라이트의 거실과 침실 사이에는 원래는 칸막이도 없었다. 라이트는 침대를 마당에 내놓고 잤을 정도였다.

내가 이 사막을 찾았을 때 만난 아널드 로이Arnold Roy라는 노장 건축가는 1952년에 탤리에신에 와서 아직도 살고 있었다. 나이가 90세 가까이 되었는데 상당히 정정해 보였고, 여전히 현역으로 일하고 있었다. 그는 라이트와 직접 만난 마지막 실습생으로서 라이트를 생생하게 기억하고 있었고, 아직도 그를 신앙에 가까울 정도로 존경하고 있었다. 그는 라이트가 얼마나 열정적이었고 실습생들이 그를 얼마나 존경했는지에 대해 입에 침이 마르도록 이야기했다. 그가 들려준 여러 일화 중에서 생각나는 한 가지가 있다.

라이트는 처음에 모든 건물이 탁 트인 사막 쪽을 바라보도록 설계했는데, 1947년에 사막에 전신주가 세워지고 전깃줄이 경관을 가로막자, 라이트가 엄청나게 화를 내며 건물을 부수고 새로운 곳으로 옮길 것을 주장했다고 한다. 올기바나의 반대로 이루어지지는 못했지만, 그 대신에 새로 지어지는 건물들은 뒷산 쪽을 주 경관으로 하여 증축되었다고 한다. 또한 라이트는 '수레바퀴의 빈 곳이 가장 중요하다.'는 도가의 격언을 좋아했다고 하는데, 이 구절이 공간에 대한 자신의 생각을 아주 잘 표현한 말이라고 생각했기 때문이었다.

건물이 완성되고 나서도 라이트는 계속해서 뜯어고쳤다. 그는 각종 연장을

▶ 탤리에신 웨스트에 있는 라이트의 거실.

▶ 탤리에신 웨스트의 설계실.

▶ 탤리에신 웨스트의 극장.

▲ (위)라이트가 직접 뽑은 마지막 실습생인 아널드 로이.
(아래)라이트가 탤리에신 웨스트의 경관을 망쳤다고 생각했던 전신주. 실제로 보면 눈에 더 잘 띄기는 하지만 아주 거슬릴 정도는 아니었다.

▲ (위)탤리에신 웨스트의 후정으로 가는 입구.
(아래)탤리에신 웨스트의 식당. 라이트는 이곳에서 파티를 열고 실습생들의 공연을 감상했다. 사진 제공: Messana Collection, University of Nebraska-Lincoln

▼ 탤리에신 웨스트의 전경.

든 실습생들을 주위에 거느리고 건물 주변을 거닐면서 지팡이를 쓱 휘두르며 어디 어디를 고치라고 지시했다. 라이트의 건축에서 완성이란 없었다. 항상 고치고 더하고 빼고를 반복하는 과정 자체가 건물 디자인의 일부였다.

탤리에신 웨스트의 생활도 빡빡하게 짜여 있었다. 새벽 6시에 기상하여 7시에 아침식사, 30분간의 합창 연습 뒤에 8시 30분부터 일을 시작했다. 정오에 한 시간 반 동안 점심시간이 있고 그 뒤에 오후 5시까지 업무 시간, 6시에 저녁을 먹고 그 이후는 자유 시간이었다. 라이트의 번창하는 펠로십은 이제 1년의 반을 애리조나의 사막에서 진행되었다. 그는 여전히 자신만의 왕국의 주인이었고, 영화 배우와 정부 고위 관리들을 초청해 파티를 열었다.

현재 탤리에신은 재학생 30~40명 정도의 소규모이지만, 여전히 건축 학교로서 명맥을 유지하고 있다. 1년에 5~10명 정도만 신입생을 선발하는데 이 신입생들은 아직도 전통을 따라 1년의 반은 애리조나에서, 반은 위스콘신에서 보낸다. 특히 애리조나에서는 사막에 각자 텐트를 치고 학교 생활을 한다고 하는데, 대자연을 가슴속 깊이 느낄 수 있는 좋은 방법이 아닐까 싶다. 하지만 정식 학교로 인가를 받지 못했기에 학교 재정은 많이 어려웠고, 교수진과 시설을 확충하는 데 어려움을 겪고 있었다.

▼ 실습생들이 직접 치고 겨울 동안 지내는 텐트.

▼ 실습생들과 함께 모형을 검토하는 라이트.
사진 제공: Art Resource

소매를 흔들어 디자인을 빼내다

제2차 세계대전이 일어나자 일이 급속도로 줄어들었다. 전시 상황은 물자 부족과 함께 대부분의 일을 중단시켰다. 몇몇 실습생들은 라이트에게 들어온 군수 공장 프로젝트의 일을 한다는 조건으로 입영을 연기받았지만 20명이 넘는 사람들이 군대에 가거나 병역 기피자로 분류되어서 도망가야 했다. 이번에는 그냥 기다리는 수밖에 별다른 방법이 없었다. 라이트는 전쟁이 끝나기를 기다리는 동안에 자서전을 다시 손봐서 1943년에 새로 출판했고, 1932년에 출간했던 『사라져 가는 도시 The Disappearing City』를 『민주주의가 형성될 때 When Democracy Builds』로 다시 써서 1945년에 출판했다.

전쟁이 끝나자 경제가 되살아났고, 새 건물에 대한 수요가 급증했다. 이 시기의 대표작을 추려 보자면, 그의 어린 시절 고향인 매디슨에 기도하는 두 손에서 영감을 받고 세운 유니테리언 교회, 피닉스에 삼위일체를 형상화해서 지은 제일기독교회 First Christian Church, 샌프란시스코에 세운 모리스 상회 V. C. Morris Gift Shop, 위스콘신에 세운 그리스 정교회 교회 Greek Orthodox Church, 펜실베이니아에 시나이 산을 형상화해 지은 베트 샬롬 유대교 예배당 Beth Sholom Synagogue, 그리고 캘리포니아의 마린 카운티에 넓게 퍼지도록 지은 미래 지향적인 시빅 센터 Civic Center가 있다.

라이트는 이제 거의 80세였지만 그의 삶에서 가장 생산적인 단계에 접어들고 있었다. 그 뒤 15년간, 라이트와 그의 펠로십은 350채가 넘는 건물을 설계했다. 그중 얼마는 지어지지 않았고 몇몇은 그가 죽은 뒤까지도 완성되지 않았지만, 모두 참신하고 영감을 불러일으키는 디자인들이었다. 그리고 우리가 가장 주의 깊게 살펴볼 위대한 구겐하임 미술관이 있었다.

라이트에게 어떻게 그렇게 많고 다양한 프로젝트들을 할 수 있는지를 물어 보면, 라이트는 그저 웃으면서 "난 그것들을 좀 더 빨리 빼낼 수가 없다네."라고 말했다. 그가 소매를 흔들어서 디자인을 빼낸다는 비유는 사실이었다. 라이트는 머릿속에서 건물이 완성된 모습을 그릴 수 있었고, 그 완성된 건물을 종이 위에 내던지듯이 그렸다. 라이트에게는 한계가 없었다. 보통 사람들은 자신의 한계를 인정하고 거기에 맞춰서 살지만, 라이트는 절대 자신에게 어떤 한계도

▶ 매디슨에 있는 유니테리언 교회. 사진 제공: Messana Collection, University of Nebraska-Lincoln

▲ 펜실베이니아의 베트 샬롬 유대교 예배당.
　사진 제공: Messana Collection, University of Nebraska-Lincoln

▲ (위)위스콘신의 그리스 정교회 교회. 사진 제공: Messana Collection, University of Nebraska-Lincoln
　(중간)마린 카운티의 시빅 센터. 사진 제공: Messana Collection, University of Nebraska-Lincoln
　(아래)샌프란시스코의 모리스 상회. 사진 제공: Messana Collection, University of Nebraska-Lincoln

▶ 피닉스의 제일기독교회.
　사진 제공: Messana Collection, University of Nebraska-Lincoln

두지 않았다.

　반면에 라이트는 평생에 걸쳐 동료 건축가들과 잘 지내지 못했다. 그는 미국건축가협회를 정치적 단체이자 정직하지 못한 집단이라고 비난했고 협회에서 이런저런 간섭을 하는 것을 못마땅하게 생각했기에 평생 협회에 등록하지 않았다. 그는 미국건축가협회의 약어인 AIA의 뜻이 '미국외모협회American Institute of Appearance'라면서 비꼬았고, 협회 회원들을 "고무 도장(건축가가 도면에 찍는 도장) 없이는 밖으로 나가기를 두려워하는 늙은이들"이라고 비아냥거렸다. 이러한 태도 때문에 라이트는 1920년대에 돈이 한 푼도 없는 절망적인 상황일 때 동료 건축가들로부터 아무런 도움을 받을 수 없었다.

　1949년에 마침내 라이트는 자신이 그토록 혐오하던 미국건축가협회에서 명예로운 금메달을 받았다. 나이 80세가 다 되어서 받은 이 영예는 그의 명성을 생각하면 늦게 찾아온 것이었다. 하지만 미국건축가협회 회원도 아니고 협회의 모든 면에 대해 사사건건 문제를 삼았던 라이트에게 이 큰 영예를 수여하기로 한 결정은, 미국건축가협회 회원들로서는 대단한 것이었을 듯하다. 그해의 수상자를 선정하는 투표에서 라이트와 동년배인 원로 건축가들은 라이트에게 상을 주기를 거부했지만, 젊은 건축가들의 압도적인 지지에 의해 라이트가 금메달을 받을 수 있게 되었다. 라이트의 수상식에 모인 건축가들은 기립 박수로 그를 맞았지만, 라이트는 거기서도 그들이 만든 현대 도시를 장황하게 비난했다. 그날 텍사스의 라이스 호텔에서 열린 수상 만찬에 참석한 건축가들은 라이트에게 일장 훈계를 들었지만, 그들은 라이트에게 우레와 같은 박수를 보냈다. 그 자리에 있던 모든 사람들은 라이트가 이러한 대접을 받기에 충분하다고 생각했다.

말년의 라이트, 사진 제공: US Library of Congress

▲ 구겐하임 미술관의 초기 단면 스케치. 사진 제공: Art Resource

11장_ 구겐하임 미술관의 시작

솔로몬 구겐하임과 힐라 르베이를 만나다

라이트는 60여 년 동안 건축을 했으면서도 도시에 지은 건물이 전혀 없었다. 라킨 빌딩이 버펄로 시내에 지어지기는 했지만, 그것이 지어질 당시에 그곳은 벌판이나 다름없었다. 더군다나 1920~1930년대에 전국적으로 수백 채의 고층 건물들이 올라가고 있었을 때, 라이트는 일거리가 하나도 없어 허덕였다. 자신이 그토록 혐오하는 국제 양식의 건물들이 뉴욕에 속속 들어서는 모습을 지켜봐야만 했던 라이트에게, 현대 도시는 부러움과 질시의 대상이었다.

그런 라이트에게 자신의 대표작을 세계의 수도라 불리는 뉴욕에 지을 기회가 마침내 찾아왔다. 그렇게 탄생한 구겐하임 미술관은 말할 필요도 없이 라이트가 주창한 '유기적 건축'의 정점이자 형태와 공간과 구조가 하나로 통합된 건물로서, 라이트의 말년, 아니 전체를 통틀어서 대표작이라 부를 만한 작품이다. 그러면 지금부터 20세기의 가장 유명한 건물인 구겐하임 미술관이 어떻게 시작되었고, 얼마나 험난한 과정을 거쳐 완성되었는지를 찬찬히 살펴보도록 하자.

1943년의 이른 여름, 라이트는 힐라 르베이$^{Hilla\ Rebay}$(1890~1967)라는 여자에게서 한 통의 편지를 받았다. 그녀는 솔로몬 R. 구겐하임 재단에서 운영하는 뉴욕의 비구상 회화 미술관$^{The\ Museum\ of\ Non-objective\ Art}$의 큐레이터였는데, 재단이 소장한 미술품들을 전시하기 위한 미술관의 설계를 의뢰하기 위해 라이트를 뉴욕으로 초청하는 편지를 보낸 것이었다. 라이트는 한 달 뒤에 보낸 답장에서 자신이 최근에 미국 동부를 여행했지만 생일 파티에 참석하기 위해(자신의 생일 파티라는 사실은 밝히지 않았다.) 중부에 있는 사무실(위스콘신의 탤리에신)로 급히 돌아와야 했기에 뉴욕에 들르지 못했다고 했다. 그러고는 르베이와 그의 부인(라이트는 이때까지는 르베이가 여자라는 사실조차 몰랐다.)을 초청할 테니 주말에 탤리에신을 방문해 달라고 했다. 라이트는 르베이의 편지를 그다지 심각하게 생각하지 않았지만, 르베이가 이 답장에 불쾌해하며 의뢰를 철회했더라면 구겐하임 미술관은 탄생하지 못했을 것이다.

두 번째 편지에서 르베이는 구겐하임 씨의 나이가 82세여서 긴 여행은 무리이고 이제 시간이 얼마 없다는 말과 함께, 물론 구겐하임 씨가 예술의 열렬한 후원자이자 세계적인 부자라는 사실을 자세히 적었다. 라이트는 이 편지를 받은 며칠 뒤에 뉴욕에 도착했다.

사소한 오해에서 비롯된 이 일화는 라이트의 성격을 잘 나타내 준다. 그는 자신의 건축에 대해 엄청난 자부심을 가지고 있었고, 남과 좀처럼 타협할 줄 몰랐다. 라이트는 "내가 건축주에게 가는 게 아니라 건축주가 나에게 온다."라고 말하고는 했는데, 이 주장은 어떤 면에서는 사실이기도, 또 아니기도 했다. 라이트는 절대로 일을 따기 위해 다른 건축가들과 경쟁을 하려 하지 않았고 일을 구걸하지도 않았다고 자랑스레 말하고는 했지만, 이것은 사실이 아니다. 우리가 이제껏 보아 온 대로 라이트는 자신의 고객들을 능숙하게 다루어서 그들이 먼저 지갑을 열게 했을 뿐, 필요할 때면 비굴한 자세로 간청하기를 주저하지 않았다.

그러나 그의 말을 글자 그대로 해석하면 사실이었다. 건축주들은 위스콘신 주에 있는 그의 집이자 작업실인 탤리에신으로 직접 찾아왔다. 하지만 이것이 꼭 오만한 행동을 의미하지는 않았다. 건축주들은 그의 작업실을 직접 찾아와서 설계의 진행 과정을 가감 없이 보고 들었으며, 때로는 라이트와 마주 앉아 설계를 같이하기도 했다. 그러니 오히려 건축주의 입장에서는 설계 과정에 더 적극적으로 참여할 수 있는 계기가 되었다. 그래서인지 건축주들은 나중에 비가 샌다거나 엄청나게 비용이 증가하는 경우에도, 라이트의 디자인에 실망하거나 그를 비난하는 경우가 거의 없었다.

솔로몬 R. 구겐하임Solomon R. Guggenheim은 이민 온 유대인의 후손으로서 1861년에 8명의 형제 중 네 번째 아들로 태어났다. 당시 구겐하임 가문은 미국에서 가장 부자이자 영향력 있는 집안이었는데, 그들이 가진 재산은 미국과 캐나다, 남아메리카와 아프리카에서 생산된 구리, 주석, 금, 다이아몬드, 고무에서 나왔다. 이 엄청난 재산을 통괄하던 솔로몬은 '구리왕'이라는 별명으로 불렸다. 형제들 중에 가장 사교적이고 멋쟁이였던 그는 가문을 대표하는 유명 인사가 되었다.

르베이가 구겐하임에게 끼친 영향은 나중에 구겐하임이 개종改宗에 비유할 정도로 커다란 사건이었는데, 구겐하임은 르베이와의 만남 이후로 비구상 회화(1910년경의 유럽에서 칸딘스키와 그 동료들에 의해 개발된 순수 기하학에 바탕을 둔 추상화)를 본격적으로 수집하기 시작했다. 구겐하임과 르베이는 1936년부터 추상 회화의 저변을 확대하기 위해 몇 차례의 순회 전시를 기획했고, 이 전시들이 성공하자 구겐하임은 자신의 수집품들을 영구 전시할 미술관을 건립할 결심을 하게 된다.

▼ 솔로몬 R. 구겐하임(왼쪽)과 힐라 르베이(중간).
(오른쪽)바실리 칸딘스키, 〈구성 VIIComposition VII〉, 1913년, 캔버스에 유채, 200×300cm, 모스크바, 트레차코프 국립미술관.

나선형 램프를 실험하다

구겐하임 미술관의 독특한 형태는 라이트의 이전 작품들에서 그 원형을 찾아볼 수 있는데, 이 미술관의 건물을 좀 더 잘 이해하기 위해 이전 작품들을 잠시 살펴보자. 다른 많은 건축가들과 마찬가지로, 라이트 또한 기하학에서 상징적인 의미를 찾았다. 1912년에 쓴 『일본 판화의 해석』에서 라이트는 다음과 같이 썼다. "기하학적 형태들은 인간의 아이디어와 분위기와 감정을 암시하는데, 예를 들면 원형은 영원성을, 삼각형은 구조적 통합성을, 나선형은 유기적 전진을, 정사각형은 고결함을 상징한다."

라이트의 작품을 형태적으로 분석해 보면, 프레리 양식의 시절에는 네모난 정육면체를 주로 사용했고, 그 뒤로 삼각형과 평행사변형을 놓고 연구했으며, 말년으로 갈수록 점차 나선형과 원형들로 관심이 옮겨 갔다. 라이트의 표현을 빌리면 '고결함'에서 '구조적 통합성'을 거쳐 '영원성과 유기적 전진'으로 그의 건축이 바뀌어 간 것이다.

그중에서 특히 나선형은 라이트의 건축이 점차 무르익어 갈수록 자주 등장하는 형태였다. 1920년대 중반에 고든 스트롱을 위한 주말 휴양지에서 그 형태의 가능성을 실험했으며, 모리스 상회에서 처음으로 부분적으로나마 실제로 반영했는데, 마침내 건물 전체에 나선형을 실현시킬 일생일대의 기회를 구겐하임 미술관에서 얻었다. 시카고 개발업자 고든 스트롱을 위해 제안한 것으로 구겐하임 미술관의 원형 격인 천체관측소 겸 관광지 계획안(1924~1925)을 보면, 라이트가 나선형에 대해 발전시켜 온 초기 생각을 엿볼 수 있다.

스트롱은 워싱턴 D. C.에서 2시간 정도 떨어진 메릴랜드 주 서쪽의 버려진 지역에 있는 슈가로프라는 산을 소유하고 있었는데, 그곳을 주말 자동차 여행지로 개발하고 싶어 했다. 예상 방문자 수와 차량 대수 외에는 건축주의 별다른 요구 사항 없이 설계를 시작했던 라이트는 천문대를 건물의 중심에 놓고 올라가거나 내려가는 차를 위한 두 개의 나선형 램프ramp로 이루어진 건물을 생각했다. 천문대는 지름 45미터의 돔과 주변의 수족관 및 자연사 전시관으로 이루어져 있고, 정상에는 레스토랑과 옥상 정원roof garden이 있었다.

▶ 고든 스트롱 천체관측소를 위한 계획안. 여기서 라이트는 나선형 램프에 대한 관심을 보여 준다. 사진 제공: Art Resource

▼ 라이트가 나선형 램프를 실현했던 모리스 상회. 사진 제공: Messana Collection, University of Nebraska-Lincoln

이 시기에 설계된 또 다른 작품으로는 샌프란시스코의 모리스 상회(1948)란 건물이 있는데, 그 내부를 보면 구겐하임 미술관의 램프와 똑같은 방식을 띠고 있다.

한 가지 재미있는 일화는 비슷한 시기에 라이트가 구겐하임 미술관뿐 아니라 뉴욕에서 이 미술관의 라이벌인 휘트니 미술관 Whitney Museum of American Art을 위한 계획안도 마련했다는 사실이다. 휘트니 미술관은 20세기 미국 미술 작품을 가장 많이 소장하고 있는 곳으로 유명하다. 이 건물은 원래 1942년에 죽은 거트루드 밴더빌트 휘트니 Gertrude Vanderbilt Whitney (해리 페인 휘트니 Harry Payne Whitney의 부인이었다.)의 기념관을 짓기 위한 것이었는데, 미국 현대 미술에 관심이 지대했던 그녀의 성향을 고려하여 나중에 미술관과 스튜디오 시설을 포함한 것으로 확대되었다. 1944년 초에 라이트는 그 계획안을 제출했다. 아이러니하게도 휘트니 미술관은 라이트가 구겐하임 미술관을 설계하기 시작하면서 보류되었다가, 결국 1966년에 마르셀 브로이어 Marcel Breuer라는 건축가에 의해 지어졌다.(라이트가 이 사실을 알았더라면 상당히 분노했을 것이다. 마르셀 브로이어는 바우하우스에서 교육받고 발터 그로피우스의 밑에서 일했던 진정한 기능주의 건축가 중 한 명이었다. 이 책의 '미스'편에 나오는 바실리란 의자를 디자인한 인물이기도 하다.)

16년간의 노고

구겐하임 미술관이 라이트의 생애에서 가장 중요한지에 대해서는 논쟁의 여지가 있지만, 적어도 가장 오래 걸린 프로젝트인 것은 확실하다. 라이트는 이 프로젝트에 16년간이나 매달렸는데, 미술관을 위한 계획은 1943년에 시작되었고 1945년에 구겐하임 재단의 공식적인 인가를 받았으나, 전쟁 직후의 경제 상황으로 프로젝트는 더디게 진행되었다. 프로젝트가 시작된 지 6년 만인 1949년에 구겐하임이 암으로 사망하자, 구겐하임 재단 이사회는 라이트의 계획안에 대폭적인 수정을 요구해서, 최종 계획안은 나선형 램프를 제외하고는 1943년의 초기 계획안과는 상당히 많이 달라지게 되었다. 여러 차례의 논란과 관계자의 교체, 디자인의 수정 끝에 1956년 8월 16일, 최종 실시설계 도면이 제출되었다.

▲ 마르셀 브로이어가 1966년에 건축한 휘트니 미술관.

마침내 1956년에 공사가 시작되어 3년 남짓한 기간에 완성되었다. 라이트는 미술관이 완성되기 6개월 전인 1959년 4월에 죽었는데, 그 직전까지 대부분의 공사를 직접 감독했다. 구겐하임은 자신의 미술관이 착공되는 것을 보지 못하고 죽었고, 라이트는 그 완성을 보지 못하고 죽었다. 하지만 마침내 10월에 미술관이 개관했을 때, 이 건물은 다른 어떤 건물보다 더 많은 반향과 관심을 일으켰다.

다시 처음으로 돌아가서, 미술관을 세우기 위해 건축가를 선정할 당시를 살펴보자. 건축가의 선정 권한은 전적으로 르베이에게 달려 있었다. 르베이는 구겐하임에게서 미술관 건립을 추진하라는 명령을 듣고, 친한 친구였던 헝가리 태생의 모호이너지 László Moholy-Nagy에게 미술관을 설계할 건축가를 추천해 달라고 부탁했다. 모호이너지는 독일의 전위적인 건축 학교였던 바우하우스 Bauhaus에서 학생들을 가르치다가 시카고로 이민을 와서 뉴 바우하우스 New Bauhaus를 열고 활동하고 있었다. 그는 당시의 유명한 건축가를 거의 다 추천했는데, 그중에는 라이트와 미스만 빠져 있었다. 미스는 모호이너지와 앙숙이었고 라이트는 그와 친분이 없었기 때문일 것이다. 라이트는 모호이너지의 명단에는 없었지만 마침 라이트의 회고전이 1940년에 모마에서 열렸고 자서전 개정판이 1943년에 나오면서 그 당시 뉴스에 라이트가 자주 등장했다. 이에 솔로몬 구겐하임의 부인인 아일린 구겐하임의 눈에 띄었고 르베이는 곧바로 라이트에게 연락을 취하게 된다. 솔로몬 구겐하임은 라이트의 건축 디자인을 '미쳤다'고 생각할 정도였지만, 비구상 회화들을 전시할 미술관은 기존과는 완전히 다르고 새로운 공간이어야 한다고 믿었기에 그가 적임자라고 생각했다.

사실 여러 면을 고려해 볼 때 라이트는 비구상 회화의 미술관을 위한 건축가에 잘 맞기도 하고, 잘 안 맞기도 했다. 라이트는 현대 미술에 대해 아는 것이 별로 없었을 뿐 아니라 현대 미술을 극도로 싫어했다. 구겐하임이 직접 자신의 소장품을 보여 주었을 때도, 라이트는 "이런 것들을 대체 무엇이라 부릅니까?"라고 빈정댈 정도였다. 게다가 추상 미술은 유럽에서 온 것들인데, 이것들은 라이트가 평생에 걸쳐 '메마른 외국 수입 문물'이라고 소리 높여 반대해 오던 국제 양식과 궤도를 같이하는 것들이었다. 그러나 그때까지 뉴욕 시에 실제로 지은 건물이 단 한 채도 없었던 라이트에게 구겐하임 미술관 설계는 너무나도 하고 싶은 일이었다. 그것이 비구상 회화를 위한 것이든 무엇이든 간에, 라이트는 최고의 건축주에 최고의 장소를 눈앞에 두고 자신의 건축에서 최고 정점이 될 걸작을 설계할 기회를 놓칠 수 없었다.

1943년 6월 29일, 라이트와 구겐하임은 건물과 대지를 포함해서 총비용이 백만 달러를 넘지 않는다는 조건으로 계약을 했다. 아직 어디에 지을지도 정하지 않았기 때문에 라이트의 일은 부지를 선정하는 것부터 시작되었다. 라이트는 2군데의 대지에 관심을 보였는데, 하나는 모마 바로 옆의 파크 애비뉴Park Avenue의 대지였고 다른 하나는 뉴욕 교외의 허드슨 강을 내려다보는 구릉지였다. 라이트는 언덕 위의 대지를 더 좋아해서 구겐하임을 설득하기 위해 노력했지만, 르베이와 구겐하임은 사람들이 쉽게 찾아올 수 있는 도시 안을 선호했다. 여러 차례의 협의 끝에 1944년 3월 중순, 메트로폴리탄 미술관에서 몇 블록 떨어진 곳이자 5번가5th Avenue와 89번가가 만나는 지금의 장소로 결정되었다.

구겐하임 미술관의 전체적 형태나 프로그램들은 라이트가 1930년대부터 발전시켜 온 개념들이었지만, 구겐하임과 르베이 역시 새로운 건축에 대한 생각을 오래전부터 가지고 있었다. 이것을 보면 좋은 건축은 건축가와 건축주가 하나가 될 때 비로소 탄생할 수 있다는 평범한 진리를 다시 한 번 알 수 있다.

초기에 미술관의 대략적인 방향을 잡는 데 르베이의 역할이 매우 컸다. 르베이는 이 미술관이 다른 미술관과는 전적으로 달라야 한다고 생각했고, 이 미술관은 그림들이 창조될 당시의 작가의 정신 세계 속으로 사람들을 이끌어야 한다고 생각했다. 그녀는 이 공간이 비구상 회화의 사원으로서 2000년대가 지나도록 존속해야 하고, 전시 공간을 단순히 층층이 쌓은 모마보다 훨씬 우아한 건물이 되어야 하며, 예술 작품들을 한자리에서 영구히 전시해야 한다고 생각했다. 그녀는 라이트를 만나기 전부터 마음속으로 유기적이고 명상적인 공간이 되기 위해서는 램프가 계단을 대체해야 한다고 생각했고, 그림들은 프레임에 둘러싸여 아무 벽에나 걸리는 것이 아니라 그 그림을 위해 특별히 움푹 들어가게 만들어진

▲ 구겐하임 미술관의 내부. 르베이는 미술관이 유기적이고 명상적인 공간이 되기 위해서는 계단 대신 램프를 사용해야 한다고 생각했다.

자리에 넣어져야 한다고 생각했다.

구겐하임 또한 미술관에 대한 확고한 자신만의 생각이 있었다. 구겐하임은 라이트가 비구상 회화와 같은 혁신적인 형태의 그림들에 알맞은 환경을 창조하기를 바랐다. 그는 미술관이 작가의 아틀리에나 스튜디오 같은 공간을 제공해서 관람객들에게 예술가의 작업실에서 그림을 보거나 집에서 그림을 감상하는 것과 같은 경험을 주어야 한다고 생각했다. 구겐하임은 라이트의 첫 프레젠테이션을 본 뒤에 그에게 이렇게 말하며 기뻐했다. "나는 당신이 해낼 줄 알았지만 이렇게 잘 해낼 줄은 몰랐소."

어쨌거나 세 사람 모두 공통적으로 가지고 있었던 한 가지 생각은 미술관이 단지 전문가나 예술을 사랑하는 사람들만을 위한 장소가 아니라, 일반 대중이 자유롭게 예술을 즐기며 예술의 가치를 자연스럽게 깨우칠 수 있는 공간이 되어야 한다는 것이었다. 나중에 제기된 이 미술관을 둘러싼 대부분의 논쟁이 기능에 관한 것들이었는데, 라이트와 건축주의 초기 의도를 생각해 보면 이러한 논쟁들은 별 의미가 없다.

4개의 계획안

1943년 가을부터 1944년 이른 봄까지 라이트는 4개의 계획안을 내놓았는데, 이것은 이전까지 그의 설계 과정을 볼 때 상당히 특이한 경우다. 앞에서 살펴본 대로 그는 머릿속에서 계획안이 확연하게 떠오를 때까지 종이 위에 옮기지 않았고, 생각이 확정된 순간에 그 건물은 이미 라이트의 머릿속에서는 다 지어져 있었다. 그러므로 여러 개의 다른 계획안을 거의 동시에 내놓는 일은 그로서는 드문 경우다. 아마 건물이 들어설 부지가 확실히 정해지지 않은 상태에서 설계를 시작했기 때문이기도 했을 것이고, 그만큼 이 일이 중요하기 때문이기도 했을 것이다. 4개의 계획안 모두 기본적인 설계 방향은 같았지만, 빨간색, 흰색, 주황색 등 색깔과 형태에서 조금씩 달랐다. 그중에서 팔각형 모양의 계획안 C는 램프로 이루어지지 않은 유일한 계획안이었지만, 이 역시도 보조 램프가 계단실을 둘러싸며 감아 올라가서 각 층을 연결했다.

계획안 A, B, D는 전부 나선형 램프 모양으로 이루어져 있는데, B는 고든 스트롱 천체관측소의 계획안과 상당히 비슷하다. 계획안 A와 D는 거의 비슷했는데, 중요한 특징은 피라미드 형태의 지구라트^ziggurat(고대 메소포타미아의 신전)를 거꾸로 뒤집어 놓은 형상으로, 가운데의 아트리움을 유리 돔으로 덮은 것이다. 라이트가 가장 중요하게 생각한 디자인은 계획안 A였는데, 이 드로잉에는 'ziggurat'라는 글자 아래로 독일어 표기인 'zikkurat'가 쓰여 있었다. 그보다 더 중요한 점은 'taruggiz'라고 쓰인 단어였다. 이것은 지구라트를 반대로 써 놓은 말로서, 라이트가 지구라트를 거꾸로 뒤집은 형태로 건물을 디자인한 것을 단어적으로 비유한 것이다. 이렇듯 라이트는 디자인 초기부터 이미 나선형에 대해 말하기 시작했고, 실제로 공사가 시작되는 1956년까지 디자인은 7번에 걸친 큰 변화를 겪었지만 나선형 램프만은 끝까지 살아남았다.

르베이와 수많은 의견을 교환한 끝에 마침내 라이트는 구겐하임 미술관의 방향을 확정하고 '더 모던 갤러리^The Modern Gallery'라 명명했다. 계획안과 모델은 1945년 여름에 완성되었고, 최초의 프레젠테이션이 1945년 7월 9일에 플라자 호텔에서 언론사를 상대로 열렸다. 9월 20일, 두 번째 언론사 콘퍼런스에서 라이트는 수정된 계획안의 모델을 전시했다. 『타임』, 『라이프』, 『아키텍처럴 포럼』, 기타 예술 잡지 등이 새로운 계획안에 지면을 할애했다. 이전의 가상 대지를 위한 계획안과 실제 계획안 사이에는 두 가지 커다란 차이가 있었다. 실제 계획안에서는 전체적인 건물 형태가 정사각형에 가까워졌으며, 그전과는 반대로 나선형 타워를 북쪽 모서리에 놓고 나머지 부속 건물들은 남쪽에 놓았다.

외부 벽은 콘크리트 뿜칠(분무칠)을 한 뒤에 샌드블라스트^Sandblast(모래를 뿜어내어 주물 등의 표면을 닦는 작업) 처리를 하고 나서 광택을 내어 연결 부위가 없이 하나의 커다란 덩어리같이 보이도록 했다. 이러한 외부 처리 방식은 국제 양식의 특징이다. 라이트가 국제 양식에 가진 반감은 널리 알려져 있지만, 국제 양식의 특징들은 이처럼 종종 자기만의 방식으로 바뀌어 그의 건물에 나타났다.(낙수장의 캔틸레버라든가 존슨 왁스 빌딩의 띠창 등도 그러한 예 중 하나이다.) 구조 문제를 비롯해서 전시 문제까지 거의 모든 문제점들이 해결되었지만, 색깔

▲ (위 왼쪽)구겐하임 미술관의 계획안 A. 사진 제공: Art Resource
　(위 오른쪽)구겐하임 미술관의 계획안 B. 사진 제공: Art Resource
　(아래 왼쪽)구겐하임 미술관의 계획안 C. 사진 제공: Art Resource
　(아래 오른쪽)구겐하임 미술관의 계획안 D. 사진 제공: Art Resource

문제에서는 르베이와 라이트가 좀처럼 합의를 보지 못했다. 라이트는 연한 붉은색의 외부와 가볍고 따뜻한 회색의 내부를 생각했지만, 르베이는 붉은색을 너무도 싫어했다.

라이트는 처음에 관람객이 걸어서 램프를 올라가도록 계획했지만, 디자인이 점차 발전하면서 미술관의 공간 경험에서 진짜 중요한 점은 일반적인 상식을 뒤집는 데 있다고 생각했다. 최종 디자인에서는 미술관의 모든 방문객들이 엘리베이터를 타고 맨 위층으로 가서 램프를 따라 아래로 내려오는 동선으로 바뀌었다. 이것은 미술관을 설계할 때 가장 유념해야 하는 관람객의 피로 문제를 해결해 주는 효과도 있었다. 전시 방법에서는 라이트는 미술관 건축의 기본인 인공조명과 새하얀 벽으로 이루어진 전시 공간을 거부하면서 그림들이 변화하는 자연광 아래에서 감상되어야 한다고 생각했다. 또한 혁신적인 비구상 회화의 성격을 고려하여, 그림들을 프레임에 넣고 벽에 걸어 전시하는 대신에 그림을 경사진 벽에 기대어 놓는 비교적 자유로운 전시 방법을 생각했다. 그림 뒤의 구부러진 벽은 그림들을 공간 속에서 자유롭게 해 주고, 그 결과로 사람들은 각각의 작품들을 좀 더 잘 감상할 수 있다고 생각했다.

◀ (위)구겐하임 미술관의 건축을 위한 첫 프레젠테이션 당시의 라이트, 르베이, 구겐하임(왼쪽부터). 이때만 해도 나선형 원통 부분이 북쪽에 위치해 있었다. 사진 제공: Art Resource

(아래)구겐하임 미술관의 내부.
사진 제공: Messana Collection, University of Nebraska-Lincoln

▲ 구겐하임 미술관의 최종 계획안 투시도. 사진 제공: Art Resource

12장_ 구겐하임 미술관의 완성

시련

라이트는 구겐하임 미술관을 완성하기까지 엄청난 반대에 시달렸다. 라이트의 계획안은 발표되자마자 일반 대중의 격렬한 항의를 받았고, 도중에 구겐하임이 사망하고 르베이가 사임하면서 거의 좌초될 뻔했으며, 계획안이 뉴욕 시 건축 위원회에 제출되었을 때도 여러 차례 수정을 거쳐야 했다. 1945년 9월부터 공사가 시작된 1956년 8월까지, 라이트는 많은 부분을 타협해야만 했기에 10여 년에 이르는 기간을 거치면서 결과적으로 남은 것은 램프를 타고 내려오는 것과 달팽이 같은 모양뿐이었다. 또 공사에 들어가자 예술가들이 미술관에 반대하는 성명을 발표했다. 이 모든 것들이 미술관 건설에 16년이라는 시간이 걸리도록 했다. 하지만 라이트는 다음과 같이 말할 정도로 꿋꿋했다.

> 어떤 사람은 구겐하임 미술관을 세탁기 같다고 했지요. 나는 그런 종류의 반응을 많이 듣지만 언제나 가치 없는 것이라고 무시합니다.

전쟁으로 인한 물자의 부족과 재료 가격의 상승은 또 다른 장애였다. 구겐하임은 전쟁이 끝나면 자재 가격이 많이 내릴 것이라고 생각하고 계획을 실행에 옮기기를 주저했다. 1945년에 라이트가 산출한, 땅값을 제외한 프로젝트의 예산은 백만 달러였다. 이것만 해도 원래 계획했던 예산의 1/3이 초과되었지만, 1946년 6월에는 견적이 백오십만 달러로 올랐고, 결국 층수를 하나 줄여 그 해 말에 백오십만 달러에 계약했지만 재단이 대지를 조금씩 더 구입하면서 돈이 점점 더 들어가게 되었다. 라이트는 늘어난 대지에 따라 평면을 다시 계획했다. 1948년까지 전체 디자인의 견적은 3백만 달러에 이르게 되었는데, 이는 구겐하임이 도저히 받아들일 수 없는 숫자였다. 삶이 얼마 남지 않은 86세의 구겐하임은 건물이 지어지는 것을 진정으로 보고 싶어 했기 때문에, 라이트는 건물 규모를 획기적으로 줄인 계획안을 다시 제출했다. 라이트는 구겐하임이 죽으면 모든 계획이 수포로 돌아갈 것이라고 생각하고, 구겐하임이 죽기 직전에 2백만 달러에 건물을 완성하겠다고 약속했다.

1949년 11월, 구겐하임은 결국 암으로 세상을 떠났다. 구겐하임이 죽자 힐라 르베이의 영향력도 점차로 줄어들어서, 마침내 1952년 3월에 미술관의 큐레이터와 관장직을 내놓게 되었다. 라이트는 르베이 대신 솔로몬의 조카인 해리 구겐하임을 직접 상대하게 되었다. 사업가적 마인드를 가진 그는 건물의 예술적인 측면보다는 좀 더 실질적인 돈 문제를 중요시했다. 건물을 짓기 위한 예산은 유언장에 들어 있었지만 라이트가 그 건물의 건축가여야 한다는 항목은 없었기에, 해리는 라이트를 해고하고 다른 건축가를 고용하겠다고 위협했다.

1951년 4월, 재단에서 모퉁이 부분의 땅을 사들이면서 미술관 부지가 센트럴파크를 마주 보는 한 블록 전체를 차지하게 되었다. 이제 라이트에게 주어진 과제는 2백만 달러의 예산 안에서 늘어난 대지만큼 건물을 키우는 것이었다. 새로운 계획안이 1952년 2월에 재단의 이사회로부터 승인을 받고 뉴욕 시 건축위원회에 제출되었다.

▶ (위)구겐하임 미술관의 천창과 기둥. 이 기둥들은 원래 건물의 하중을 떠받치기 위해 만들어졌지만, 자연스럽게 공간을 나누어 관람객의 집중도도 높이고 또 공간에 리듬감도 부여했다.

(아래)구겐하임 미술관의 평면도. 라이트의 계획에는 없던 상설 전시 공간이 1991년 리노베이션을 거치면서 더해졌는데, 이 공간은 내부 전시를 더욱 풍부하게 해 주었다.

상설 전시 공간
조각 정원
개방 공간
천장
기계실
천장
기획 전시 공간

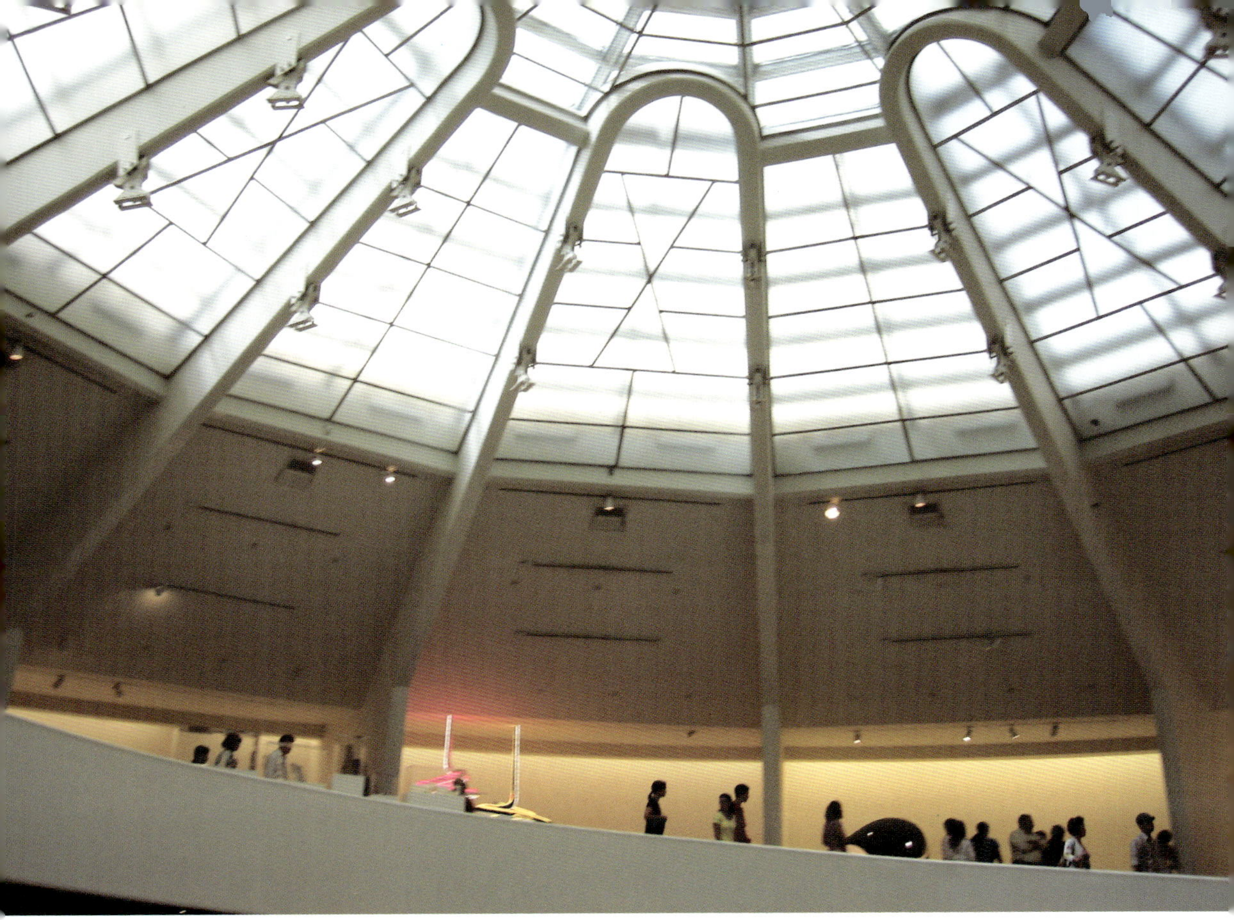

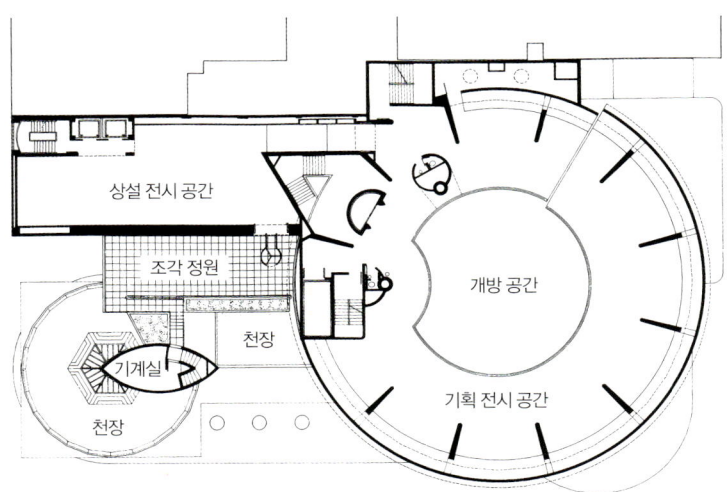

대지가 커지면서 가장 큰 변화는 나선형 원통을 남쪽에 배치한 것인데, 이는 자연광의 유입에 도움이 되었고 남쪽에서 접근하는 사람들의 눈에도 잘 띄었다. 내부에도 여러 변화가 있었다. 원래 2층에서 시작하던 램프가 1층까지 확장되었고, 구조적인 문제로 인해 엘리베이터를 감싸는 벽이 유리에서 콘크리트로 바뀌었으며, 맨 꼭대기의 전망대 역시 사라졌다. 이런 변화들은 한정된 예산 때문에 불가피했다. 구조 시스템도 마찬가지였는데, 라이트는 원래 공장에서 제작된 프리스트레스트 콘크리트 Prestressed Concrete를 사용하려고 했지만 가격이 너무 비쌌고 기술적으로도 문제가 있는 것으로 드러나서, 일반적인 철근 콘크리트 공법을 쓰기로 했다. 라이트는 캔틸레버 방식으로 만든 램프의 무게를 바깥벽으로 전달하기 위해, 2층부터 돔 바로 밑까지 올라가는 30도 간격의 수직 벽들을 설치했다. 이 벽들은 기둥 역할을 하면서 각각 독립된 공간도 만들었다. 이것은 건물의 자연스러운 흐름을 방해하지 않을까 하는 처음의 우려와는 달리, 전시를 소규모로 분할하여 좀 더 집중할 수 있게 해 주는 효과와 함께, 내부 공간에 리듬감을 부여했다.

이 계획안의 투시도에서 눈에 띄는 것은 89번가를 따라 건물의 뒤편에 자리 잡은 15층짜리 건물이다. 이 건물의 13개 층은 미술관의 수입 창출을 위한 스튜디오와 아파트로 지어질 계획이었지만, 예산과 용적률 FAR의 제한으로 1959년 당시에는 지어지지 못했다. 결국 구겐하임 측은 1980년대의 9년에 걸친 계획 끝에 1991년에 대대적인 리노베이션을 했다.(이 리노베이션은 내가 한때 근무했던 과스메이-시걸 설계사무실 Gwathmey-Siegel & Associates Architects에서 담당했다.) 이 리노베이션에서는 부족한 전시 시설과 사무 공간들을 확보하기 위해 구겐하임 미술관의 분관을 만들어서 면적을 대폭 확장했다. 이때 라이트의 계획안과 상당히 비슷한 건물이 뒤에 덧붙여졌는데, 내부는 원래 라이트가 생각했던 기능과는 다르게 전시실로 지어졌다. 이 전시 공간은 라이트의 의도와는 전혀 다른 기능을 가졌지만 내부 전시를 더욱 풍부하게 해 주면서 매우 성공적인 리노베이션 사례로 손꼽힌다.

라이트가 디자인을 뉴욕 시 건축위원회 당국에 제출하려 했을 때, 건축 허가

Frank Lloyd Wright

▲ 로버트 모지스. 라이트의 먼 친척으로 구겐하임 미술관 디자인이 자꾸 심의에 걸리자 허가를 받는 데 많은 도움을 주었다. 사진 제공: US Library of Congress

◀ 구겐하임 미술관의 투시도(엑소노메트릭Axonometric).

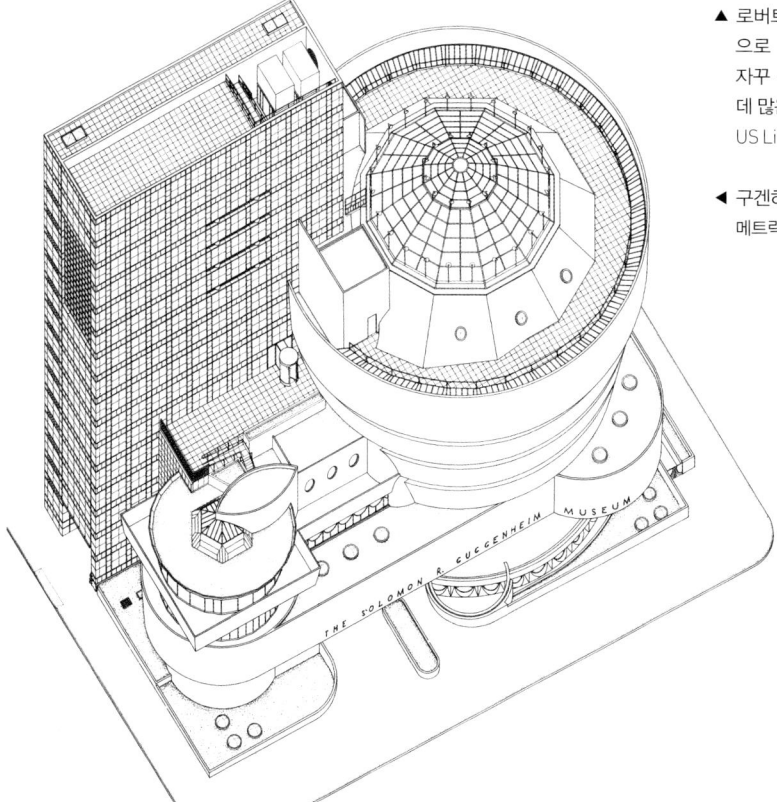

를 받기 위해서는 건물의 층수를 결정해야 했다. 엘리베이터의 정지 층수나 램프의 도는 횟수에 따라 건축위원회 관계자들은 6층 정도라고 생각했지만, 라이트는 논리적으로(다소 장난스럽게) 그것은 1개의 층으로 이루어진 건물이라고 주장했다. 이 정도의 다툼은 시작에 불과했다.

라이트가 사용하기를 원하던 콘크리트 강도, 램프의 기울기, 출입구와 칸막이 유리 벽들, 엘리베이터, 비상구 등이 뉴욕 건설 법규에 맞지 않았다. 게다가 미술관이 4.5피트(약 1.37미터)가량 5번가로 튀어나와 있는 점도 문제였다. 1953년은 이런 위반에 대한 협의로 시간을 다 보내야만 했다. 여러 번의 재심 끝에 위반 항목은 크게 줄어 11개가 되었으며, 뉴욕 시와 뉴욕 주 공원협회 위원장이자 뉴욕 시 건설 코디네이터로서 대단한 영향력을 지닌 로버트 모지스 Robert Moses(라이트의 먼 친척이라고 알려져 있다.)가 개입해서 강하게 밀어붙이자 마침내 구겐하임 미술관의 건설 허가가 떨어졌다. 모지스는 심의위원회에서 이렇게 말했다. "나는 여러분이 얼마나 많은 법을 어겨야 하는지 상관하지 않습니다. 그저 나는 구겐하임 미술관이 지어지길 원합니다."

마침내, 1956년에 89번가와 5번가가 만나는 한쪽 귀퉁이에서 첫 삽을 뜨게 되었다. 하지만 공사가 시작된 뒤에도 이 프로젝트의 주변에는 논쟁이 끊이지 않았고, 유명 비평가들 또한 공격에 가세했다. 어떤 비평가는 미술관 건물에 대해 "유기적 기능만 성공적인 건축이고 건물에만 시선을 집중시킨다."라고 했고, 또 다른 비평가는 라이트를 '프랭크 로이드 롱 Frank Lloyd Wrong'이라고 불렀다.

구겐하임 미술관의 건설을 맡을 회사를 선정하는 데에도 라이트는 어려움을 겪었다. 1955년에 입찰 결과를 받아 보자 오직 한 회사만이 라이트가 생각한 액수에 가까웠다. 유클리드 Euclid 사에서 제출한 3백만 달러였다. 하지만 유클리드는 원래 건설회사가 아니라 주로 고속도로나 다리 건설을 하던 토목 전문 업체였다. 라이트는 재단 측에 다음과 같이 편지를 썼다. "5개의 입찰 서류를 받았는데 그중 4개는 4백만 달러가 넘었고, 1개만이 3백만 달러였습니다. 후자 서류를 제출한 유클리드란 회사는 거대한 콘크리트 다리 건설업체로서,(사실 유클리드는 규모가 그리 큰 회사가 아니었다. - 지은이) 평판이 매우 좋고(갓 허드슨 강의

▲ 고속도로의 공사 현장(왼쪽)과 구겐하임 미술관의 공사 현장(오른쪽). 구겐하임 미술관은 고속도로를 건설할 때처럼 토목공학의 입장에서 지어졌다.

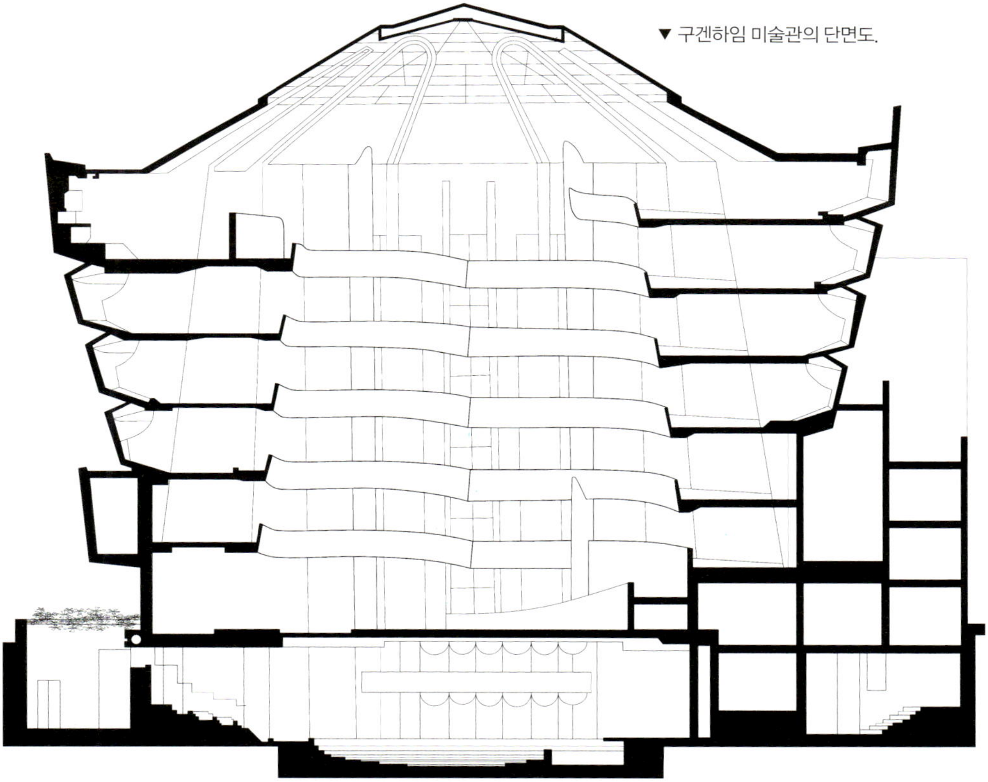

▼ 구겐하임 미술관의 단면도.

다리 건설을 따냈다. - 지은이) 유서 깊은 뉴욕 건축업자인 척로^{Chuckrow}와 공동으로 입찰했습니다. 나는 이들이 최상의 선택이란 것을 믿어 의심치 않습니다."
결과는 유클리드에 낙찰되었고, 이들이 가진 고속도로 건설 경험을 토대로 라이트의 디자인은 건물이 아니라 토목공학의 입장에서 지어졌다. 다리나 고속도로에서 보이는 부드러운 곡선들이 서로 단단히 엮이고 그 위로 지붕이 덮였다. 구겐하임 미술관의 램프는 팽창을 위한 이음매가 따로 없는 유연한 통합체였다. 라이트는 건물의 유연함을 너무도 확신했기에 다음과 같이 말했다. "핵폭탄이 뉴욕에 떨어지더라도 그 건물은 파괴되지 않을 것입니다. 아마 폭탄은 몇 마일 공중으로 떴다가 땅으로 떨어지고 다시 튕길 것입니다."

새 관장과의 갈등

건축 법규에 맞추랴, 예산안에 맞추랴, 디자인을 많이 바꾸기도 했지만 무엇보다도 라이트를 가장 힘들게 했던 것은 힐라 르베이의 후임인 제임스 존슨 스위니$^{James\ Johnson\ Sweeney}$의 부임이었다. 그가 부임하면서 구겐하임 미술관의 전반적인 정책이 바뀌었다. 해리 구겐하임과 스위니가 생각하는 미술관은 라이트와 르베이가 처음에 구상했던 미술관과 너무도 달라, 처음 디자인의 대부분이 쓸모없어졌다. 해리 구겐하임은 "지금보다 좀 더 유동적인^{flexible} 공간"을 원했고 스위니가 오면서 이러한 생각들이 구체화되었다. 스위니는 구겐하임 미술관에 오기 전에 모마의 그림과 조각 부서의 책임자였던 까닭에, 그가 제안한 많은 프로그램들이 구겐하임 미술관과 경쟁 관계에 있는 모마를 따랐다.(스위니가 가장 존경한 건축가는 미스 반 데어 로에로, 미스의 장례식에서 추도사를 읽었을 정도였다.) 그는 다른 무엇보다 미술관의 기능에 관심이 있었다. 미술관은 더 이상 비구상 회화만을 위한 공간이 아니었고, 소장품들 또한 더 이상 솔로몬 구겐하임을 위한 영구 기념물들이 아니었으며, 소장품의 구입도 르베이가 죽으면 중지한다는 솔로몬 구겐하임의 유언과는 상관없이 계속 이어지게 되었다.

　이러한 결정은 더 이상 평면적인 그림만을 위한 공간이 아닌 기획 전시를 위한 공간을 필요로 했으며, 점차 늘어나는 소장품과 바뀌는 전시회의 일정을 관리하기 위해 커다란 사무 공간도 필요로 했다.(바뀐 프로그램에 따라 사진, 저장, 복원, 목공실 등의 새로운 공간이 필요했다.) 르베이와 라이트가 여러 점에서 부딪치기는 했지만 서로의 예술적인 면을 존중하며 잘 지냈던 반면에, 라이트와 스위니는 맞는 구석이라고는 한 군데도 찾을 수 없었다. 둘은 특히 전시 공간 문제로 많이 다투었는데, 스위니가 새로 요구한 공간은 예산에 비해 지나치게 많아 라이트로서는 도저히 들어줄 수 없을 정도였다. 나중에는 라이트는 스위니가 요구하는 것은 이유를 들어보지 않은 채 거절했다. 스위니를 미술품 장사꾼 정도로 생각했던 라이트는 그에게 솔로몬 구겐하임이 꿈꾸던 '우아한 기념관'을 갖든지 아니면 '여러 개의 적당한 크기로 만들어진 공장 사무실들'을 갖든지, 둘 중에서 하나를 선택하라고 했다. 공간에 대한 이런 다툼은 건물이 실제로 지어지던 동안에도 계속되었다.

라이트와 스위니가 가장 심각하게 대립했던 점은 전시 방법과 내부 배치에 관한 의견 차이였다. 새하얗고 가변적인 칸막이 벽들과 인공조명으로 이루어진 깨끗하고 단순한 모더니즘적 공간을 생각하던 스위니는 라이트와는 거의 모든 면에서 반대였다. 스위니는 전체 내부 공간이 하얀색이어야 한다고 했지만, 라이트는 부드러운 상아색 톤을 원했다. 스위니는 자연광을 차단하고 인공조명을 천장에 매달아서 그림을 비추기를 원했다. 라이트는 그러한 인공조명은 너무 강렬해서 오히려 그림을 상하게 할 뿐이라며 해리 구겐하임과 스위니를 설득하려 했지만, 도무지 먹혀들지 않았다. 결국 미술관의 내부는 스위니의 의도대로 새하얗게 칠해졌다. 그러나 스위니가 가장 심각하게 반대했던 비스듬한 벽은 그것이 실제 건물의 구조체 역할을 했던 관계로 변경되지 못하고 결국 라이트의 의도대로 지어졌다. 라이트와 스위니 간의 이러한 반목을 아는 해리 구겐하임은 미술관의 개관식에 올기바나를 초대했을 때 스위니나 올기바나 둘 다 연설을 하지 못하도록 했고, 저녁식사도 따로따로 초대해서 둘이 마주치지 않도록 했다.

걸작의 탄생

1956년에 구겐하임 미술관의 공사가 시작되자마자, 21명의 유명한 예술가들이 『뉴욕 타임스』에 미술관의 내부 공간 디자인에 반대하는 성명을 발표했다. 이들은 이 미술관이 미술품 전시에 맞지 않고, 경사진 벽에 예술품을 배치하는 것은 시각 예술에서 기본인 사각형 프레임에 대한 고려가 전혀 없는 것이라고 주장했다. 서명한 예술가들은 윌렘 드 쿠닝Willem de Kooning, 아돌프 고틀리브Adolph Gottlieb, 필립 거스턴Philip Guston, 프란츠 클라인Franz Kline, 시모어 립턴Seymour Lipton, 로버트 머더웰Robert Motherwell 등 당시 현대 미술의 대가들이었다.

   이에 라이트는 그림을 전시하는 데 '기본인 사각형 프레임'이라고들 하지만 그런 기본이란 없으며, 정사각형 방 안에 놓인 평평한 그림들은 오히려 건축에 종속되어서 "마치 봉투에 붙어 있는 우표처럼 보일 것"이라고 반박했다. 건물과 그림이 단절된다는 비평에는 라이트도 어느 정도 수긍했지만, 그것은 오직 그림을 그 주변 환경으로부터 자유롭게 하기 위해 꼭 필요한 방법이었다. 그는 그림도 조각이나 건축과 같이 주위 환경의 밝음과 어두움, 따뜻함과 추움, 이 모든 미묘한 변화에서 영향을 받는다고 했다. 그는 『타임』지와의 인터뷰에서 언제나 문제가 되는 것은 혁신과 구태의 싸움이라면서 자신이 건설하려고 했던 것은 솔로몬 구겐하임이 수집한 '진보적인 형식의 그림들을 위한 미술관'이라고 했다. 또한 현대 추상 예술은 수직선과 수평선의 관계에 근거하여 전통적인 투시 효과와는 상관없는 전혀 새로운 공간을 창조했고, 따라서 더 이상 전통적인 수직-수평의 프레임 안에서 보일 필요가 없다고 덧붙였다. 라이트는 자신의 디자인이 미래의 예술이 나아갈 방향을 제시했다고 생각했다. 라이트가 제시한 이러한 공간 개념은 나중에 1970년대와 1980년대를 거쳐 현재에 이르기까지 미술관의 내부가 여러 다양한 전시에 너무도 잘 이용되는 것으로 증명되었지만, 이는 미술관이 완성되고도 한참 뒤의 일이다.

   구겐하임 미술관에 대한 일반인들의 평가는 대부분 긍정적이었지만, 건축 비평가나 전문가들의 반응은 찬반이 다양하게 섞여 있었다. 어떤 이는 미술관의 장엄한 공간과 조각 같은 형태만으로도 모든 결점을 다 가릴 수 있다고 생각했

▲ 2011년 11월 4일~2012년 1월 22일에 구겐하임 미술관에서 열린 《마우리치오 카텔란의 모든 것 Maurizio Cattelan: All》.

▶ 2000년 2월 11일~2000년 4월 26일에 구겐하임 미술관에서 열린 《백남준의 세계 The World of Nam June Paik》.

지만, 다른 이들은 미술관의 기능에 대한 고려가 전혀 없다고 비판했다. 하지만 저명한 건축사학자인 헨리러셀 히치콕 Henry-Russell Hitchcock은 이 건물을 베토벤의 4중주에 빗대며 라이트의 최고 업적이라 평가했고, 『아키텍처럴 포럼』의 편집인은 구겐하임 미술관은 서구 건축 역사에서 가장 위대한 작품 중 하나로 남을 것이란 극찬을 했다. 어떤 건축 비평가는 그 건물이 기념비성에서는 판테온 Pantheon에 비견될 만하지만, 건물의 진정한 의도는 라이트 자신의 건축을 위한 미술관으로 바뀌어야 성취될 것이라는 칭찬과 비난이 뒤섞인 반응을 보였다.

대부분의 미술 관계자들은 라이트의 건물이 '그림과 조각에 대한 공격'이라고 생각했다. 예술 비평가 힐튼 크레이머 Hilton Kramer는 이 건물을 원래 기능과 전혀 상관없는 건축, 그 자신만이 관심을 끄는 건축이라고 혹평했다. 『뉴욕 타임스』는 라이트의 건물을 "그 자체만으로도 완전하며, 그 안에서 건축과 예술 간의 소리 없는 전쟁이 계속되고 있다. 만약에 라이트가 미술을 단지 건축의 부속품으로 취급하려 했다면 이보다 더 잘할 수는 없었을 것"이라고 했다. 하지만 역설적이게도, 그 누구보다 라이트의 반대편에 서서 원래 디자인과 프로그램의 의도를 바꾸려 했던 스위니가 라이트 디자인의 성공적인 면을 가장 높게 평가한 얼마 안 되는 사람들 중 한 명이었다. 스위니는 미술관이 개관한 지 얼마 안 되어서 쓴 기사에서 라이트가 만든 미술관의 특징을 가장 잘 묘사했다.

> 관람객들의 참여가 모든 면에서 두드러졌다. 건물 내부의 빛의 유희와 램프 난간parapet의 역동적인 리듬감은 방문객을 더욱 활기차게 했다. 그와 동시에 높은 돔 밑에 있는 커다란 아트리움은 방문객 수천 명의 끊임없는 움직임조차 효과적으로 흡수하여 내부 공간에 평온함을 준다.

이 모든 찬반 논란에도 불구하고 우리는 구겐하임 미술관을 들여다볼 때 이 미술관의 원래 의도와 건축주를 먼저 생각해야 한다. 르베이는 단순히 기능에 충실한 건물을 원하지 않았고, 그것이 라이트를 건축가로 선정한 가장 큰 이유였다. 그녀는 '사원', '예술의 신성한 장소', '정신의 돔'을 짓기를 원했다. 1945년 『타임』지 기자와의 인터뷰에서 어떻게 그런 생소한 형태를 디자인했느냐는 질문에, 라이트는 기본적인 아이디어를 고대 중동의 지구라트에서 따왔다고 했다. 라이트가 창조한 공간은 원래 건축주의 소망에 따라 기념비적이고 영원성을 위한 공간이었다. 그러기 위해서 그가 참조한 공간은, 바벨 탑이나 지구라트에 기원을 두고 있으며 영원성을 상징하는 나선형 램프였다. 그는 라킨 빌딩(1904), 유니티 교회(1905), 존슨 왁스 빌딩(1936)에 이르기까지 자신이 설계한 모든 공공 건물 중앙에 발코니로 둘러싸인 아트리움 공간을 배치했는데, 여기서도 마찬가지였다. 이에 대한 설명을 라이트의 말로 직접 들어 보자.

> 나는 예술 작품을 감상하는 일이 자연스러운 건물을 만들려고 노력하고 있습니다. 우리는 단지 램프를 미끄러져 내려오기만 하면 됩니다. 그림들은 마치 예술가의 이젤 위에 놓여 있듯이 벽 위에 기대어 있을 것입니다. 위로부터 내려오는 자연광을 받는데, 그 빛은 하루 종일 변할 겁니다.

▶ 모마의 외부 모습. 2004년에 2년여에 걸친 대규모 리노베이션을 거쳐 다시 개관했지만, 모습은 예전과 크게 다르지 않다. 전시 기능에 충실한 새하얗고 가변적인 벽으로 이루어진 모마의 전시 공간은 아래의 구겐하임 미술관의 아트리움과 대조를 이룬다.

▶ 구겐하임 미술관의 아트리움 공간. 천창에서 쏟아지는 자연광에 의해 내부의 빛이 하루 종일 변한다. 이에 따라 예술 작품을 감상하는 일은 자연스러운 일상으로 바뀐다.

구겐하임 미술관의 램프 공간. 역동적인 형태의 난간이 공간에 리듬감을 부여한다.
사진 제공: Messana Collection, University of Nebraska-Lincoln

▲ 구겐하임 미술관의 외부. 나선형 램프 때문에 독특한 외관을 가지고 있다.

▶ 구겐하임 미술관의 내부 공간 스케치. 온 가족이 편안하게 찾는 미술관을 만들기 원했던 라이트의 소망이 잘 담겨 있다.
사진 제공: Art Resource

관람객은 엘리베이터를 타고 꼭대기까지 올라간 후, 완만한 곡선의 램프를 타고 천천히 내려오게 된다. 아트리움에서 위를 올려다보면 잔잔한 파도와 같은 하얀색의 난간만이 보이며 공간 사이를 부유하는 느낌을 받는다.

구겐하임 미술관은 예술을 감상하는 방법에 대한 모든 선입견을 깨뜨렸다. 그전까지 예술 감상에서 당연시되던 수직선과 수평선으로 이루어진 정돈된 공간에서 벗어나 관람객과 예술 작품을 더욱 가깝게 만들었다. 공간을 자유자재로 활용하는 창조적인 예술 작품의 전시가 가능해졌고, 그에 따라 전통적인 예술의 한계를 확장하는 데 크게 기여했다. 구겐하임 미술관에 전시된 예술 작품들은 오직 전문가를 위한 것이 아니다. 공간을 활용한 다양한 전시 방식은 감상자가 작품에 좀 더 가까이 다가가서 편하고 자연스럽게 감상할 수 있게 했다. 라이트가 그렸던 내부 공간 스케치를 보면 램프 공간의 편안한 환경 속에서 한 어린이는 요요로 장난치고, 그 어린이의 부모들은 두런두런 이야기를 나누며 예술 작품을 감상하고 있다. 이렇듯 구겐하임 미술관은 일요일에 온 가족이 함께 소풍을 가기에 알맞은 최초의 미술관이었다.

13장_ 대단원

살아 있는 국가적 보물

말년의 라이트는 너무도 유명해져서, 뉴욕의 택시 운전수들이나 레스토랑의 웨이터들까지도 그를 알아보았다. 어느 날 식당에서 아침식사를 한 뒤에 지갑을 집에 놔 두고 온 사실을 깨달은 라이트에게, 식당 매니저는 돈 대신에 기꺼이 사인을 받았다. 늑장을 부리다가 기차를 놓치는 일도 더 이상 없었다. 이제 연락만 하면 기차는 그가 오기까지 기다렸으며, 극장 또한 그랬다. 어느 날 저녁, 한 인사는 매디슨 극장의 객석에 앉아 왜 공연 시간이 지났는데도 연극이 시작하지 않는지 궁금해하며 기다리고 있었다. 그때 라이트가 천천히 통로로 걸어 내려왔고, 모든 시선이 그에게 집중되었다. 이제 그는 살아 있는 국가적 보물이었다.

말년에 그는 300개의 프로젝트를 수행했고 그중 155개가 실제로 지어졌다. 거기에다 위스콘신과 애리조나를 일상적으로 왔다 갔다 했고, 구겐하임 미술관 때문에 뉴욕을 더 자주 여행하게 되었으며, 수차례의 해외여행도 했다. 머리는 점차 세어지고 안경을 써야 했지만, 육체적으로는 여전히 에너지가 흘러넘쳤다. 그가 죽기 2년 전에 의사에게 진찰을 받았을 때, 아직 20년은 더 살 수 있다는 말을 들었을 정도였다. 그때 그의 나이 89세였다. 일찍 자고 일찍 일어나는 습관,(밤 10시에 자서 새벽 4시에 기상했다고 한다.) 많은 운동과 오후의 낮잠, 평생 동안 집에서 직접 가꾼 채소와 우유, 고기를 먹은 것이 건강을 지켜 주었다.

▲ 말년의 라이트. 사진 제공: Art Resource

프라이스 타워와 1마일 높이의 타워

앞에서 잠시 설명한 바와 같이 오클라호마 바틀즈빌Bartlesville에 세워진 H. C. 프라이스 사 타워H. C. Price Company Tower(이하 '프라이스 타워')는 1929년에 라이트가 맨해튼에 제안했던 성 마가 아파트 타워 디자인의 변형이다. 그는 이 디자인의 규모를 약간 축소하여 프라이스 타워에 그대로 적용했다. 파이프라인 건설업자인 해럴드 C. 프라이스Harold C. Price는 원래 2~3층짜리 건물에 주차장을 갖춘 조그만 사옥을 지어 달라고 부탁했지만, 라이트는 과감하게 19층짜리 건물을 지을 것을 제안했다. 석유 사업과 파이프라인 건설로 돈을 모은 건축주는 라이트의 제안을 기꺼이 수용했다. 그는 라이트의 디자인을 적극적으로 후원하여 삼각형과 평행사변형 모양의 방을 위해 가구를 특별히 주문해야 하는 불편도 기꺼이 감수했다. '숲에서 빠져나온 나무The tree that escaped the crowded forest'라고 라이트가 칭한 프라이스 타워는 존슨 왁스 부속 연구동에 이어 실제로 지어진 두 번째 고층 건물이었다. 사무실과 상업 시설, 주거 시설이 들어간 이 건물은 라이트가 지은 가장 높은 건물이었지만, 실제 높이는 221피트(약 67미터)로 그다지 높지는 않다. 하지만 각진 형태와 풍부한 외부 장식은 오클라호마의 대평원에 우뚝 선 우아한 조각과도 같은 느낌을 준다. 프라이스 사가 1980년도에 사라지면서 오랫동안 버려졌던 이 타워는 1998년에 탤리에신 펠로십에 의해 아트 센터로 바뀌었고, 2003년에 8개 층이 호텔로 재단장을 했다.

프라이스 타워의 성공에 고무된 라이트는 1956년도에 엠파이어 스테이트 빌딩의 4배가 넘는 1마일(약 1,600미터) 높이의 고층 건물을 설계하고 있다고 발표했다. 라이트는 이 아이디어를 언론에 조금이라도 더 나오게 하기 위해 24피트(약 7미터)짜리 캔버스 위에 화려한 색깔들로 그려진 드로잉을 포함한 전시회를 시카고에서 개최하고, 그 타워에 '일리노이The Illinois'란 이름을 붙이고 대대적으로 홍보했다. '일리노이'는 528개의 층으로 이루어져 있고 13만 명의 거주자를 수용할 수 있으며 1분에 1마일을 오르내릴 수 있는 원자력 엘리베이터를 사용한다. 15,000대의 차와 75대의 헬리콥터를 각각 수용할 수 있는 2개의 데크deck도 있다.

▲ 라이트가 지은 건물 중에서 가장 높은 프라이스 타워.
사진 제공: Messana Collection, University of Nebraska-Lincoln

▲ 성 마가 아파트 타워의 스케치. 왼쪽의 프라이스 타워를 설계하는 데 밑바탕이 되었다.
사진 제공: Art Resource

▶ 아직까지는 실현되지 못하고 있는 1마일 높이의 타워인 '일리노이'의 스케치.
사진 제공: Art Resource

시카고 시장인 리처드 데일리는 이 전시회를 겸해, 1956년 10월 17일을 '시카고의 프랭크 로이드 라이트의 날'로 선포하며 이 프로젝트를 국제적으로 요란하게 광고했다. 당시 대부분의 사람들은 이 프로젝트의 실현성에 대해 의구심을 떨치지 않았고 현재까지도 경제적·기술적 문제로 실현되기 어렵지만, 가까운 장래에 이 정도 높이의 초고층 건물을 건설할 만한 여건이 형성된다면,(현재 세계에서 가장 높은 건물인 부르즈 할리파도 829.84미터 높이로, 이 프로젝트의 반 정도밖에 안 된다.) '일리노이'도 모노나 테라스같이 다시금 생명을 얻을지 모른다.

공산주의자 라이트

라이트가 공산주의자였는지 아닌지에 대해서는 아직도 의견이 분분하다. 라이트는 1937년 6월에 모스크바에서 열린 '제1회 소비에트 건축가 조합총회 First All-Union Congress of Soviet Architects'에 참가하기 위해 처음으로 소련을 방문했다.(소련은 올기바나가 어린 시절 대부분을 보낸 곳이다.) 이때의 방문과 그가 소련에 대해 가지고 있던 호감은 나중에 조지프 매카시가 1950년대에 공산주의자 사냥을 할 때 라이트를 기소하는 구실이 된다.

1949년 봄에 열린 '세계 평화를 위한 문화와 과학 콘퍼런스 Scientific and Cultural Conference for World Peace'에 라이트의 이름이 올랐는데, 이 행사를 후원한 그룹은 의회의 반미행위조사위원회 House Committee on Un-American Activities에 의해 '공산주의자 집단'으로 규정된 바 있었다. 1년 뒤에 라이트는 이 위원회에 의해 영화 배우, 예술가, 극작가, 작곡가, 과학자(아인슈타인도 포함되어 있었다.) 등과 함께 공산주의자 그룹과 관련이 있는지를 조사받기 위해 회부되었다. 1950년 여름에는 세계평화호소문에 사인을 했는데, 이 호소문을 주관한 단체 역시 소련의 후원을 받는 곳이었다. 이 때문에 FBI의 조사를 받았다. 그 외에도 라이트는 제2차 세계대전 기간에 탤리에신에서 소련 영화를 상영했고, 소련 건축에 대한 글을 잡지에 기고했다. 1954년에는 누군가가 탤리에신에서는 실제로 교육이 이루어지지 않으며 학생들은 그 안에서 공산주의 체제와 같은 삶을 살면서 자유를 철저히 통제받고 있다고 FBI에 고발하기도 했다.

이렇게 라이트가 공산주의자라는 낙인은 죽기 전까지 그를 따라다니면서 괴롭혔다. 이러한 의심을 받은 데는 라이트 자신의 책임도 어느 정도 있었다. 그는 예전부터 루스벨트와 처칠의 제국주의 야망이 제2차 세계대전을 일으켰다고 주장했고, 1941년에는 미국의 전쟁 개입을 반대하는 편지를 대통령에게 보냈다. 전쟁이 끝난 후에는 라이트는 반전주의자와 평화주의자로서 미국의 대외 정책을 비판하고 소련을 옹호했다. 이러한 모든 것이 문제를 일으켰다.

모노나 테라스와 라이트의 죽음

라이트를 둘러싼 공산주의자 논란에서 가장 큰 영향을 받은 프로젝트 중 하나는 그의 어린 시절 고향인 매디슨에 새로 지어질 시빅 센터 Civic Center 였다. 라이트는 이 프로젝트를 매디슨 시의 후원을 받아 1938년도에 착수했다. 라이트의 야심 찬 계획안은 모노나 호수의 일부를 메우고 옥상에는 정원, 분수, 산책로를 꾸미며, 오디토리엄과 컨벤션 센터, 전시 홀, 사무실, 법원 등을 포함한 거대한 공공 복합 공간을 만드는 것이었다. 거기에는 기차역과 버스 정류장, 항구도 들어설 계획이었다. 전체 예산은 천7백만 달러로 그 당시로서는 엄청난 예산이었다. 투표에 부쳐진 계획안은 1표 차이로 부결되었고, 그에 따라 수십만 달러에 달하는 연방정부의 보조금이 날아갔다. 라이트를 찬성하는 편과 반대하는 편이 첨예하게 대립하는 가운데 제2차 세계대전이 터졌고, 모노나 테라스를 짓느냐 마느냐의 문제 자체가 1953년도까지 유예되었다.

1953년, 다시 라이트를 찬성하는 편과 반대하는 편이 반반으로 나뉘어서 팽팽하게 대립했다. 1954년, 규모를 대폭 줄인 모노나 테라스 계획을 시 당국에서 허가하고, 라이트는 전체 주민 투표에서 1,300표 차이로 간신히 건축가로 선택되었다. 그러나 그를 반대하는 사람들은 60피트(약 18미터) 높이에 달하는 라이트의 새로운 시빅 센터가 주 의사당에서 호수를 바라보는 경관을 가릴 것이고, 라이트 자체가 "매디슨 시에서 가장 중요한 건물을 설계하는 데 알맞지 않은 사람"이라고 주장했다. 그들은 공산주의자 논란과 더불어, 예전에 라이트가 일으킨 스캔들을 잊지 않고 있었다. 시 의회에서는 호수에 건설하는 새로운 건축물의 높이를 20피트(약 6미터) 이하로 제한하는 법안이 통과되었고, 이로 인해 모노나 호숫가에는 사실상 어떤 건물도 지을 수 없게 되었다. 1959년도에 이 법안은 폐지되었지만 때는 늦었다. 그러나 모노나 테라스는 라이트 건축의 영원 불멸함을 가장 확실하게 보여 준 사례가 된다.

1994년, 매디슨 시는 6천7백만 달러(약 743억 원)를 들여서 50년 전에 라이트가 디자인한 그대로 모노나 테라스를 짓기로 결정했다. 이 건물은 4만 제곱피트(약 3,700제곱미터)의 전시 홀과 15,000제곱피트(약 1,400제곱미터)의 연회 홀, 320석의 미디어 센터와 함께 68,000제곱피트(약 6,300제곱미터)에 이르는 옥상 정원으로 이루어져 있다. 내부 공간은 탤리에신 아키텍츠Taliesin Architects에서 건물의 새로운 기능에 맞추어 다시 설계했지만, 겉모습은 라이트가 디자인한 그대로 지어졌다. 옥상 정원은 주위의 정부 빌딩과 의사당과 연결되어 보행자 거리를 형성하고, 호숫가 광장은 보행자와 자전거 통행자들을 위한 길을 제공한다.

이 건물은 라이트가 구상한 원래 디자인 그대로 지어지기는 했지만 직접 가서 볼 때는 상당히 실망스러웠다. 프리캐스트 콘크리트precast concrete로 이루어진 외관은 구겐하임 미술관에서 보이는 것과 같은 매끈한 모습이 전혀 아니었고, 각 부분의 디테일들 또한 그냥 겉모습만 흉내 낸 듯한 느낌이었다. 이 건물이야말로 라이트가 죽은 뒤에 그대로 지어졌다는 점에서, 그리고 라이트가 죽었기 때문에 디테일들이 살아나지 못했다는 사실을 보여 주었다는 점에서 라이트의 진정한 천재성을 알려 주는 건물이 아닌가 싶다.

공산주의자라는 낙인 때문에 좌절한 일화는 또 있다. 공군이 콜로라도 스프링스에 공군 학교의 새 예배당을 짓기 위해 진행한 설계 공모전은 라이트에게는 또 다른 뼈아픈 기억으로 남았다. 이 공모전에서 SOM(스키드모어, 오윙스 앤드 메릴Skidmore, Owings & Merrill)과 라이트와 시카고의 설계 사무실, 셋이 마지막 경합을 벌이게 되었는데, 1954년 7월에 미국재향군인회American Legion에서 라이트가 당선된다면 대규모 반대 시위를 하겠다고 위협했다. 라이트는 결국 설계 경기를 포기해야 했다. 이 사실은 나중에 잡지에 실리기 전까지 알려지지 않았다. 의회에서 SOM의 최종 디자인에 대한 공청회가 열렸을 때, 라이트는 그 디자인

▲▼ 라이트가 죽은 뒤에 지어진 모노나 테라스. 얼핏 보면 라이트의 디자인 그대로 지어졌지만 디테일이 살아나지 못했다는 점에서 아쉬움이 남는다.

▶ 콜로라도 스프링스의 공군 학교 안에 있는 예배당으로 SOM의 작품이다.

이 국제 양식에 지나치게 치우친 디자인이고 미국에는 어울리지 않는다고 신랄하게 비판했지만 결과를 뒤집을 수는 없었다. 라이트는 1955년에 반란 혐의로 FBI로부터 다시 한 번 조사를 받았다.

라이트는 생애 최고의 순간에도 자신이 국제 양식의 건축가들보다 덜 주목받았다고 느꼈기 때문에 여전히 불만에 차 있었다. 엄청난 개인적 성공에도 불구하고, 그는 여전히 근대 건축의 선구자로만 여겨졌고 그의 아이디어는 40년 전에 지나간 구식이라고 생각되었다. 1950년대에 국제 양식에 대한 비판이 점차 고개를 들기는 했지만, 이 양식은 여전히 최신 유행의 스타일로서 전 세계 도시의 모습을 바꿔 놓고 있었다. 특히 뉴욕에서는 필립 존슨과 미스 반 데어 로에가 파크 애비뉴에 시그램 빌딩을 짓고 있었고, 그 반대편에는 4년 전에 세워진 또 다른 국제 양식 건축인 SOM의 레버 하우스가 있었다.(라이트는 이 건물들을 '위스키 빌딩과 비누 빌딩'이라고 부르기를 좋아했다. 시그램 사는 위스키를 만드는 회사였고 레버 사는 비누를 만드는 회사였다.) 1948년에는 르 코르뷔지에의 아이디어에서 발전해서 해리슨 앤드 아브라모비치 Harrison & Abramovitz가 디자인한 유엔 본부의 새 건물이 완성되었다. 라이트는 여전히, 그리고 언제나, 아웃사이더였다.

1958년 봄에 구겐하임 미술관은 거의 완성되어 갔고 라이트는 애리조나의 작업실에서 막바지로 도면들을 점검하고 있었다. 그는 비록 시력이 점점 나빠지고 있었지만, 여전히 매일 아침 일어나서 제도 책상에 앉아서 일했다. 그해

▲ 국제 양식의 대표작들인 레버 하우스(왼쪽, SOM)와
시그램 빌딩(오른쪽, 필립 존슨과 미스 반 데어 로에).

◀ 라이트 기념 우표.

봄에 첫 번째 부인이었던 키티가 88세의 나이로 죽었을 때, 그녀의 장례식 소식을 들은 라이트는 50년 전에 비정하게 버렸던 여인의 죽음에 눈물을 흘렸다. 열흘 뒤인 4월 4일, 탤리에신의 실습생들과 소풍을 나갔던 라이트는 얼굴이 약간 창백했지만 곧 괜찮아졌다. 그러나 그날 저녁에 갑작스러운 위경련이 일어나 피닉스의 병원에 입원했다. 90세가 넘은 나이였지만 워낙 건강했기에 주위에서는 대수롭지 않게 여겼다. 병원에서 장폐색을 발견하고 라이트의 수술을 진행했다. 수술은 성공적으로 끝났고 회복 단계에 있던 라이트는 닷새 뒤인 4월 9일에 조용히 눈을 감았다. 라이트의 임종을 지켜본 간호사는 "그는 단지 숨을 한 번 크게 쉬고는 그냥 죽었어요."라고 했다. 아들인 데이비드는 나중에 이렇게 회고했다.

나는 아버지가 돌아가시자마자 병원으로 달려갔습니다. 아버지의 몸은 여전히 침대 위에 놓여 있었습니다. 그가 죽었을 때, 얼마나 작고 연약해 보이던지. 그 모습을 절대 잊을 수 없습니다. 그것은 마치 그의 카리스마도 함께 죽은 것 같았습니다. 아버지는 결국 연약한 노인이었던 겁니다.

제자들이 관을 차에 싣고 28시간을 달려 위스콘신의 탤리에신으로 갔다. 라이트는 자신이 모든 것을 걸고 사랑했던 매이마 체니와 마찬가지로, 꽃으로 장식된 농장 마차에 실려 무덤으로 운반되었다. 라이트의 소망에 따라 그는 매이마의 무덤 바로 옆에 묻혔다. 그곳은 어머니의 무덤에서도 그리 멀지 않은 곳이었다. 장례식 날, 유니티 교회의 목사는 라이트가 가장 좋아하던 에머슨의 글 한 구절을 읽었다. "남자가 되려면 체제에 순응해서는 안 된다. 자신의 내적 존엄성보다 더 신성한 것은 없다." 라이트의 죽음에 미국인 모두가 조의를 표했다. 그의 우표가 발행되었고, 사이먼 & 가펑클은 〈소 롱, 프랭크 로이드 라이트 So Long, Frank Lloyd Wright〉란 노래를 발표했다. 1959년 10월 21일, 프랭크 로이드 라이트가 죽고 나서 6개월 뒤에 구겐하임 미술관이 문을 열었다.

에필로그

건축은 다른 예술과는 달리 삶의 일부분이다. 우리가 매일 먹고 자고 숨 쉬는 모든 행위가 건축 안에서 이루어진다. 라이트의 천재성은 이러한 일상생활의 기본을 충분히 만족시키고, 동시에 예술 작품을 감상할 때 느끼는 경험을 건축을 통해 할 수 있도록 했다는 데 있다. 라이트에게 건축이란 단지 '살기 위한 기계'를 제공하는 것이 아니라 그 안의 삶들을 더욱 풍부하게 하는 것이었다. 프랭크 로이드 라이트는 70년 동안 건축가로서 1,100개가 넘는 설계를 했고 그중 반 이상을 실현시켰는데, 정부 청사, 상업 시설, 호텔, 아파트, 놀이 시설, 미술관, 종교 시설, 주택, 가구, 조명, 텍스타일, 유리 공예 등 그 종류 또한 다양했다. 라이트의 건축은 70년이 넘는 기간에 수많은 변화를 겪었지만 그 본질을 한마디로 요약하자면, '미국이 지닌 광대한 자연과의 밀접한 관계를 기반으로 내-외 공간을 상호 침투시키고 그 지역에 알맞은 소재를 사용함으로써 공간 안의 인간을 자연으로 확장시켜 가는 것'이라 할 수 있다. 그는 이렇듯 사람들에게 육체적으로나 정신적으로나 자연과 하나가 되는 풍부한 환경 속에서 살 수 있는 기회를 제공함으로써 공간에 대한 우리의 생각을 바꿔 놓았다.

그는 항상 남들이 가지 않는 길을 갔다. 가진 재능을 적당히 발휘하면서 훨씬 편하게 부와 명예를 누릴 수 있었음에도, 그는 언제나 자기 자신만의 이상을 따라 건축 작업을 해 나갔다. 그 이상은 파산, 체포, 살인, 화재, 이혼, 무관심 그리고 수년간의 사회적 왕따 등의 위협에서 그를 지켜 준 가장 위대한 힘이었다.

그는 겉으로 보기에는 오만하지만 매력 있는 카리스마를 가진, 아마도 대중적으로 가장 유명한 건축가일 것이다. 그의 이러한 기질은 그가 이룬 건축적 성과를 가렸고, 그가 죽은 뒤에야 그의 건축에 대한 폭넓고 긍정적인 연구 결과들이 점차 나왔다. 즉, 그에 대한 객관적인 평가가 가능해지자 그의 건축과 삶을 다룬 수천 권의 책과 다양한 기사가 쓰였고,(아마존에서 프랭크 로이드 라이트라는 이름으로 검색하면 10,369권의 책이 검색된다.) 라이트의 전시회가 세계 곳곳에서 개최되었으며, 현재도 그와 관련된 활동들이 활발하게 진행 중이다.

그리고 가장 중요한 것은 해체될 위기에 처했던 라이트의 많은 건물들을 보존하고 복원하기 위한 노력이 점차 힘을 얻어 갔다는 점이다. 라킨 빌딩과 데이코쿠 호텔, 미드웨이 가든은 물론, 그가 지은 건물 중 20퍼센트가 화재와 무관심, 경제적 상황으로 말미암아 사라졌다. 그러나 비슷한 운명에 처했던 로비 하우스, 홈 앤드 스튜디오 등이 프랭크 로이드 라이트 보존협회에 의해 구출되어, 지금은 훌륭한 관광지이자 라이트의 건축을 알리는 본거지 역할을 하고 있다. 또한 전 세계의 라이트 건물에 거주하고 있는 사람들이 자발적으로 '프랭크 로이드 라이트 건물관리단 Frank Lloyd Wright Building Conservancy'을 조직하여 매년 모임을 가지며 라이트의 건물을 보존하는 데 노력을 기울이고 있다.

1991년에 미국건축가협회는 라이트를 모든 시대에 걸쳐 가장 위대한 건축가로 선정했고, 『아키텍처럴 레코드 Architectural Record』에서 선정한 '20세기에서 가장 중요한 100채의 건물' 중 12채가 라이트의 것이었다. 그중에는 낙수장, 로비 하우스, 존슨 왁스 빌딩, 구겐하임 미술관, 탤리에신과 탤리에신 웨스트, 그리고 사라진 라킨 빌딩과 데이코쿠 호텔이 포함되어 있었다. 2000년에는 미국건축가협회에서 '가장 사랑받는 20세기 건축물 10채'를 선정했는데, 이 중에 낙수장, 로비 하우스, 구겐하임 미술관, 존슨 왁스 빌딩이 포함되어 있었다.

이 책의 시작에서 언급했던 텔레비전 토크쇼로 돌아가 보자.

사회자: 마지막으로 질문을 하나만 더 하겠습니다. 선생님은 죽는 것을 두려워하십니까?

라이트: 전혀요. 죽음은 위대한 친구죠.

사회자: 선생님은 개인적 불멸을 믿나요?

라이트: 네. 나는 지금까지 불멸이었고 앞으로도 불멸일 겁니다. 나에게 '젊음'은 의미가 없습니다. 젊다는 사실만으로 당신이 할 수 있는 것은 아무것도 없습니다. 젊다는 것은 좋은 것이지만, 당신 자신에 대한 확실한 믿음이 있다면 당신의 존재는 절대로 사라지지 않습니다. 당신이 관 속에 들어갈 때조차 당신은 불멸일 것입니다.

프랭크 로이드 라이트. 사진 제공: Art Resource

2
두 번째 거장
미스 반 데어 로에
1886~1969

시그램 빌딩.

1장_ 모더니즘 건축가의 이야기를 시작하며

"더 적은 것이 더 많은 것이다"

19세기 말부터 20세기 중반에 걸쳐 독일과 미국에서 살았던 루트비히 미스 반 데어 로에Ludwig Mies van der Rohe는 격동기 역사의 현장에서 수많은 부침을 경험했다. 미스는 제1차 세계대전 이후에 독일 제국의 흥망과 나치의 폭정을 직접 경험했고, 1938년에는 52세의 늦은 나이에 미국으로 이민했다. 개인적으로는 힘든 시기를 거치며 미국에 쫓기듯이 도착했지만 건축적으로는 활짝 꽃펴서 그 자취를 세계의 많은 도시에 남겼다. 인생의 말년에는 부와 명성이 뒤따랐으나 모더니즘Modernism의 황량함과 적막함의 주범으로 지목되어 많은 비판을 받기도 했다. 이러한 미스의 삶은 라이트와는 달리 잘 알려져 있지 않은데, 이는 독일에서 활동하던 당시의 많은 자료가 제2차 세계대전 와중에 사라지거나 제대로 정리되지 않았고, 미국에 와서부터는 더욱 비사교적이고 말이 없어진 그의 성향과도 무관하지 않다.(그는 미국에 올 때 영어를 한마디도 할 줄 몰랐다.)

미스의 경력은 크게 둘로 나뉜다. 1907년에 설계한 전통적 스타일의 처녀작인 릴 하우스Haus Riehl부터 바르셀로나 파빌리온Barcelona Pavilion에서 정점을 찍으며 바우하우스Bauhaus 학장 시절까지 베를린에서 모던 건축 운동의 선구자 역할을 한 전반기, 미국으로 건너간 1938년부터 일리노이 공과대학교Illinois Institute of Technology, IIT 학장을 맡고 북미의 여러 대도시에서 대규모의 고층 빌딩을 지으며 부와 명예를 누리던 후반기로 나뉠 수 있다. 이 두 시기의 작품은 언뜻 보면 다

◀ 2004년에 뉴욕 모마와 휘트니 미술관에서 공동 개최한 《미국 시절의 미스》(왼쪽)와 《베를린 시절의 미스》(오른쪽)의 전시회 포스터.

른 사람의 것이라 생각될 정도로 완전히 다르다. 베를린 시절의 미스는 주택이나 파빌리온을 중심으로 다양한 재료를 적극적으로 실험하며 초기 모더니즘의 주역으로서 현대 예술 이론과 일맥상통하는 건축을 추구한 반면, 미국 시절의 미스는 철과 유리를 사용하여 대형 건물의 구조와 디테일을 극한까지 몰아가며 '무한정 공간 universal space'을 추구했던 점이 가장 큰 차이라 하겠다. 두 시기를 가장 잘 나타낸 대표작으로는 각각 바르셀로나 파빌리온과 시그램 빌딩 Seagram Building을 들 수 있는데, 이러한 구분을 가지고 2004년에 뉴욕의 모마와 휘트니 미술관에서는 공동으로 《미국 시절의 미스 Mies in America》와 《베를린 시절의 미스 Mies in Berlin》라는 전시회를 개최하기도 했다.

미스가 남긴 자료나 글들이 많지는 않지만 다음 문장은 모두가 한 번씩은 들어 보았을 것이다.

더 적은 것이 더 많은 것이다. Less is More.

이 짧은 문장 안에 그가 평생 추구해 온 건축의 모든 것이 담겨 있다고 해도 과언이 아니다. 역설적인 표현이지만 그 내용을 해석하자면, "단순한 것이 복잡한 것보다 더 잘 이해될 수 있고 평가받을 수 있다." 또는 "단순한 것을 만드는 일이 복잡한 것을 만드는 일보다 더 많은 노력과 정성이 필요하다."는 의미 정도가 될 것이다. 이 문장은 수많은 후세 건축가들에 의해 인용되고 변형되어 때로는 미스를 경배하는 문구로, 때로는 조롱하는 문구로 사용되었다. 대표적인 것이 "Less is Bore."라는 말이다. "더 적은 것은 지루하다."는 뜻의 이 문구는 모더니즘에 대항한 포스트모던Post-modern 건축 운동을 이끌었던 대표적인 이론가이자 건축가였던 로버트 벤투리Robert Venturi가 한 말로서, 모더니즘의 장식 없는 미니멀Minimal한 접근이 초래한 황량함과 적막함을 비틀었던 문구였다. 어쨌거나 미스를 추종했으나 진정으로 이해하지는 못했던 수많은 대형 설계 사무실들에 의해 여기저기 마구잡이로 세워진 복제품들만 봐도, 미스가 현대 도시의 모습에 끼친 직접적인 영향은 프랭크 로이드 라이트, 미스, 르 코르뷔지에, 이 3대 거장 중 가장 크지 않을까 싶다.

아헨에서 베를린으로

미스는 1886년 3월 27일, 독일의 작은 도시인 아헨Aachen에서 미하엘 미스Michael Mies와 아말리에 로에Amalie Rohe 사이에서 태어났다. 미스 반 데어 로에의 실제 이름은 마리아 루트비히 미하엘 미스Maria Ludwig Michael Mies로, 그가 아버지 성인 '미스'와 어머니의 처녀 적 성인 '로에'를 '반 데어'로 결합한 이름인 '루트비히 미스 반 데어 로에'로 불리게 된 것은 제1차 세계대전 이후다. 미스의 집안은 중산층에 속하는 독실한 가톨릭 집안으로 대대로 석공을 가업으로 이어 오고 있었다. 처음에는 묘지의 비석을 만드는 것에서 시작해서 1880년대에는 벽난로 선반을 주로 만들었다. 그 당시에 아헨의 부르주아 계층에서는 벽난로를 화려한 신바로크 양식Neo-baroque style으로 조각하는 것이 유행해서 그 사업이 크게 번창했으나, 1890년대에 석탄으로 때는 주철 난로가 등장한 뒤로 점차 벽난로가 자취를 감추자 선반의 수요도 자연히 줄어들었다.

어려서부터 집에서 아버지의 석공 일을 도우며 자란 미스는 이 시기에 재료의 소중함을 직접 느끼며 나중에 자신의 건축에 나타나는 디테일의 정교함과 재료의 풍부함을 키웠다고 알려져 있다. 미스는 10세에 학교에 입학했지만 3년 만에 그만두었고, 이것이 그가 받은 정규교육의 전부였다. 그 뒤로는 공사 현장에서 벽돌 놓는 일부터 시작했는데 곧 근처의 설계 사무실에서 조수로 일할 기회를 잡았다. 원래 미스는 몇 년만 일한 뒤에 형과 함께 석공 사업을 하려고 했지만 17세가 되자 숙련된 제도공이 되었는데, 이는 석공보다는 나은 삶을 보장받았다. 그는 아헨 시내에 세워질 커다란 백화점을 설계하고 있던 시니더^{Schinider}라는 건축 사무소에 취직하면서 건축을 본격적으로 접하게 된다. 얼마 뒤에 백화점 설계가 베를린의 보슬러 운트 크노르^{Bossler und Knorr}라는 사무실로 넘어가게 되고, 미스는 거기서 일하며 수준 높은 건축을 곁눈질로 배우면서 더 넓은 세상을 흠모하게 된다.

1905년, 19세의 미스는 건축 잡지인 『디 바우벨트^{Die Bauwelt}』에서 제도공을 구한다는 광고를 보고 자신이 작업했던 도면들을 보냈고, 마침내 베를린의 큰 사무실에 채용되었다. 우리는 미스가 시작부터 모던 건축의 선구자였을 것이라는 선입관을 가지고 있다. 하지만 사실 미스는 베를린에 도착한 1905년부터 프리드리히 거리의 빌딩^{Hochhaus Friedrichstraße} 계획안을 설계한 1921년까지 16년에 걸쳐 고전 스타일에서 모던 스타일로 아주 천천히 변해 갔는데, 이 시기의 미스 작품을 처음 접한 사람은 두 스타일의 다름에 깜짝 놀랄 정도로 그 차이가 엄청나다.

▼ 미스가 태어난 아헨 시 전경. 사진 제공: Arne Hückelheim

새로운 예술 양식, 유겐트슈틸

미스는 베를린에 도착한 지 얼마 안 되어 군대에 징집되었으나 몇 달 지나지 않아 폐렴 증세를 보였고, 이에 병역 면제 판정을 받고 집으로 돌아오게 되었다. 군대에서 돌아온 미스는 자신의 삶에 영향을 끼친 첫 번째 인물로 꼽았던 브루노 파울Bruno Paul을 1906년에 만나게 된다. 브루노 파울은 1894년에 가장 진보적인 예술의 중심지이던 뮌헨에서 활동을 시작한 당시 독일 예술계의 거목으로, 그는 1890년대가 '유겐트슈틸Jugendstil의 시대'라 생각하여 이 양식을 가구와 인테리어 디자인에 적극적으로 도입했다.

유겐트슈틸은 19세기 말~20세기 초에 유럽 문화 전반에 걸쳐 커다란 영향을 끼친 아르 누보Art Nouveau 운동의 다른 이름이다.(프랑스에서는 아르 누보, 독일에서는 유겐트슈틸, 오스트리아에서는 분리파Secession 등 각기 다른 이름으로 불렸다.) 프랑스어인 'Art Nouveau'는 'New Art(새로운 예술)', 독일어인 'Jugendstil'은 'Youth Style(젊은 양식)'이라는 뜻으로, 이름에서 알 수 있는 바와 같이 19세기의 고리타분한 예술 양식에 저항하여 새로운 예술을 지향하는 운동이다. 특히 자연 형태에서 영감을 받은 뱀같이 구불구불한 선과 평면적이고 추상적인 패턴으로 유명하다. 이는 그림과 조각뿐 아니라 실용 미술에서도 널리 유행했는데, 여기서 가장 활발했던 빈의 분리파 운동을 잠시 들여다보자.

19세기 말에 빈에서 시작된 분리파는 이름이 의미하는 대로, 문화 전반에 걸쳐 역사주의에 반대하며 과거의 전통과 단절을 주장했던 운동이다. 대표적인 화가로는 구스타프 클림트Gustav Klimt와 에곤 실레Egon Schiele가 있고, 건축가 중에는 오토 바그너Otto Wagner, 아돌프 로스Adolf Loos가 있다.(아돌프 로스는 처음 몇 달간 분리파에 가입한 뒤에 곧 탈퇴해서 분리파의 가장 혹독한 비판자가 되는 등, 그들 각자는 방향이 조금씩 다르지만 큰 틀에서 역사주의에 맞서 싸웠다는 점에서 공통점을 찾을 수 있다.) 1897년 당시에 오스트리아의 빈에서는 화려하고 고전적인 건축이 도시 전체에 걸쳐 퍼져 있었는데, 분리파들은 이러한 건축을 비판하며 건물의 장식을 2차원으로 단순화시킴으로써 장식의 과도함에서 벗어나고자 했다. 나중에 아돌프 로스는 이러한 2차원적인 장식조차 완전히 없앨 것을 주장

▲ 구스타프 클림트, 〈키스Kiss〉, 1862년, 캔버스에 유채, 180×180cm, 빈, 오스트리아 미술관.

◀ (위)현재까지도 고풍스러운 건물로 들어찬 빈의 모습. (아래)분리파 빌딩. 1897년에 분리파들의 전시를 위해 지어졌다. 분리파의 디자인 원리를 가장 잘 나타낸 건물로 유명하다.

▼ 건축에서 장식을 없앨 것을 주장한 아돌프 로스.

▼ 빈의 미하엘 광장Michaelerplatz에 있는 로스하우스, 1912년에 아돌프 로스에 의해 지어졌다. 이 건물은 완공된 직후에 빈에서 격렬한 찬반 논쟁을 불러일으켰다.

했다. 아돌프 로스가 디자인한 로스하우스Looshaus는 장식 없이 창문들만 뻥 뚫린 모습을 하고 있어 그 당시 빈 사회에 충격을 던지며 격렬한 논쟁을 불러일으켰다.

미스의 첫 작품, 릴 하우스

브루노 파울은 관심을 건축과 실용 미술 쪽으로 돌리며 1906년에 사무실을 베를린으로 옮겼다. 점차 명성을 얻자 건축의 비중을 높였고, 자연스럽게 미스가 건축 부분을 떠맡게 되었다. 그러나 미스는 가구 디자인에 더 관심을 가지고 의자 디자인에서 새로운 형태와 제작 방식을 탐구하기를 원했다. 이때부터 시작된 미스의 가구 디자인은 평생 계속되며 '바르셀로나 의자Barcelona Chair'를 비롯한 수많은 명작을 탄생시켰다.

그러나 역설적이게도 이러한 미스에게 첫 번째 주택을 설계할 기회가 가구를 만들던 도중에 우연히 찾아왔다. 어느 날 미스는 목재소에서 가구 제작에 쓸 나무를 자르던 도중에 남편과 함께 새로운 집을 지어 줄 건축가를 찾고 있던 프라우 릴Prau Riehl이라는 부인을 우연히 만나 가구와 나무에 대해 대화를 나누었다. 미스와의 대화에서 좋은 인상을 받은 그녀는 미스를 저녁 파티에 초대했다. 그녀의 남편인 알로이스 릴Alois Riehl은 그날 저녁에 미스와 오랜 대화를 나눈 뒤에 곧바로 그를 건축가로 점찍었지만, 너무도 젊은(이때 미스의 나이는 21세였다.) 미스를 미덥지 않게 생각했던 부인은 다음날 미스를 다시 불러 이것저것 물어보았다.

"이제껏 몇 채나 집을 지어 보았지요?"

"한 채도 못 지어 봤습니다."

"단 한 채도요?"

"예."

"우리 집이 실험용 쥐가 될 수는 없어요. 그냥 한번 맡겨 보기에는 너무 비싸단 말이죠."

"잠깐만요, 사모님. 저는 집을 지을 수 있어요. 경험이 있습니다. 제 말은 저

혼자 해 본 적이 없다는 뜻이지요. 만약에 모든 사람들이 사모님과 같이 그전의 경험을 요구한다면 저는 늙어 죽을 때까지 일을 맡을 수 없을 겁니다."

이 말에 그녀는 크게 웃었고 미스는 브루노 파울의 보증하에 결국 일을 맡게 되었다. 미스는 도와주겠다는 파울의 제안도 거절한 채 혼자서 모든 작업을 했다. 나중에 미스가 집을 완성했을 때 이 집을 아주 마음에 들어 하던 파울은 주변 사람들에게 집의 사진을 보여 주며 "이 집은 내가 짓지 않았다는 것 말곤 정말 완벽한 집이야."라고 말했다고 한다. 사실 이 집은 미스가 설계한 집이란 사실을 빼면 그다지 대단한 것은 아니다. 외부는 벽돌 구조에 노란색 스투코Stucco로 칠해졌으며 직사각형 형태 위에 커다란 박공지붕이 얹혀 있는데, 이는 노이바벨스베르크Neubabelsberg(나중에 포츠담에 편입된다.)에서는 흔한 스타일이었다. 사실 박공지붕이 전체 형태에 비해 약간 큰 듯하여 건물이 눌려 보이기도 하지만, 주변의 집들과 비교해 볼 때 군더더기 없이 깔끔하고 과감한 형태가 특징이다. 언덕을 마주 보는 쪽은 그 나름으로는 색다른데, 온갖 장식으로 치장되던 당시의 스타일과 비교할 때, 커다란 삼각형 벽면과 기단 사이의 큼직한 창문들이 파격적이다. 하지만 길거리를 면한 전면부에서는 다시 평범한 창문과 박공지붕의 주택으로 돌아갔다. 그럼에도 전체적인 형태 및 창문의 크기와 위치 등은 공을 많이 들인 작품이라는 느낌을 준다.

릴 부부는 자신들의 새로운 집에 대단히 만족하여 미스를 상류 사회 모임에 정기적으로 초대하고 집 짓기를 원하는 친구들에게 소개시켜 주었다. 당시 21세밖에 되지 않은 미스에게 설계를 의뢰하고 주변 사람들을 소개시켜 주었다는 사실은 그에게 대단한 호의와 믿음을 가지고 있었다는 것을 의미한다. 게다가 나중에 미스가 두 달 동안 이탈리아를 여행할 수 있도록 비용을 대 주기까지 했다. 왜 릴 부부는 젊은 미스에게 이러한 친절을 베푼 것일까? 미스에 대한 일반적인 평가로 추측해 볼 때, 그의 외모에서 풍기는 인상이 일단 크게 작용하지 않았을까 생각된다. 그의 외모는 사람들에게서 존경과 호감을 불러일으키는 매력을 지니고 있었다고 하는데, 미스는 젊어서는 조용하지만 개성 있고 자신감에 찬 남성스러움을 뿜어냈고, 나이가 들어 가면서는 카리스마를 더했으며, 말

▶ 언덕 밑에서 올려다본 릴 하우스. 장식이 많은 당시 스타일과 비교해 볼 때, 이 부분은 파격적일 정도로 깔끔하다.

▶ 길거리에서 바라본 릴 하우스. 이 부분에서는 당시에 흔하던 스타일로 돌아갔다.

▶ 포츠담에서 흔히 볼 수 있는 집들.

▲ 젊을 때부터 말년까지의 미스. 호감을 주는 그의 외모는 건축 작업에도 도움이 되었다.

년에는 영화 〈대부 The Godfather〉에 나오는 마피아의 보스 같은 인상을 풍겼다. 라이트의 경우에서 볼 수 있듯이 의뢰인을 상대해야 하는 건축가에게 이러한 개인적인 매력은 때로는 건축 실력만큼이나 중요할 때가 있다.

페터 베렌스의 문하에 들어가다

릴 하우스를 보고 감명받은 브루노 파울 사무실의 파울 티어시 Paul Thiersch는 미스를 독일의 또 다른 건축가인 페터 베렌스 Peter Behrens에게 추천했다. 브루노 파울보다 훨씬 유명한 건축가였던 페터 베렌스는 1908년에 40세였고, 독일 전기기기 제조업체인 AEG Allgemeine Elektricitäts-Gesellschaft의 베를린 공장 설계를 막 시작하려 하고 있었다. 미스는 혼자 활동하기에는 너무 젊었고 아직 배울 것이 많았기에 그의 문하로 들어가 이 작업을 같이했다.

베렌스는 1907년에 이미 AEG의 디자인 책임자가 되어 모든 생산품과 건축 부문의 디자인을 감독하고 있었는데, 1909년에 드디어 자신에게 큰 명성을 안겨 준 AEG 베를린 공장을 설계하게 된 것이다. 베렌스의 대표작이기도 한 이 공장은 전면부의 널찍한 유리 면, 박공지붕을 연상시키는 각진 지붕과 그것을 떠받치는 커다랗고 기다란 강철 열주들의 디테일을 지녔는데, 그 당시에 "공업 시대의 힘을 잘 표현하면서도 고전 건축의 아름다움을 연상시킨다."는 평을 얻

▲ 1913년경의 페터 베렌스.

▶ 페터 베렌스가 디자인한 AEG 시계.

었다. 거리에 바로 맞닿은 이 건물의 커다란 규모는 100년이 지난 오늘날에도 여전히 주변 거리를 압도하고, 겉모습만으로도 내부의 엄청난 공간을 느낄 수 있게 한다.(공장은 현재도 가동되고 있으며, 외부인의 출입을 금지하여 아쉽게도 직접 들어가 보지는 못했다.)

미스와 르 코르뷔지에는 동료였다?

이처럼 베렌스는 근대 건축과 고전 건축의 중간 입장에서 양쪽의 장점을 적절히 끌어내어 배합할 수 있었던 몇 안 되는 건축가 중 한 명이었다.(베렌스와 브루노 파울, 둘 다 그림과 그래픽 아트에서 경력을 시작했고 점차 건축으로 영역을 넓혔으며, 나중에 산업 디자인 분야에서 명성을 얻었다.) 미스는 1908년에 베렌스의 사무실에서 일을 시작했고 1년 뒤에 잠시 일을 그만두었다가 1910년에 다시 돌아왔다. 이 공백 기간에 미스는 펄스 하우스Haus Perls와 비스마르크 기념탑 계획안 등을 설계했다.

   흥미로운 사실은 미스의 공백 기간인 1909~1910년에 베렌스의 사무실에서는 발터 그로피우스와 르 코르뷔지에가 잠시 동안 일을 했다는 점이다. 르 코르뷔지에는 그로피우스가 떠난 뒤인 1910년 중순에 이 사무실에 와서 약 6개월간 일했다. 르 코르뷔지에는 현대 건축의 거장을 꼽을 때 거의 언제나 첫 번째 자리를 차지하는 사람이고, 그로피우스는 바우하우스의 초대 학장으로 나중에 하버드 건축대학원GSD의 학장을 지내며 미국 건축 교육에 지대한 영향을 미친 인물이다. 이러한 사람들이 얼마간의 시간 차이를 두고 모두 베렌스의 사무실을 거쳐 갔다는 것은 베렌스가 현대 건축의 역사에서 얼마나 중요한 인물이었는지를 알려 주는 또 다른 면이기도 하다.(오늘날에 그 정도의 영향력을 가진 건

◀ (위)페터 베렌스가 설계한 AEG 베를린 공장.
  (아래)AEG 베를린 공장 측면부에 끝없이 늘어선 열주들. 이 건물은 공업 시대의 힘과 고전 건축의 아름다움을 동시에 보여 준다는 평을 받았다.

▲ 현대 건축의 거장 르 코르뷔지에.

▲ 20세기 미국 건축 교육에 큰 역할을 담당했던 발터 그로피우스.

▲ 오늘날의 건축계에 많은 영향력을 행사하고 있는 렘 콜하스.

축가로는 렘 콜하스Rem Koolhaas를 들 수 있는데, FOA, REX, BIG, 진 강Jeanne Gang, 자하 하디드Zaha Hadid, 조민석 등 전도유망한 건축가 대다수가 렘 콜하스의 OMAOffice for Metropolitan Architecture라는 사무실 출신이다.) 많은 사람들이 미스와 르 코르뷔지에가 같이 근무했다고 알고 있으나, 여러 문헌을 종합해 볼 때 그 둘은 실제로 한 공간에서 일을 한 것 같지는 않다. 나중에 미스는 르 코르뷔지에를 한 번 만난 것을 어렴풋이 기억했다. 미스는 휴직 기간에 어떤 일로 사무실에 들어가는 길이었고 르 코르뷔지에는 밖으로 나가는 길에 스치듯이 만났다고 한다. 미스와 르 코르뷔지에, 그로피우스는 17년 뒤에 슈투트가르트에서 진행된 바이센호프 주택단지Weißenhofsiedlung 프로젝트를 통해 다시 만나게 된다.

카를 프리드리히 싱켈과 베를린의 구박물관

이렇듯 많은 사람이 미스의 건축에 영향을 끼쳤지만, 그 누구보다도 근본적으로 가장 큰 영향을 끼친 인물은 싱켈이다. 서로 다른 시대를 살았기에 미스는 싱켈을 직접 만난 적은 없지만, 베를린에 있는 싱켈의 많은 건물들을 방문하며 깊은 감명을 받았다. 또한 나중에 미스의 작품에서 나타나는 각 부분들의 비례

▶ 미스의 건축에 많은 영향을 끼친 카를 프리드리히 싱켈.

감과 조화, 진입 방식은 싱켈의 영향을 강하게 드러낸다. 이처럼 미스의 건축은 겉모습만 보면 대단히 모던하지만, 디테일과 공간 구성에서는 고전에 대한 깊은 이해를 바탕으로 하고 있기에 유행을 타지 않고 시간이 지날수록 더욱 우아한 멋을 풍긴다.

카를 프리드리히 싱켈 Karl Friedrich Schinkel(1781~1841)은 근대와 고전 건축의 중간적인 인물로서 19세기 전반의 신고전주의 양식 Neo-classical style의 거장 가운데 한 사람이다. 그는 그리스 문화를 완벽한 조화의 표본으로 삼고 중세를 독일 역사에서 가장 고귀한 기간이라 찬양하며, 이 두 문화에 대한 특별한 존경심을 바탕으로 자신만의 건축을 발전시켰다. 싱켈은 베를린 고등건축학교에서 건축을 배운 뒤에 고전 건축을 연구하기 위해 이탈리아로 갔다. 하지만 그곳에서 중세 건축의 아름다움과 합목적성에 매료되어 합목적성을 건축의 가장 중요한 기본이라고 생각하게 되었다. 그는 평면과 그에 따른 공간의 중요성을 강조하며 과장된 구성을 배제한 우아한 고전주의를 보여 주었는데, 이는 고전 건축을 그대로 따라 하여 장식에 치중했던 그 당시의 다른 건축가들과는 확연히 다른 접근이었다. 싱켈의 작품들은 베를린에서 많이 찾아볼 수 있는데, 여기서는 그의 대표작인 구舊박물관 Altes Museum(1823)을 잠시 살펴보자.

구박물관은 언제나 관광객으로 넘쳐 나는 운터 덴 린덴 Unter den Linden 거리와 슈프레 Spree 강에 떠 있는 섬이 만나는 곳에 위치해 있다. 운터 덴 린덴 거리는 이

▲ 페르가몬 박물관의 내부 제단. 사진 제공: Jan Mehlich
▼ 카를 프리드리히 싱켈의 대표작인 베를린의 구박물관.

섬 가운데로 지나가며 섬을 둘로 나누는데, 북쪽은 '박물관의 섬 Museuminsel'이라 불리고 남쪽은 '어부의 섬 Fischerinsel'이라 불린다. 북쪽이 특별히 박물관의 섬이라 불리는 이유는 세계문화유산으로 가득 찬 5개의 박물관으로 구성되어 있기 때문인데, 이 5개의 박물관은 구박물관, 페르가몬 박물관 Pergamon Museum, 보데 박물관 Bode Museum, 신新박물관 Neues Museum, 구舊국립미술관 Alte Nationalgalerie 으로, 소장품이나 관람객의 인기도만 따지면 페르가몬 박물관이 볼거리가 가장 많고 유명하다.

　운터 덴 린덴 거리에서 내리면, 광장 너머로 멀리 구박물관이 보인다. 널찍한

광장과 건물 본관 사이에 있는 이오니아식^{Ionic order} 기둥 18개는 멀리서 당당한 몸짓으로 이 건물이 공공 건물이라는 사실을 강조하고, 건물 양쪽 끝에 있는 두꺼운 벽은 건물을 땅에 단단히 고정시키며 엄격한 건축 덩어리의 완전성을 나타낸다. 광장을 가로질러 건물에 다가갈수록 웅장하고 엄숙한 이미지가 선명해지는데, 건물의 디테일과 지어진 방식은 신고전주의 양식을 충실히 따르고 있다. 전면의 기단과 기둥을 지나면 2층으로 이어지는 계단이 있는 홀에 다다르는데, 이곳은 내부와 외부의 중간 단계로서 계단을 올라 뒤로 돌아서면 널찍한 광장 너머로 베를린의 전경이 보인다. 이처럼 구박물관은 전통적 열주를 재해석한 공간뿐 아니라 과장된 구성을 절제한 추상성, 우아한 비례감과 간결한 벽면 처리 등이 당시의 다른 건축에 비해 월등히 뛰어나다.

   이 건물은 고전 건축을 현대적으로 해석하는 데 교본과 같은 역할을 하며 많은 후대 건축가들에게 영향을 주었는데, 미스도 예외는 아니었다. 길고 납작한 구박물관의 모습은 미스의 건물에 반복해서 나타나는데, 그중 유명한 것들로는 크라운 홀^{S. R. Crown Hall}과 베를린 신국립미술관^{Neue Nationalgalerie}을 들 수 있다. 또한 미스가 나중에 시그램 빌딩에서 입면의 리듬감과 그 앞의 광장을 계획한 방식에서도 그 자취를 찾을 수 있다. 이 건물들은 나중에 자세히 들여다볼 것이다.

2장_ 전통에서 모더니즘으로

전환기의 작품, 펄스 하우스

미스는 베렌스의 사무실에서 잠시 나와 있던 기간인 1910년 여름에 후고 펄스 Hugo Perls를 만나게 된다. 부유한 변호사이자 예술 애호가였던 펄스는 베를린에 있는 자신의 집에 예술가와 지식인들을 수시로 초청하여 파티를 열었다. 베를린의 상류 사회에서 발이 넓던 프리드리히 빌헬름 구스타프 브룬 Friedrich Wilhelm Gustav Bruhn을 릴 부부로부터 소개받았던 미스는 브룬에 의해 펄스의 파티에 초대되었다. (미스는 나중에 브룬의 딸인 아다 Ada Bruhn와 결혼을 하게 된다.) 그 당시에 미스는 펄스같이 영향력 있고 고상한 취향을 가진 인사들을 찾아 나서기 시작했다. 펄스는 미스의 첫인상에 대해 다음과 같이 말했다.

> 반 데어 로에는 말을 적게 했지만 무엇이든 그가 말을 하면 확실히 빛이 났다. 건축의 새로운 기원이 시작된 것 같았다. 새 시대의 건축가들은 건물에서 필요 없는 장식과 군더더기를 벗겨 내기 위해 엄청난 고민을 하고 있었다. 그들은 건물의 정직성과 위엄에 대해 이야기하기 시작했다. 반 데어 로에는 강한 확신이 있었다. 그는 비록 역사와 전통을 존중했지만, 싸구려 형태와 관계가 있는 것은 아무것도 원하지 않았다. (중략) 어쨌든 미스는 우리 집을 지었다. 나의 보수적인 취향이 우리 사이에 여러 차례의 사소한 논쟁을 일으켰다. 결론적으로 그 집을 미스 혼자 설계했더라면

분명히 훨씬 더 좋았을 것이다.

지하철을 타고 베를린 교외로 가서 한참을 걸은 뒤에야 간신히 도착한 펄스 하우스는 생각보다 아담한 규모와 스타일이었지만, 주변의 건물들과 잘 어울렸다. 오히려 너무 잘 어울려서 표시가 없었다면 찾기 힘들었을 정도였다. 단순한 직사각형의 2층짜리 건물로서, 외관은 벽돌 위에 플라스터plaster(석회)를 칠했고 장식 없이 평평해 보였다. 거리에 바로 맞닿아 놓여 있어 박공지붕은 거의 볼 수 없을 정도여서 입방체 형태의 건물로 느껴졌다. 특히 눈에 띄는 점은 지붕과 벽체 사이의 디테일이 돌로 만든 건축처럼 단순하다는 점인데, 벽체가 끝나는 부분을 화려한 장식으로 마무리하는 게 특징인 당시의 스타일과는 많이 달라 보였다.(아마 미스가 어렸을 때 돌을 다루던 경험이 이 부분에 반영된 것은 아닐까 생각했다.) 전반적으로 릴 하우스에 비해 부분들의 조화가 좀 더 자연스럽고 모던한 스타일인 점이 특징이라 하겠다. 그러나 나중의 작품과 비교해 보면 미스가 이런 것도 디자인을 했나 하는 생각을 여전히 버릴 수 없었다.

좌절한 프로젝트, 크뢸러뮐러 빌라

한편, 미스가 베렌스 밑에서 일을 한 지 몇 년이 지나면서 두 사람 사이에서 건축에 대한 관점의 차이가 점차 커져 갔고, 미스가 주도적으로 참여했던 두 프로젝트를 계기로 미스와 베렌스는 결별하게 되었다. 첫 번째 프로젝트는 상트 페테르부르크에 있는 독일 대사관이다. 신고전주의 양식으로 1912년 당시의 베렌스의 특징이 그대로 드러나는 기념비적 건물인데, 미스는 1911~1912년에 프로젝트 감독자로 건설 현장에서 일했다. 그곳에서 미스는 베렌스를 불쾌하게 만든 두 건의 사건을 일으켰다. 하나는 미스가 그 지역의 건설업자에게서 베렌스가 했던 것보다 훨씬 싼 입찰가를 끌어낸 것이고, 다른 하나는 베렌스와 인테리어에 대해 나눈 협의 내용을 지역 신문의 기자에게 허락 없이 발설한 것이다.

두 번째 프로젝트인 크뢸러뮐러 빌라Villa Kröller-Müller는 좀 더 심각했다. 안톤 크뢸러Anton Kröller는 네덜란드 중산층 출신의 사업가로 전 세계에 걸친 운송, 광

▲ 펄스 하우스.

▶ 펄스 하우스의 한쪽 벽에 붙어 있는 짤막한 설명. 1911년과 1928년(증축)에 미스가 설계했고 베를린 소재의 독일복권재단 Stiftung Deutsche Klassenlotterie Berlin의 도움으로 재건되었다고 쓰여 있다.

Haus Perls
erbaut nach Plänen von
Ludwig Mies van der Rohe
1911 und 1928
Rekonstruktion gefördert durch
die Stiftung Deutsche Klassenlotterie
Berlin
für das Heilpädagogische Therapeutikum
Parzival-Schule

산업과 중공업 분야에서 큰 성공을 이루었다. 그의 부인인 헬레네 크륄러뮐러 Helene Kröller-Müller는 예술에 대한 관심이 컸는데, 예술 평론가인 H. P. 브레머 H. P. Bremmer를 만나서 예술을 공부했고 현대 미술품을 수집하기 시작했다. 1910년에 크뢸러뮐러는 피렌체 지방을 여행하며, 그곳의 풍부한 예술뿐 아니라 자신과 자신의 남편과 같이 장사꾼이었던 메디치 가가 문화와 예술에 대해 가졌던 사랑과, 그들의 후원에 크게 힘입어 부흥한 르네상스 예술에 깊은 감명을 받았다. 그녀는 여행에서 돌아오자마자 수집한 예술품을 전시할 미술관 겸 빌라를 짓기로 했다. 크뢸러 부부는 1911년 2월에 독일 대사관의 설계에 매달려 있던 베렌스에게 설계를 의뢰했고, 베렌스는 이 프로젝트의 책임자로 미스를 임명했다. 몇 주간의 설계 끝에 베렌스가 내놓은 안은 평평한 지붕이 낮게 깔리고 2층 높이의 길쭉한 건물 두 채가 로지아 Loggia로 연결된 모던한 디자인이었다. 그러나 크뢸러뮐러는 베렌스가 설계를 맡은 지 불과 몇 주가 되지 않아 특별한 이유 없이 베렌스의 건물이 너무 크다고 불평하며 디자인에 불만을 나타내기 시작했다. 이에 남편 크뢸러는 건물이 들어설 부지 위에 실제 크기의 모형 mock-up을 만들도록 했다. 1912년 1월, 나무와 캔버스로 만들어진 모형은 색깔도 실제와 똑같이 칠해졌으며 밑에 레일을 깔아서 위치도 움직일 수 있었다고 한다. 이러한 과정을 거치고도 크뢸러뮐러는 만족하지 않았고 결국 프로젝트는 취소되었다.

이 과정에서 미스와 베렌스의 관계는 걷잡을 수 없이 악화되었다. 미스는 프로젝트를 진행하며 크뢸러뮐러와 친분을 쌓아 갔고, 그럴수록 그녀는 베렌스와 멀어져 갔다. 베렌스는 자신의 조수를 의심하기 시작했고 둘 사이의 불화는 점점 깊어만 가서, 1912년에 미스는 베렌스를 떠나야 했다. 그와 동시에 크뢸러뮐러는 미스에게 빌라의 설계를 맡겼다. 그러나 이번에는 더욱 강력한 경쟁자를 만나게 된다. 예술 평론가인 브레머는 이제 갓 26세밖에 안 된 풋내기 건축가에게 그 프로젝트를 맡기는 것을 탐탁하지 않게 생각했고, 당시에 이미 거장의 반열에 든 헨드릭 베를라허 Hendrik Petrus Berlage에게도 작업을 의뢰했다. 미스는 크뢸러뮐러의 전폭적인 지원을 받으면서 헤이그에 작업실을 차린 뒤에 매일 그녀를 만나서 협의하며 설계를 했고, 베를라허는 암스테르담에서 가끔 전화로 진

▶ (왼쪽)페터 베렌스가 설계하고 미스가 현장 감독한 상트 페테르부르크의 독일 대사관. (오른쪽)크륄러 부부.

▲◀ 미스가 설계한 크륄러뮐러 빌라의 스케치(위)와 모형(왼쪽). 미스가 설계한 작품과 베렌스의 작품이 상당히 비슷하여 사람들이 이 둘을 바꿔 소개하는 실수를 종종 저지르고는 했다고 한다.

▶ 헨리 반 데 벨데가 임시로 설계했지만 지금까지 쓰이고 있는 크륄러뮐러 미술관. 사진 제공: 이관석

행 상황을 알리며 작업을 했다. 미스와 베를라허의 드로잉과 모델을 최종 평가하는 날, 모두가 헤이그의 크륄러 사무실에 모였다. 그 자리에는 브레머도 초청되었는데, 그는 참관인 자격이었지만 크륄러 부부는 그의 결정에 따르기로 했다. 브레머는 둘의 계획안을 오랫동안 들여다본 뒤에 베를라허의 손을 들어 주었다. 미스의 디자인은 나중에 사람들이 베렌스의 것과 자주 혼동할 만큼 비슷했지만, 미스의 작품을 더 마음에 두고 있었던 크륄러밀러는 미스에게 실제 크기의 모형을 지어 보도록 했다. 1913년 1월, 나무와 캔버스로 지어진 모형을 본 크륄러밀러는 브레머의 의견이 옳았다고 결론 내렸다.

결론적으로 베를라허의 디자인 또한 지어지지 못했다. 그는 크륄러 가문의 전속 건축가로 위촉되어 회사와 가족들을 위한 많은 건물들을 의뢰받았다. 그는 6년 동안 크륄러 가문만을 위해서 일을 했지만 크륄러밀러 빌라는 결국 짓지 못했다. 1919년, 그는 크륄러 가문을 떠났고 그 뒤에 크륄러밀러는 또 다른 유명한 건축가인 헨리 반 데 벨데 Henry van de Velde에게 이 빌라를 의뢰했다. 이 건물은 실제로 지어지기 직전까지 갔으나 1922년에 세계 경제에 위기가 닥치자 중단되었다. 마침내 1938년, 반 데 벨데에 의해 한 번의 수정을 더 거친 후에 그 집은 '임시'로 지어졌지만 오늘날까지 미술관으로 쓰이고 있다.

평생에 걸친 스승, 베를라허

미스는 비록 크륄러밀러 빌라를 실제로 짓는 데에는 실패했지만, 여러모로 소득이 있었다. 그것은 실현되지는 않았지만 미스가 그때까지 해 본 가장 큰 주택 설계였고, 나이 26세에 자신이 존경해 마지않던 베를라허와 경쟁할 기회를 얻었으며, 그를 통해 프랭크 로이드 라이트의 스타일을 접하게 되었다.(그 당시에 라이트는 독일의 에른스트 바스무트 사에서 자신의 작품집 『프랭크 로이드 라이트의 완공된 건축물과 설계도』를 출판했고, 이를 통해 유럽의 젊은 건축가들에게 큰 영향을 끼쳤다.) 미스는 1911년에 베를린에서 열린 프랭크 로이드 라이트의 전시회를 보고 난 감상을 1940년경에 썼는데, 이 글에서 라이트가 미스에게 끼친 영향이 얼마나 컸는지를 느낄 수 있다.

그 당시에 우리 젊은 건축가들은 우리 자신이 고통스러운 내적 불일치에 빠져 있음을 알았다. (중략) 우리 시대에는 건축적인 아이디어의 활력이 사라졌다. 이런 상황에서 우리에게 너무나 중요하게도, 프랭크 로이드 라이트의 작품 전시회가 베를린에서 열렸다. 이 위대한 거장의 작업은 예상하지 못한 힘과 언어의 명확함, 풍부한 형태의 건축 세계를 보여 주었다. 여기에 다시, 마침내 진짜 유기적 건축 organic architecture이 꽃피었다.

미스가 베를라허에게서 받은 영향은 좀 더 직접적인데, 미스는 평생을 두고 베를라허에 대한 존경심을 숨기지 않았다. 미스는 베를라허의 건물 중에서도 특히 암스테르담의 증권거래소(1903)를 좋아했는데, 나중에 베를라허를 회상하며 다음과 같이 말했다.

> 나는 베를라허의 증권거래소에 정말로 감명을 받았습니다. 베렌스는 그 건물이 완전히 구식이라고 깎아내렸지만, 나는 그에게 "글쎄요, 당신이 심각하게 오해한 게 아닐까요?"라고 반박했습니다. 베렌스는 나에게 불같이 화를 냈고 마치 한 대 치고 싶다는 표정을 지었지요. 그 건물은 고전주의 또는 역사적 양식과는 전혀 상관없이 스스로 지닌 구조의 정수까지 정성을 들인 건물이라는 점에서 나의 관심을 가장 많이 끌었습니다. 그 건물은 진실로 모던한 건물이라고 할 수 있지요.(1964년의 인터뷰)

그럼 베를라허는 어떤 사람인가? 베를라허는 고트프리트 젬퍼 Gottfried Semper(1803~1879)와 비올레 르 뒥 Viollet le Duc(1814~1879) 같은 19세기 이론가들에게서 교육받았다. 그는 20세기 초에 예술의 창조적인 태도로서 '즉물성 Sachlichkeit(객관성이라고도 함)'을 중요하게 생각했던 선구자적인 유럽 건축가들 중 하나였다. 사실, 건축 자체만으로는 베를라허를 동시대의 다른 많은 건축가와 분명히 구별하기는 어려우나, 베를라허는 재료와 구조의 명쾌함과 일관성에서 뛰어났다. 그는 종교가 사회의 주요한 원동력으로서 수명을 다했고, 그 대

▲ 헨드릭 베를라허의 대표작이자
   미스가 칭찬해 마지않았던
   암스테르담의 증권거래소 내부.

◀ (왼쪽)암스테르담의 증권거래소 외부.
   (오른쪽)헨드릭 베를라허.

신 과학이 국가와 지역을 초월하여 새로운 힘이 되었다고 믿었다. 국경을 초월한 보편성을 향한 이러한 생각은 '즉물적 스타일'에 대한 추구로 나타났다. 결국 '즉물성의 건축'이란 창작자의 주관적인subjective 생각이 아닌, 법과 질서의 원칙에 입각한 사회에서 자연스럽게 생겨난 건축을 의미했다.

한 가지 더. 미스는 크뢸러뮐러 빌라 프로젝트가 자신의 경력에서 전환점이라 생각하고 자랑스러워했지만, 발터 그로피우스는 자신의 주관으로 1919년에 열린 《무명 건축가전Exhibition of Unknown Architects》에 미스가 이 프로젝트를 출품했을 때 그를 신랄하게 비판했다. 한때 베렌스의 사무실에서 같이 근무하기도 했던 그로피우스에 대해 평소에 안 좋은 감정을 가지고 있던 미스는 이 일로 그와 완전히 틀어지게 되었고, 이후로 그가 하는 일에 사사건건 반대하며 평생 라이벌 관계를 유지한다.

새로운 길을 모색하다

이 당시에 미스는 생각과 행동이 따로 놀고 있었다. 1905년에서 1921년까지 무려 16년 동안에 미스는 전통적인 스타일에서 모던한 스타일로 아주 천천히 바뀌어 갔다. 모던 스타일을 추구하는 독일공작연맹Deutscher Werkbund이 점차 활기를 띠고 표현주의Expressionism가 서서히 고개를 드는 와중에도, 미스는 그 양쪽 어디에도 눈을 돌리지 않고 베를린 교외에 사무실을 연 뒤에 상류 사회 인사들을 위한 주택을 설계하는 데에만 집중했다.

릴 교수 부부는 자식은 없었지만 많은 조카들이 있었고 그들을 끔찍이 아꼈다. 브룬은 이 부부의 절친한 친구였기 때문에 브룬의 딸인 아다 역시 릴의 조카들과 친했고 자주 릴의 집에 놀러 갔다. 이 와중에 미스와 아다는 1911년경에 처음 만났고 서로에게 호감을 느꼈다. 그녀의 집안은 상류층이었는데, 아버지인 브룬은 세금 조사관이자 런던에 공장을 가지고 있는 모터 제조업체의 사장이었다. 그는 택시 미터기를 발명했는데 이것은 거의 모든 베를린 택시에 장착되었고, 비행 고도계도 독일 공군에 납품했다. 아다는 미스를 만날 당시에 자신보다 21세나 연상인 유명한 미술사학자 하인리히 뵐플린Heinrich Wölfflin과 약혼한 상태였지만 파혼하고 미스와 결혼했다. 미스는 재능과 열정은 뛰어났으나 교육을 많이 받지 못했고 물려받은 사회적 지위 또한 낮았다. 아다는 미스에게 자신과 함께 가족의 부와, 그의 경력에 커다란 도움이 될 사회적 배경을 가져다주었다. 브룬 가족은 미스를 장래가 촉망되는 젊은이라 여기며 받아들였다.(그들이 유일하게 트집을 잡은 부분은 미스란 이름이었는데, 독일어로 미스[mies]는 '불행한', '비참한' 등을 의미한다.) 미스와 아다는 1913년 4월 10일에 베를린에서 결혼을 하고 베를린 교외에 보금자리를 꾸몄다.

이 시기의 작업들은 전보다 훨씬 더 전통적인 스타일이다. 독립한 뒤의 첫 번째 작품인 베르너 하우스[Haus Werner](1912)는 심지어 펄스 하우스나 릴 하우스보다도 훨씬 시대에 뒤떨어진 스타일을 보여 준다. 과장된 지붕에 특색 없는 외관은 이 건물이 과연 미스에 의해 지어졌는지가 의심스러울 정도다. 사실 많은 건축가들의 사무실을 들여다보면, 밖에 보이는 작품들 말고도 생계를 위해 또는 예산 부족이나 그 밖에 여러 사정으로 수준이 떨어지는 건물들을 울며 겨자 먹기로 설계해야 하는 경우가 많이 있다. 이런 작품은 아무에게도 알려지지 않고 그냥 조용히 지어지고 사용되다 사라지는 경우가 대다수다. 아마 이 건물도 미스에게는 생계를 위해 어쩔 수 없이 해야만 했던 일이 아니었을까? 어쨌든 이 작품에 대해 애정이 없었던 미스는 1965년에 베를린을 방문하여 펄스 하우스를 다시 찾았을 때도 불과 몇 블록밖에 떨어지지 않은 곳에 있던 베르너 하우스에는 눈길도 주지 않았다고 한다.

두 번째 작품, 우르비히 하우스[Haus Urbig](1917)는 릴 하우스를 인상 깊게 보았던 우르비히 가[Urbig]에서 미스에게 의뢰한 주택이었다. 규모는 상당히 컸고 그

▶ (위)미스가 별다른 애정을 갖지 않았던 베르너 하우스. 미스의 작품이라고는 믿기지 않을 정도로 시대에 뒤떨어진 스타일을 보여 준다.

(아래)미스가 건축주의 요구를 수용하면서도 자신의 스타일을 잘 드러낸 우르비히 하우스.

나름으로 완성도도 높았다. 미스가 제안한 초기 디자인은 평평한 지붕의 모던한 스타일이었지만, 우르비히는 전통적인 박공지붕을 강력히 원했고 미스는 그에 순순히 따랐다. 건축주의 요구에 따라 어쩔 수 없이 장식을 추가하고 지붕 모양을 바꾸기는 했지만, 대체로 단순하면서도 비례감이 살아 있다는 점에서 프랭크 로이드 라이트의 윈슬로 하우스의 입면이 가진 정갈함이 느껴지기도 한다.

　미스는 성실한 남편은 아니었다. 미스와 아다는 결혼 초반부터 자주 다투었고, 아다가 3명의 자녀를 낳은 뒤에도 미스는 좋은 아빠가 되지 못했다. 주말이면 베를린 교외의 별장에서 친구들과 파티를 열며 자주 바람을 피우기도 했다. 미스의 이러한 무책임하고 방탕한 생활에도 불구하고 아다는 미스를 떠나지 않았다. 그녀는 미스에게 한없이 순종적이었다고 한다. 나중에 미스의 딸들이 기억한 바에 의하면 아다는 아이들에게 항상 아빠의 자유롭고 예술가적인 기질을 존중하고 참아야 한다고 가르쳤다고 한다. 아다는 미스가 위대한 예술가이므로 평범한 일상의 잡다하고 사소한 일들로부터 거리를 두어야 한다고 이해했다. 위대한 예술가 한 명이 나오기 위해서는 그 주변의 많은 희생이 뒤따르는 것은 어쩔 수 없는 듯하다.

모더니즘과 미스

제1차 세계대전의 패배는 독일 국민을 정신적 공황 상태에 빠뜨렸고, 독일 경기 또한 참담한 시기를 거쳤다. 하지만 예술가들은 모더니즘을 확산시키기 위해 열정을 쏟았고 1933년에 나치가 등장하기 전까지 바이마르 공화국 시절의 독일에서는 모더니즘 문화가 화려하게 꽃피었다. 이렇게 예술 분야의 활발한 움직임 속에서도 특히 건축 분야가 두드러졌는데, 이는 역설적이게도 전후 최악의 경제 사정과 관계가 있었다. 건축은 경제의 영향을 가장 많이 받는 분야로, 1919년에 전쟁이 끝난 뒤에도 여전히 실제로 지어지는 건물은 거의 없었다. 이에 건축가들은 새로운 세계를 상상하며 모여서 토론하고 스케치를 그리며 이론적인 면에 집중하는 수밖에 별다른 방법이 없었다.

　모더니스트들의 경향도 몇 차례 바뀌었다. 제1차 세계대전을 서구 문명의 최

◀ 제1차 세계대전 이후의 모더니즘 운동의 경향을 잘 보여주는 잡지 『에스프리 누보』.

▼ 르 코르뷔지에를 모던 건축의 선구자로 자리매김하게 해 준 『건축을 향하여』 영문판.

종적인 실패로 보고 염세주의를 널리 퍼트리며 득세하던 다다이즘Dadaism과 이에 반하여 유토피아에 대한 열정을 가득 담았던 표현주의, 이성에 기반을 두고 예술과 기계 사이의 통합을 추구했던 네덜란드의 데 스테일De Stijl이나 러시아의 구성주의Constructivism 등이 서로 앞서거니 뒤서거니 하며 모더니즘의 주류 문화를 이끌어 갔다. 새 시대의 건축가들은 과도한 장식과 역사적 형태의 모방을 벗겨 내고 직설적이고 기능에 충실한 건축 디자인, 즉 말하자면 건축 디자인 방식이 기계의 합리적인 생산 방식을 따르도록 하기 위해 노력했다. 그 대표적인 예가 추상적인 직사각형 형태에 바탕을 둔 합리성의 건축을 표방한『에스프리 누보L'Esprit Nouveau』라는 잡지와 르 코르뷔지에가 쓴『건축을 향하여Vers une architecture』다. 후자의 책은 1923년에 출판되자마자, 여러 갈래로 갈라져 있던 모더니스트들의 입장을 대변하는 가장 중요한 선언이란 평판을 얻으며 르 코르뷔지에를 단박에 모던 건축의 선구자로 올려놓았다.

이러한 전후 분위기에 대한 미스의 입장은 적어도 겉으로 드러난 점으로 볼 때 거의 변화가 없었다. 브룬 가족은 독일 상류층 친구들이 많았고, 그들 중에는 미스에게 돈을 듬뿍 주고 집을 지어 달라고 요청할 사람들도 많았다. 상류층들이 원하는 스타일은 밋밋한 입방체의 모더니즘 스타일이라기보다는 박공지붕의 전통적인 스타일이었다. 하지만 미스는 이러한 보수적인 건축주만 상대하다가는 결국 막다른 길에 이를 것이라는 사실을 잘 알고 있었고, 새로운 경향에 촉각을 곤두세우며 자신과 가장 잘 맞는 스타일이 어떤 것일까, 생각에 생각을 거듭했다. 오랜 고민 끝에 1921년부터 그 생각을 실천에 옮기기 시작했다.

미스는 이즈음부터 모든 면에서 변하기 시작했는데, 이러한 결정에 가장 결정적인 촉매 역할을 한 것은 한스 리히터Hans Richter와의 교류였다. 다재다능한 예술가인 리히터는 1919년에 베를린으로 오기 전까지 취리히에서 다다 그룹의 일원으로 활동했고, 예술을 통한 혁명을 이루는 것을 목적으로 하는 급진적인 그룹인 11월 그룹Novembergruppe의 일원이기도 했으며, 데 스테일과 구성주의와도 가까운 관계를 유지했다. 1920년 말에 데 스테일의 열렬한 전도자인 테오 판 두스부르흐Theo van Doesburg가 베를린에 도착했고, 그 뒤로 1년이 못 되어 유명한 구

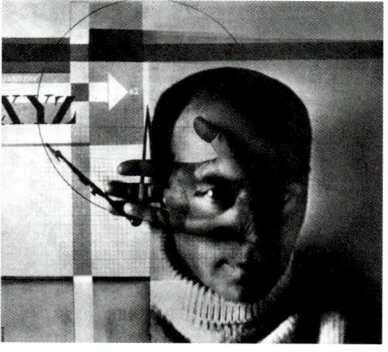

▲ (왼쪽)미스에게 모더니즘 예술가들을 소개해 준 한스 리히터.
(중간)러시아 구성주의 대표 주자인 엘 리시츠키.
(오른쪽)네덜란드 데 스테일의 대표 주자인 테오 판 두스부르흐.

성주의자인 엘 리시츠키 El Lissitzky도 베를린에 도착했다. 유럽 예술계의 두 선구자들이 독일 수도로 몰려온 것이다. 미스는 리히터를 통하여 판 두스부르흐와 리시츠키를 만나게 된다. 그 당시에 리히터의 작업실은 국제적인 예술가와 시인들, 비평가들의 모임과 포럼 장소가 되었다.

판 두스부르흐와 리시츠키, 리히터, 그리고 미스는 그 뒤 2, 3년간 자주 만났다. 미스는 판 두스부르흐와 리시츠키 등이 건축에서 역사적 선례를 모방하는 태도를 없애려는 노력을 계속 이어 가는 것에 대단히 감명받았다. 미스는 새로운 예술에서 근본적인 형태에 도달하기 위해서는 사물의 본질을 가리고 있는 피상적인 것들을 걷어 내는 과정이 대단히 중요하다고 생각했다. 그리고 그는 데 스테일과 구성주의에서 추구하는 형태의 단순함과 순수함을 사랑했다. 그러나 다른 모더니즘 예술가들과는 달리 예술이 세상을 바꿀 수 있다는 생각을 믿지 않았다. 이러한 면에서 그는 판 두스부르흐같이 예술지상주의자도 아니었고, 그렇다고 리시츠키같이 이데올로기에 치우치지도 않았다. 미스는 철저히 미학적인 입장에서 모더니즘에 접근했고, 그 외의 정치적, 사회적인 것에는 전혀 관심을 두지 않았다.

1921년에 미스의 삶은 여러모로 커다란 변화를 맞는다. 그해에 아다는 아이들과 포츠담 근처에 있는 교외의 아파트로 이사를 갔다. 미스와 그녀는 이혼하지는 않았지만 그 뒤로 다시는 함께 살지 않았다. 미스는 원래부터 자기중심적인 사람이었고 그에게 가족은 거추장스러운 존재였다. 종종 딸들을 보러 포츠담으로 찾아갔으나 그 횟수마저 점차 줄어들었다. 미스는 다시 일을 시작했고, 가족들을 마음속에서 몰아냈다. 그는 베를린 아파트를 아틀리에로 바꾸었다. 거실을 작업실로 바꾸고 화장실에 침대를 들여놓았다.(19세기의 베를린 아파트는 화장실이 거의 침실만 한 크기였고 수도는 다른 방에 놓여 있었다.) 그 후로 몇 년간은 실제 프로젝트 대신에 공모전에 매진하는데, 이때 작업한 작품들을 통해 미스는 독일 아방가르드 건축가의 선구자로 올라서게 된다.

3장_ 1920년대에 작업한 5개의 미완성 프로젝트

프리드리히 거리의 빌딩

미스는 제1차 세계대전 이후에 모든 노력을 건축 공모전에 쏟았다. 미스는 1921년부터 1924년까지 3년의 시간 동안 예전의 스타일을 완전히 버리고 모던 스타일로 돌아섰고, 수차례의 공모전을 통해 20세기 건축의 주요 인물로 자리 매김하기 시작했다. 1927년에 미스의 작품집이 최초로 출판되었을 때, 크뢸러 뮐러 빌라와 몇몇 작품을 제외한 1921년 이전의 프로젝트들은 대부분 제외되었다. 1921년 이전과 이후의 미스는 완전히 다른 건축가였다. 이 시기에 발표된 5개의 작품들은 비록 실제로 지어지지는 않았지만 향후에 미스의 작업이 나아갈 방향을 정확히 보여 준다는 점에서 그 의의가 있다.

1912년에 『베를린 모르겐포스트 Berliner Morgenpost』지에서 시내 중심가인 프리드리히 거리의 삼각형 대지 위에 고층 빌딩을 세우기로 했던 계획은 제1차 세계 대전으로 중단되었다가, 1921년에 다시 이 건물의 공모전이 개최되었다. 이 공모전은 그때까지 건물의 높이가 22미터로 엄격하게 제한되어 있던 베를린의 건축 법규를 무시한 채 전체 높이를 80미터까지로 정했고, 1층은 상점들과 주차장과 카페와 영화관을 포함하고 있으며, 주변을 고려하여 기단부의 높이를 8미터(2층 높이) 이하로 제한하는 등 설계의 제약과 조건이 구체적으로 명시되어 있었다. 145개가 넘는 작품들이 출품되었는데, 미스와 그의 친구였던 후고 헤링 Hugo Häring을 제외한 대부분의 안들이 기단부와 타워로 이루어졌다. 미스의 작품은 심사위원들로부터 철저히 외면당했는데 그 이유는 미스가 설계 설명서에 나와 있는 거의 모든 규정을 어겼기 때문이다. 그는 모든 층의 평면이 같다고 생각했기 때문에 지상층 평면도 하나만을 제출했고, 내부에서 각각의 다른 프로그램들을 위한 공간 구분을 없앴으며, 기단부 없이 1층부터 옥상까지 수직으로 올라가는 타워를 디자인했다. 평면도에서 보이는 3군데의 깊은 홈으로 건물의 출입이 이루어지고, 그 사이로 건물 깊은 곳까지 빛이 들어올 수 있었다. 미스는 나중에 자신의 설계안에 대해 다음과 같이 설명했다.

> 내 디자인에서 삼각형의 대지에 어울리는 프리즘prism 형태는 이 건물에 옳은 해법을 제시한다. 나는 각각의 입면이 서로를 살짝 향하게 하여 커다란 유리를 사용한 건물이 가지는 무미건조함을 피하려고 했다. 유리 모형을 통해 나는 유리를 사용한다는 것의 가장 큰 의미가 빛과 그림자의 효과가 아니라, 빛의 반사에 따른 풍부한 상호작용에 있음을 깨달았다.

이렇게 명백히 공모전의 규정을 어긴 작품을 제출한 이유는, 당시의 경제 상황으로 볼 때 1등을 하더라도 건물이 실제로 지어질 가능성은 거의 없었기 때문이 아닐까 싶다.(실제로 지어지지 않았다.) 즉 미스는 이 공모전의 참가를 실제로 짓기 위한 건물 디자인의 제안이라기보다는 하나의 선언으로 생각한 듯하다.

이 시기부터 미스는 빌딩에서 형태적으로 가장 필요한 요소들만 남긴 채, 설계의 중점을 기능의 보편적 적용 가능성universality에 두었다. 투시도에서 보이는 건물의 유리 입면에서는 절벽과 같이 가파르고 각이 지며 뾰족한 평면의 복잡함이 그대로 나타나는데, 이는 각종 장식으로 뒤덮였던 그전의 고층 빌딩들에서는 전례가 없을 정도로 파격적이다. 미스는 이 안을 좀 더 발전시켜 두 번째 안인 글래스 타워Glass Tower를 만들게 되는데, 이번에는 대지도 그리지 않고 둥글둥글한 평면에 로비 부분도 변경했다. 미스는 건물의 둥글둥글한 외곽 형태가 유리 모형을 통한 많은 실험 끝에 나온 형태라는 점을 강조하면서, 곡선이 건물 내부의 조도照度, 도시 환경 안에서 건물 덩어리의 효과, 빛의 반사 등을 세심히

▲ 1921년에 프리드리히 거리의 빌딩Hochhaus Friedrichstraße 공모전에 출품되었던 여러 건축가들의 작품.

◀ 프리드리히 거리의 빌딩 공모전 때 미스가 제출했던 계획안. 다른 건축가들의 안은 대부분 미리 주어진 설계 조건에 따라 기단부와 타워로 이루어졌지만, 미스의 안은 기단부 없이 타워만으로 구성되어 있다. 사진 제공: VIEW

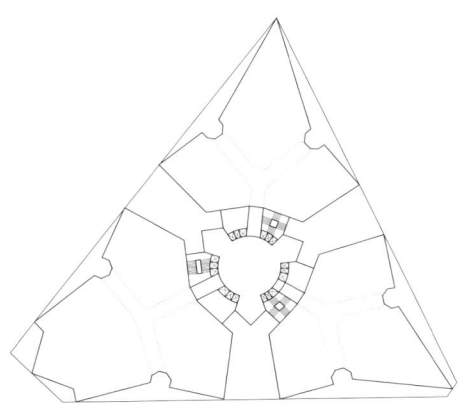

▲ 프리드리히 거리의 빌딩 공모전에 출품된 미스의 작품 모형(왼쪽)과 평면도(오른쪽). 베를린의 바우하우스 아카이브에 소장되어 있다.

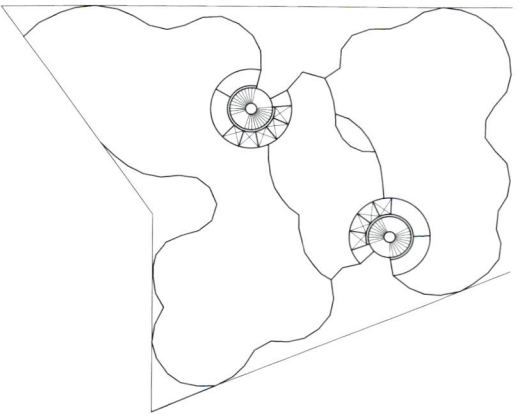

◀▲ 글래스 타워의 모형(왼쪽, 사진 제공: Art Resource)과 평면도(오른쪽). 프리드리히 거리의 빌딩 공모전에 냈던 작품을 더욱 발전시킨 안이다. 미스의 말에 따르면 유리 모형을 통한 많은 실험 끝에 이처럼 둥근 형태에 귀착했다고 한다.

고려한 결과로 탄생했다고 말했다.

루트비히 미스 반 데어 로에라는 이름을 쓰다

미스는 다시 활발히 설계를 하기 시작한 뒤로 사회생활의 반경도 넓혀 나갔다. 그는 베를린의 다다 모임 안에서 친교를 확대했고, 11월 그룹에 가입한 뒤에 나중에 건축 부분 담당자로 지명되었다. 이러한 분위기 속에서 미스는 새로운 이름을 갖는 것이 좋겠다고 생각했다. 정확히 언제부터 그가 자신을 '루트비히 미스 반 데어 로에'라고 부르기 시작했는지는 불분명하지만, 프리드리히 거리의 빌딩 공모전에 참가한 해인 1921년경에 새로운 이름을 갖기로 결심했던 것 같다.(샤를 잔느레Charles Jeanneret가 르 코르뷔지에란 가명을 갖기로 결정한 것이 바로 그 전해였다.) '루트비히 미스 반 데어 로에'란 이름을 공식적이거나 법적으로 확정하지는 않았지만, 이 이름이 처음 등장한 것은 1922년 5월에 프리드리히 거리를 소개한 『디 바우벨트』란 잡지다. 미스는 아버지의 성과 어머니의 처녀 때 성을 '반 데어van der'라는 전치사로 연결했다. 이제 사람들은 그를 '미스 반 데어 로에'라고 불렀고, 친한 사이라면 그냥 '미스'라고 불렀다.

콘크리트 오피스 빌딩, 기능에 충실한 건물을 만들다

1923년 7월, 미스는 바우하우스에서 열렸던 판 두스부르흐의 강의에 참여했던 리히터, 리시츠키, 베르너 그레프Werner Graeff와 함께, 『G』라는 잡지를 창간한다. 이 잡지는 3년 전에 발간된 『에스프리 누보』와 마찬가지로, 발전된 산업 기술을 소개하고 이러한 기술을 적극적으로 사용한 건축을 소개했다. 미스는 이 잡지에서 콘크리트 오피스 빌딩Concrete Office Building 디자인을 처음으로 선보였다. 이것은 1921~1924년에 설계한 5개의 계획안 중에서 가장 기능에 충실한 작품이었다. 현재 남아 있는 드로잉은 목탄으로 그린 3미터짜리 대형 투시도뿐이지만, 그 구조나 형태가 확연히 드러날 만큼 자세히 그려졌다. 이 작품은 커다랗고 평평한 지붕에 철근 콘크리트로 이루어진 사무실 건물로, 8층 높이에 기다란 형태다. 기둥에서 밖으로 뻗어 나온 바닥 면들은 가장자리에서 위로 꺾여 올라가서 외부에서 연속적인 벽을 형성한다. 이 외부의 벽은 캐비닛을 배치할 수 있을 만큼 높아서, 내부 공간을 훨씬 자유롭게 사용할 수 있게 해 준다. 키 높이보다 높은 띠창은 채광만을 위한 것이란 점에서 건물 전체가 유리로 뒤덮였던 글래스 타워와 대조를 이룬다. 또한 입면의 띠창을 콘크리트 벽 뒤로 물러나게 함으로써 3차원적인 리듬감을 부여하여, 모더니즘 건축이 흔히 주는 종잇장같이 평평하고 단조로운 느낌을 피했다.

콘크리트 오피스 빌딩의 디자인은 미스가 1920년대 초반부터 공간과 기능을 분리하여 생각하기 시작했음을 보여 주는데, 이는 나중에 미스가 미국으로 이민하고 나서 자신의 건축에서 중심 주제로 삼은 '무한정 공간'이라는 가장 중요한 개념과 통한다. 미스는 건물의 기능과 공간의 상관관계에 대해 동료 건축가들과 논쟁할 때면, 다음과 같이 말하고는 했다. "당신의 공간을 충분히 크게 만드세요. 사람들이 그 주변을 자유롭게 돌아다닐 수 있도록 말입니다. 아니면 당신은 정말로 그 공간이 어떻게 사용될지 확신하나요? 사람들이 그 공간을 우리가 원하는 대로 사용할지, 우린 알 수 없어요. 기능이란 건 그렇게 확실하지도 않고 오래 지속되지도 않는다고요. 그것들은 빌딩보다 더 빨리 변할 거예요."

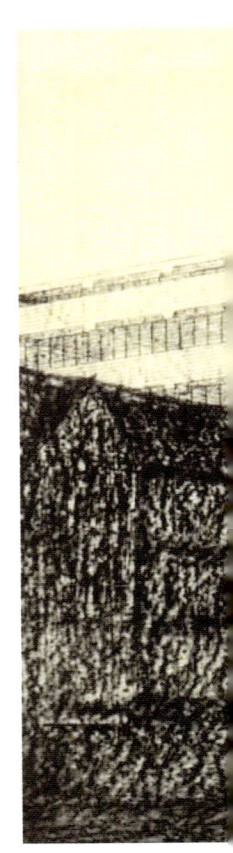

콘크리트 컨트리 하우스, 자유로운 공간을 창조하다

콘크리트 컨트리 하우스Concrete Country House는 미스가 이전까지 설계했던 주택과는 그 형태나 공간의 전개 방식이 완전히 달랐다. 미스가 이 작품을 출품했던 1923년 베를린 예술전시회에서 엘 리시츠키는 '프룬 스페이스Proun Space'라고 불리는 설치 미술을 전시했다. 미스와 리시츠키의 작품은 건축과 조각이란 매체의 분명한 차이에도 불구하고, 여러 가지 중요한 형태적·방법적 유사성들을 가지고 있었다. 둘 다 기하학 요소들의 역동성에 기반을 두고 있었고, '정적인 공간' 대신에 끊임없이 '움직이는 공간'을 찾았다.

미스의 건물은 3개의 바람개비 모양의 덩어리들이 비대칭적으로 퍼져 나간다. 리시츠키의 작품은 관람자들이 그 안에서 움직이면서 돌아봐야만 전체를 이해할 수 있었다. 피카소와 브라크의 입체주의가 예술에서 원근법이 가진 위

▲ 콘크리트 오피스 빌딩의 계획안.
   사진 제공: Art Resource

▶ 르 코르뷔지에의 대표작인 빌라 사부아 Villa Savoye. 미스의 콘크리트 오피스 빌딩 계획안과 비교해 보면 입면이 훨씬 단조롭고 평평함을 느낄 수 있다.

◀ (위)미스가 설계한 콘크리트 컨트리 하우스의 모형.
(아래)미스가 설계한 콘크리트 컨트리 하우스의 평면도. 바람개비 형태의 세 공간들이 비대칭적으로 퍼져 나간다.

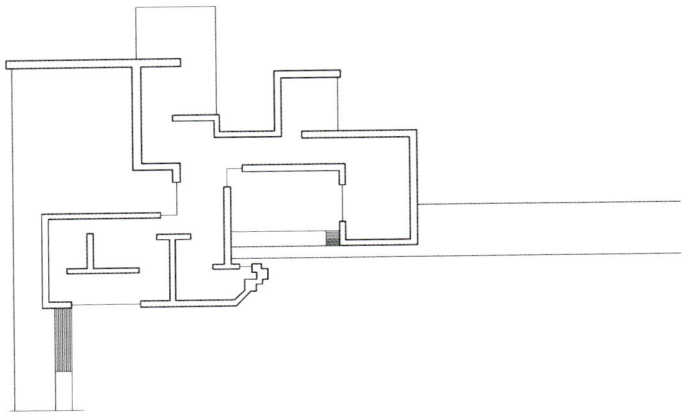

▼ (왼쪽)엘 리시츠키가 만든 프룬 스페이스.
(오른쪽)프랭크 로이드 라이트의 홈 앤드 스튜디오의 평면도. 입구와 거실, 서재의 연결이 물 흐르듯이 이어지는 것이 특징이다. 미스는 전시회에서 이 평면도를 보고 나서 이를 더욱 발전시켜 콘크리트 컨트리 하우스를 만든 것 같다.

 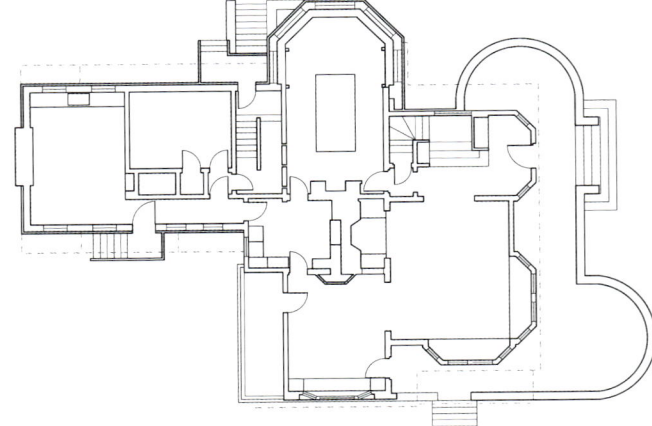

상을 무너뜨렸다면, 리시츠키와 미스의 작업은 거기서 더 나아가 위계적 질서가 없는 자유로운 공간의 아이디어를 발전시켰다. 특히 바람개비 형태의 콘크리트 컨트리 하우스를 보면, 미스가 프랭크 로이드 라이트의 프레리 하우스들에서 많은 영향을 받았다는 사실을 알 수 있다. 미스의 이러한 평면은 사각형의 입방체 안에 모든 기능을 담았던 그 당시의 유럽 모더니즘 건축가인 르 코르뷔지에나 그로피우스와는 전혀 달랐다.

브릭 컨트리 하우스, 역동적인 공간을 만들다

5개의 프로젝트들 중 마지막인 브릭 컨트리 하우스 Brick Country House는 1920년대 초에 미스가 가졌던, 공간에 대한 가장 중요한 아이디어를 잘 보여 준다. 재료는 벽돌로 계획되었는데, 벽돌은 모더니스트들이 그다지 좋아하지 않았지만 미스는 라이트의 로비 하우스와 베를라허의 암스테르담 증권거래소에서 감탄한 재료였다. 이제 미스는 전통적인 재료를 사용하여 모던한 디자인을 수행할 수 있다고 생각할 만큼 자신감을 얻었다.

브릭 컨트리 하우스의 평면은 데 스테일의 그림과 닮았다. 오히려 건축적이라기보다는 그림으로서 더 멋지게 보인다. 특히 판 두스부르흐의 〈러시아 춤의 리듬 Rhythm of a Russian Dance〉이라는 1918년 작품과 많이 닮았다. 미스는 일찍이 1910년에 방과 방 사이의 경계를 허물어서 공간에 역동성을 주었던 라이트의 아이디어를 에른스트 바스무트에서 출판한 작품집을 통해 공부했다. 그리고 콘크리트 컨트리 하우스에서는 그 영향을 보여 줄 뿐이었지만, 브릭 컨트리 하우스에서는 이 생각을 좀 더 밀고 나갔다. 닫혀 있는 방 같은 느낌을 전혀 주지 않는 독립적인 벽들을 세움으로써 공간 사이의 움직임을 강조하여 내부를 하나의 역동적인 공간으로 만들었고, 더 나아가 외부의 자연과 연결되도록 했다. 여기서는 더 이상 '사는 공간'과 '부속 공간'의 구분이 없고, 오직 움직이는 공간만 있을 뿐이다. 사실 당시의 기술력으로 볼 때 평면도에서 보이는 이러한 구성이 실제로 가능했는지는 의문이지만, 미스는 이 아이디어를 더욱 발전시켜 나중에 바르셀로나 파빌리온에서 자신이 생각했던 공간의 위대함을 증명해 보인다.

▲ 테오 판 두스부르흐, 〈러시아 춤의 리듬〉, 1918년, 캔버스에 유채, 135.9×61.6cm, 뉴욕 모마. 사진 제공: Art Resource

▲ 브릭 컨트리 하우스의 평면도.

▼ 브릭 컨트리 하우스의 투시도.

로자 룩셈부르크 기념비

1924년에 도스안Dawes Plan이 발효되고 전후 배상금을 삭감받은 독일 경제가 점차 살아나자, 건축 경기도 다시 활기를 띠기 시작했다. 심각한 주택 부족 현상은 정부의 후원과 맞물려 새로운 건축의 이상이 실현될 수 있는 기회를 만들어 주었다. 이러한 사회적 분위기에 편승하여 모더니스트들이 전면에 나서자 그에 반대하는 보수적인 인사들 또한 전통적인 독일 건축을 옹호하고 나섰다. 이제 완전히 모더니스트의 입장으로 돌아선 미스는 모더니즘의 가장 열정적인 대변인이 되었다. 그는 독일공작연맹에 가입하고 1924년에는 부위원장이 되었다. 또한 그는 강연을 하고 전시회에 참가하고 각종 공모전의 심사위원으로 참여했다. 이를 통해 자신이 전후에 작업한 글래스 타워, 콘크리트 오피스 빌딩, 콘크리트 컨트리 하우스, 브릭 컨트리 하우스를 알리는 데 노력했다.

이즈음에 베를린의 유명 인사이자 역사가인 에드바르트 푹스Edward Fuchs는 펄스 하우스를 구입했고 이 집의 증축을 생각하고 있었다. 푹스는 상류층 인사이면서 독일 공산당의 고위직이었다. 그때까지 정치적인 것에 무관심했던 미스는 '새로운 러시아의 친구협회Gesellschaft der Freunde des neuen Rußlands'라는 공산당 단체에 가입했고, 1911년에 자신이 설계했던 펄스 하우스의 증축 설계를 맡으면서 푹스와 친분을 쌓았다. 당시에 푹스는 당으로부터 1919년에 일어난 스파르타쿠스단 봉기의 희생자들을 위한 기념비 건립을 추진할 것을 요청받았고, 한 저녁식사 자리에서 미스에게 이 계획안을 보여 주었다. 수년 전에 제안된 기념비는 로댕이 만든 조각상을 도리아식 기둥이 둘러싼 신고전주의 양식의 기념비였다. 미스는 웃음을 터뜨리며 "이건 은행가에게나 어울릴 기념비예요."라고 말했다. 이에 기분이 상한 푹스는 다음날 미스에게 전화를 걸어 그의 디자인을 보고 싶다고 했다. 미스는 푹스에게 말했다. "나는 전혀 생각해 본 적이 없는데요. 하지만 대부분의 사람들이 벽 앞에서 총살당했으므로 나라면 벽돌 벽으로 짓겠어요." 며칠 뒤에 미스는 푹스에게 스케치를 보여 주었다.

이 스케치는 나중에 베를린의 프리드리히스펠데Friedrichsfelde 묘지에 로자 룩셈부르크 기념비Denkmal für Rosa Luxemburg로 세워졌다. 이 기념비는 여러 개의 길쭉한 벽돌 입방체들이 겹친 형태로 이루어진 높이 6미터에 길이 12미터, 깊이 4미터의 거대한 건축물이었다. 비록 10년의 차이가 있지만 입방체들이 겹친 형태들은 프랭크 로이드 라이트의 낙수장과 비슷하게 보이기도 한다. 벽돌은 부서진 건물의 잔해에서 수거한 것을 썼는데, 이는 비용을 절약해 주기도 했지만 처형당한 사람들 등 뒤에 있던 벽을 떠올리게 하기도 했다. 미스는 지름 2미터의 스테인리스 스틸로 된 별을 만들기 위해 여러 난관을 거쳤다. 무엇보다도 대장장이들이 공산주의자들을 위한 상징을 만드는 것을 거절했다. 그러자 미스는 5개의 똑같은 마름모 모양의 판을 주문했고, 나중에 현장에서 그 판들을 하나로 모아 별 모양이 되도록 조립하는 기지를 발휘했다. 1926년 6월 13일, 로자 룩셈부르크의 생일에 맞춰 제막식을 가질 때 유명한 예술사가였던 후고 펄스가 "우리 시대에 가장 빛나는 작품"이라 불렀던 이 기념비는 1935년 나치에 의해 파괴되었다.

비슷한 시기에 미스는 건설회사인 프리무스 사Primus Company에서 의뢰를 받아 최초의 공동주거Public Housing 프로젝트를 완성했다. 1925년부터 1927년까지 베를린 교외 지역인 베딩Wedding의 아프리카 거리Afrikanische Straße를 따라 지어진 4개의 주거단지는 단순한 벽면에 규격화된 창문으로 이루어진 밋밋한 외관이 전부다. 전면 도로에서 보이는 것이라고는 창과 출입구를 위해 군데군데를 뚫어 놓은 노란색 벽 외에는 아무런 장식이나 디테일이 없는 무뚝뚝한 모습이다. 주로 노동자 계층이 거주하던 지역에 지어진 집합 주택의 특성상 다양한 건축적인 아이디어를 실현하기는 어려웠을 것이다. 하지만 오히려 적당한 크기의 출입구와 창문 등은 인간미를 느끼게 하며, 노란색의 단순한 벽면은 서민층이 대다수를 차지하는 이 지역과 썩 잘 어울린다.

놀라운 사실은 90년 가까이 지난 이 집합 주택에 아직도 사람들이 살고 있으며, 스타일이 약간 오래된 듯 보이기는 했지만 건물 상태가 꽤 말끔하다는 점이었다. 개인 주택의 경우에는 대체로 돈 많은 건축주를 위한 건축이기 때문에 보존 상태가 양호한 편이고 작품적 가치도 높기 때문에 공공 기관이나 각종 단체에서 적극적으로 나서서 건물의 보존을 위해 노력하지만, 이와 같은 저소득층

◀ 로자 룩셈부르크 Rosa Luxemburg(1871~1919). 독일에서 태어난 폴란드 태생의 마르크스주의 이론가이자 급진적 사회주의자로서, 20세기 초반에 동유럽에서 일어난 주요 사회주의 운동의 중심 인물이었다. 1919년에 일어난 스파르타쿠스단 봉기를 주도한 혐의로 동료들과 함께 총살당했다.

▼ 1926년에 미스에 의해 세워지고 1935년에 나치에 의해 파괴된 로자 룩셈부르크 기념비.

◀ 아프리카 거리에 지어진 집합 주택의 주 출입구.

▼ 아프리카 거리에 지어진 집합 주택.

을 위한 공동주거는 대체로 관리가 부실하여 금방 낙후되는 경우가 많다. 사실 미스의 디자인이라는 사실 말고는 작품적 가치가 그다지 뛰어나다고 할 수 없는 이 아프리카 거리의 주거단지의 현재 상태는 정말 신선하게 다가왔다. 아마 그 뒤에 독일 정부의 노력이 있지 않았을까 하는 추측을 해 볼 뿐이다. 어쨌거나 이 공동주거 프로젝트를 통해 쌓은 노하우는 몇 년 뒤에 슈투트가르트에 지은 바이센호프 주택단지에서 활짝 꽃피게 된다.

4장_ 바이센호프 주택단지, 미래의 주거를 짓다

모더니즘이 꿈꾼 새로운 주거

독일공작연맹의 후원으로 1927년에 완성된 바이센호프 주택단지 Weißenhofsiedlung (바이센호프지들룽)는 제1차 세계대전 이후에 주택의 부족을 해소함과 동시에 미래의 주거 방향을 제시하기 위한 제안으로, 1920년대의 미스에게 가장 중요한 업적이다. 그가 세계적인 건축가들을 바이센호프로 불러 모아 슈투트가르트를 내려다보는 언덕 위에 지은 이 주거단지는 최초로 모던 건축이 한꺼번에 소개된 전시회로서, 커다란 반향을 일으켰다. 그때까지 미스가 줄기차게 주장해 오던 디자인 원리들이 전체적인 마스터 플랜 master plan과 아파트 빌딩 및 부속 전시회를 위한 글래스 룸 glass room의 디자인을 통해 실현되었다. 이 바이센호프 주택단지 전시회를 통해 모더니즘의 선구자라는 미스의 명성은 국제적인 수준으로 높아지게 되지만, 사실 그는 바이센호프 주택단지 프로젝트를 사회적 관점에서 보다는 예술적·미학적인 관점에서 접근했다.

바이센호프 주택단지는 새로운 건설 기술의 실험을 장려했고 다양한 주거 방식을 제공했다. 슈투트가르트 지방 관청에서 마련한 원래의 마스터 플랜은 마당을 중심으로 집들을 배치한 '정원 도시 Garden City'라는 아이디어였지만, 미스는 배치를 완전히 뒤집어서 각각의 집들이 거리에 맞닿아 일렬로 평행하게 늘어서게 배치했다. 미스는 이 배치를 "건축가들의 자유로운 작업을 방해하는 그 어떤 것도 배제하기 위한 것"이라고 했다. 참가하는 건축가들은 디자인에서 마음껏 자유를 누렸지만, 평평한 지붕을 쓸 것과 바깥 벽면을 하얗게 칠할 것을 요구받았다. 이 조건들은 나중에 모더니즘의 가장 큰 특징으로 자리 잡게 되었다.

미스는 이 공동주거 프로젝트를 진행하면서 전통주의자들뿐 아니라 동료들에게서도 공격을 받았다. 미스가 가장 순수한 형태로 보았던 평평한 입방체는 전통주의자들의 눈에는 독일 전통 건축을 상징하는 박공지붕을 부정하는 것으로 보였다. 하얀 입방체들이 길게 늘어선 주거단지가 슈투트가르트라기보다는 예루살렘의 교외와 더 닮아 보인다는 등의 비난이 '딜레탕티슴dilettantisme', '로맨티시즘romanticism'이라는 단어들과 함께 쏟아졌다. 동료 모더니스트들로부터는 1, 2, 3층짜리 블록을 뒤섞는 공동주거의 배치가 자연스럽지 않고 기능적으로

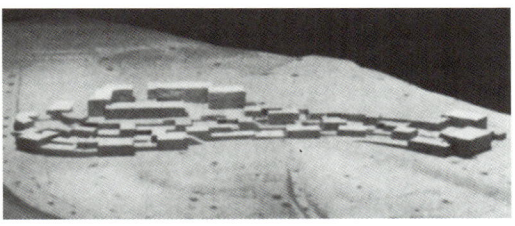

▲ 하얀 입방체들로 이루어진 바이센호프 주택단지의 모형.
◀ 바이센호프 주택단지의 겉모습을 예루살렘에 빗대어 비난한 신문 기사의 사진.
▼ 바이센호프 주택단지의 모형.

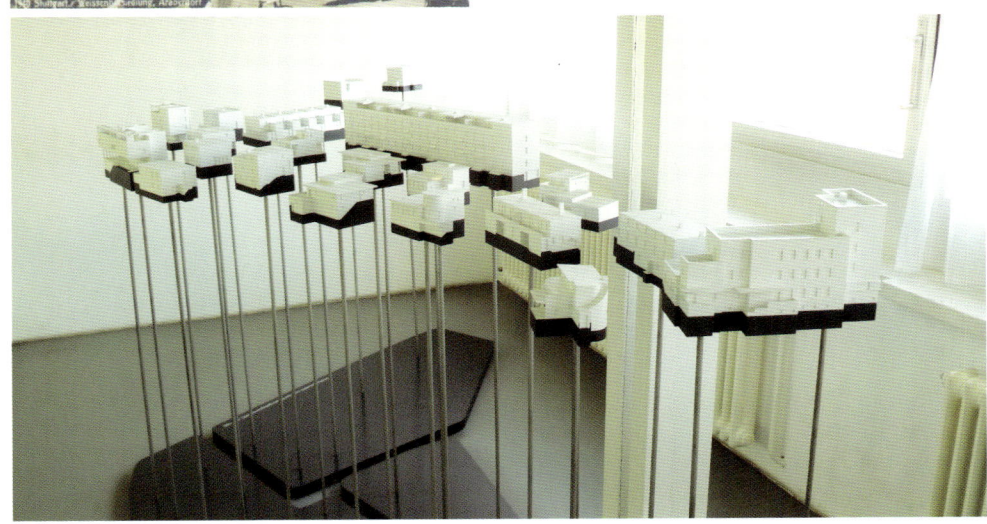

38 NOMINIERUNGEN

▲ 1927년 바이센호프 주택단지 전시회에 참가한 건축가들.

▶ 미스와 르 코르뷔지에가 바이센호프의 현장을 돌아보며 담소를 나누고 있다.

도 별로라는 비난을 받았다.

　수많은 비난과 반발 속에서 전시회는 원래 예정보다 1년이나 늦은 1927년 7월 23일에 일반에 공개되었다. 정치인, 전시회 실무진과 동료들의 지연뿐 아니라 적들과 끊임없는 싸움은 미스의 질질 끄는 성향과 더불어 전시 준비 기간을 무한정 늘어지게 했기에, 전시회가 그때 열린 것만으로도 다행이었다. 미스는 전시회 카탈로그에 들어갈 한 문장짜리 인사말을 쓰는 데 며칠이나 걸렸고, 전시회가 9개월밖에 남지 않았던 1926년 10월 5일까지도 르 코르뷔지에에게 참가해 달라는 초청장조차 보내지 않았다. 최종적으로 38명의 건축가가 참가했는데, 그중에 미스, 그로피우스, 한스 샤로운, 페터 베렌스, 루트비히 힐버자이머 Ludwig Hilberseimer, 브루노 타우트 Bruno Taut, J. J. P. 오우트 Jacobus Johannes Pieter Oud, 마르트 스탐 Mart Stam, 르 코르뷔지에 등이 눈에 띈다.

바이센호프 주택단지에 대해서는 여태껏 논쟁이 끊이지 않지만, 이 전시회가 미친 영향에 대해서는 반론의 여지가 없다. 특히 이 전시회의 가장 큰 수혜자는 르 코르뷔지에라고 할 수 있다. 그의 건물이 가장 큰 주목을 받으면서 그는 이 전시회를 통해 단숨에 모던 건축의 선구자로 올라서게 된다.

바이센호프 주택단지에 들어서면 르 코르뷔지에가 지은 2개의 건물이 가장 처음 눈에 들어오는데, 그중 '두 가족을 위한 주택'은 현재 바이센호프 주택단지 박물관이자 안내 센터로 사용되고 있다. 이 안내 센터는 곁에서는 하나의 건물로 보이지만, 내부는 2개의 주거로 나뉘어 있다. 왼쪽 주거는 안내 센터 겸 전시실로서 모형과 당시 사진 자료들을 전시하고 있는데, 이곳은 여러 차례 보수공사를 거치면서 원래의 모습을 찾아보기 어렵다. 반면에 오른쪽 주거는 원본 도면과 사진 자료 등을 통해 르 코르뷔지에가 설계한 원래의 주거 모습에 최대한 가깝게 복원했다고 한다. 주 공간은 하나로 이루어져 있는데, 이곳의 부엌, 아이 방, 거실 및 침실은 벽체 없이 가구들을 통해 영역 구분이 되어 있다.(침대는 낮에는 벽 속으로 접혀서 공간을 넓게 쓸 수 있었다.) 흥미로운 점은 그다지 큰 공간이 아님에도 계단실 뒤쪽으로 아침 먹는 공간이 따로 있고, 하녀 방이 1층에 있다는 점이었다. 이를 통해 가사를 돌보는 하녀와 우아하게 아침을 먹는 공간이 필수였던 1920년대 부르주아의 삶을 엿볼 수 있다.

내가 바이센호프 주택단지를 찾았을 때는 단지 안의 모든 건물에 실제로 사람들이 살고 있었다. 게다가 새 건물들도 1930년대 모던 건축의 스타일을 따라 지어졌기에, 전시 카탈로그가 따로 없었다면 어떤 건물이 새로 지어진 것이고 어떤 건물이 복원된 것인지 거의 구별할 수 없었다.(전체 단지 안에 있는 건물 중에서 원래의 디자인대로 복원된 것은 11채밖에 안 되고 나머지는 비슷한 스타일을 흉내 내어 지어졌다.) 르 코르뷔지에의 건물을 돌아보고 나오면 단지 안으로 들

◀ (위)르 코르뷔지에가 설계한 건물로 현재는 바이센호프 주택단지 박물관으로 쓰이고 있다.
(아래)르 코르뷔지에의 건물 옥상에서 바라본 바이센호프 주택단지 전경. 이 건물은 2개의 주택으로 나뉘어 있는데, 옥상을 통해 원래대로 복원된 주거 부분으로 갈 수 있다.

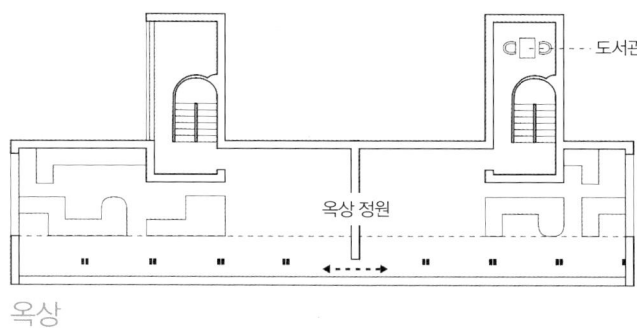

▶ 르 코르뷔지에의 건물 평면도. 왼쪽 주거는 안내 센터(1층)와 전시실(2층)로 쓰이며, 오른쪽 주거는 르 코르뷔지에가 설계한 당시의 주거 모습이 복원되어 있다. 왼쪽 주거의 1층 입구로 들어가서 2층 전시실을 돌아보고 옥상에 가면 오른쪽 주거로 넘어갈 수 있다. 오른쪽 주거를 2층에서 1층까지 관람한 뒤에 계단실 옆으로 나오면 바이센호프 주택단지 안으로 들어가게 된다.

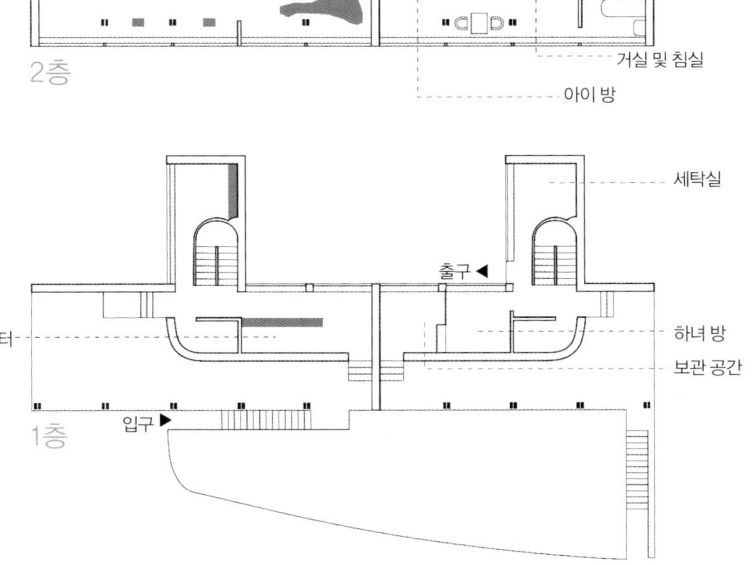

▲ 바이센호프 주택단지 전시회의 일환으로 미스가 디자인한 인테리어 프로젝트인 글래스 룸 모형. 2년 뒤에 지어진 바르셀로나 파빌리온의 표본이라 할 수 있다. 현재 1/33 규모의 모형이 전시되어 있다.

◀ 바이센호프 주택단지 박물관 바로 옆에 있는 건물. 역시 르 코르뷔지에가 설계했고, 현재 사람이 살고 있다.

어서게 되는데, 21채의 건물들은 깨끗하고 눈부신 하얀 입방체형 입면과 평평한 지붕들, 그리고 배의 난간같이 보이는 발코니들 때문에 전체적으로 통일되어 보였다. 단지 안을 걸으면 널찍한 초록 잔디밭에 새하얀 건물들의 입면이 펼쳐지는데, 얼핏 보면 하얀 스투코 벽에 평평한 지붕이 비슷비슷하게 이어지는 것 같지만, 자세히 보면 그 나름대로의 개성을 가지고 있다.

어쨌든 이 전시회의 가장 큰 의의는 그때까지 여러 갈래로 나뉘어 있던 모던 건축의 이론들이 여기서 하나의 양식으로 정리된 것이라 할 수 있겠다. 이것은 전쟁 이후에 모더니즘이 꿈꾸어 오던 새로운 세계에 가장 가까운 것이었다. 1927년 전시회가 열렸을 때 50만 명이 넘는 사람들이 이곳을 찾았고 새로운 주거 문화에 대한 커다란 관심을 불러일으키게 되었다.

미스의 건물은 널찍한 잔디밭을 앞에 둔, 전체 단지에서 가장 좋은 위치에 있으며 그 규모 또한 가장 큰데, 일단 구조의 기술적 면에서 주목할 만하다. 얼핏 보면 그가 바로 전에 완성한 아프리카 거리의 집합 주택과 비슷하게 보이지만 개구부가 훨씬 큼직한데, 이것이 가능했던 이유는 철골 구조를 사용했기 때문이다. 철골 구조를 사용함으로써 넓은 면적의 창을 뚫을 수 있게 되었고, 내부 구조를 벽 없이 만들 수 있게 되었다. 따라서 방의 크기와 배치도 거주자가 원하는 대로 이동식 칸막이에 의해 변형할 수 있게 되었다. 미스는 이 프로젝트를 통해 장차 화장실과 부엌만이 고정될 것이고 나머지 공간은 칸막이에 의해 사용자가 마음대로 구획할 수 있을 것이라는 확신을 갖게 된다.

이 프로젝트 역시 관심과 비난에서 벗어날 수 없었는데, 도이체 바우휘테 Deutsche Bauhütte (독일건축업자조합)에서는 이 건물의 무미건조한 입면을 보고 '볼셰비키의 막사'라고 혹평했다. 어쨌든 미스는 이 프로젝트를 통해 프리드리히 거리의 빌딩부터 제안해 왔던 '열리고 유동적인 공간'이란 개념을 주거에 처음으로 적용하여 실현했다.

바이센호프 주택단지 전시회가 열릴 때 미스의 나이는 41세였다. 20년의 경력 동안에 14개의 계획안을 제안했고 그중 고작 6개를 완성했지만, 바이센호프 주택단지의 국제적 성공과 함께 그의 명성도 디자이너, 기획자, 이론가 그리고

▲ 바이센호프 주택단지에서
　한스 샤로운이 설계한 주택.

◀ 바이센호프 주택단지에서
　J. J. P. 오우트가 설계한 연립 주택.

▲ 바이센호프 주택단지에서 페터 베렌스가 설계한 집합 주택.

▶ 바이센호프 주택단지 전시회를 위해 지어진 집들은 대부분이 1~2년 사이에 급속도로 낡았고, 나치의 출현 이후에 철거되거나 제2차 세계대전 때 폐허로 변했다. 나중에 사진과 도면, 남겨진 자료들을 기반으로 21채의 건물들 중 11채가 대대적인 보수를 거쳐 복원되었다.

이 시대의 가장 뛰어난 건축가 중 한 명으로 올라섰다.

또한, 미스는 이 전시회에서 릴리 라이히Lilly Reich를 만나게 된다. 그녀는 1885년에 태어난 베를린 출신의 텍스타일과 여성복 디자이너로서, 1915년에 독일공작연맹 패션쇼를 총괄할 정도로 명성을 얻고 있었다. 미스보다 한 살 연상이었던 라이히는 그의 삶에서 독특한 위치를 차지한다. 그녀는 그가 사적인 동시에 직업적 관계를 맺었던 유일한 여자였다. 그녀는 1925년부터 미스가 미국으로 이주하기 전인 1938년까지 미스와 매우 가깝게 지냈고, 1939년에는 시카고에 있던 미스를 방문하기도 했다. 그녀는 미스가 베를린을 떠난 뒤에도 그가 남긴 사무실의 업무를 자신이 죽기 전인 1947년까지 대신해서 처리했다. 미스와 라이히는 바이센호프 주택단지 프로젝트를 할 때 같은 아파트에서 살았는데, 그녀는 그가 아다와 헤어진 뒤에 자신의 딸들을 제외하고는 같은 지붕 아래서 산 유일한 여자였다. 미스만큼 재능이 뛰어났던 그녀는 자존심과 콧대가 매우 센 여자였지만, 미스의 권위에는 전적으로 복종했다. 커다란 콘셉트는 미스의 몫으로 남겨 두고, 자신은 디테일을 좀 더 가다듬거나 그의 개인 생활을 돌보는 것에 만족했다. 나중에 그녀의 사랑이 커져 갈수록 미스는 그녀를 부담스러워해서 미국으로 이주한 뒤에는 자연스럽게 그녀와 헤어지게 된다.

참, 슈투트가르트에서 만난 반가운 건축 하나 더. 슈투트가르트에 가면 우리의 건축가 이은영이 설계한 슈투트가르트 시립도서관을 만나 볼 수 있다. 이 도서관은 여러 매체를 통해 이미 많이 소개되었기에 여기서 다시 설명하지 않겠지만, 내가 다녀 본 도서관 중 최고의 도서관이 아닐까 생각한다. 기회가 된다면 꼭 방문해 볼 것을 강력하게 추천한다.

▲ 미스가 설계한 집합 주택.
◀ 미스가 설계한 집합 주택의 입구.

▼ (왼쪽)베를린 근교에서 휴가를 즐기고 있는 미스와 릴리 라이히. 사진 제공: Art Resource
(오른쪽)미스가 사적·공적으로 오랫동안 관계를 맺었던 릴리 라이히.

▲ 바르셀로나 파빌리온.

5장_ 미스 최고의 작품, 바르셀로나 파빌리온

바르셀로나 파빌리온

바르셀로나 파빌리온 Barcelona Pavilion 은 미스가 유럽에 남긴 명작이자, 개인적인 생각으로는 미스의 작품 중에서 가장 뛰어난 건물이다. 바르셀로나 파빌리온이 현대 건축에 끼친 영향력은 너무도 대단해서 어떤 사람은 "파르테논 신전, 판테온 등과 비교될 수 있는 몇 개 안 되는 현대 건축 중 하나"라고 말할 정도로 이 건물은 그 가치를 인정받고 있다. 이것은 어떤 특정한 목적이나 기능 없이 지어진 파빌리온이었기에, 미스는 자신이 가진 공간에 대한 생각을 마음껏 펼칠 수 있었고 이를 계기로 그의 독일 시절의 건축은 절정기를 맞이하게 된다.

미스는 1920년대까지 실제로 지은 건물이 별로 없었지만 독일 정부에서 바르셀로나 세계박람회 독일관의 디자인과 전시회 감독을 그에게 맡길 만큼 유명해졌다. 1928년 7월에 파빌리온 일을 의뢰받은 미스는 재빠르게 작업을 진행했다. 파빌리온이라는 것이 특별한 기능이 없는 건물이어서 제약이 거의 없었고 그에게 주어진 예산은 나름대로 풍족했다. 따라서 미스에게는 최대한 자유롭게 자신의 생각을 실현시킬 수 있었던 흔치 않은 기회였다.

가까이 다가가면서 보게 되는 파빌리온은 기단부와 지붕 사이에 자유롭게 서 있는 벽들을 제외한다면, 널찍하고 평평한 하얀색 지붕 때문에 어떤 신성한 성전을 마주한 듯한 느낌을 준다. 그러나 전통적인 건물은 마주 보고 서면 대체로 대칭인 형태를 한눈에 파악할 수 있지만, 바르셀로나 파빌리온은 건물을 몸으로 직접 돌아보고 나서야 비로소 파악할 수 있기에 그 성격은 완전히 다르다고 할 수 있다. 건물을 마주 보고 서면 오른쪽에 계단이 있고, 이 계단을 걸어 올라갈수록 깔끔하게 깔린 석회석 바닥과 주변 풍경을 비추는 풀장이 조금씩 시야에 들어온다. 이 널따란 공간은 풀장 끝에 있는 높은 벽에서 끝나기 때문에 계단을 올라갈수록 시선이 오른쪽으로 쏠리는데, 거기에 있는 투명한 유리를 통해 지붕 아래의 내부 공간을 들여다볼 수 있다.

건물 안으로 들어가면 눈앞에 펼쳐진 내부 공간에서는 자유롭게 서 있는 벽과 대조를 이루는 규칙성을 발견할 수 있다. 안으로 이어지는 육중한 벽 앞에는 4줄로 길게 정렬된 얇은 X자 모양의 크롬 기둥 8개가 같은 간격으로 서 있다. 이 기둥들이 지붕을 떠받치고 있기에 벽들은 구조체의 임무에서 해방되었다. 미스는 이 건물에서 처음으로 건물의 지지 기능과 공간 구획 기능을 분리했다. 더군다나 크롬으로 만든 기둥들은 주변 풍경을 반사하기에 훨씬 가볍게 보인다. 사실 내부에 벽이 많이 있으므로 지붕을 지지하기 위해 기둥이 따로 필요하지는 않았겠지만, 만약 기둥들이 없었더라면 기둥과 대비되는 벽들이 만들어내는 공간의 느낌이나 역동성이 훨씬 약해졌을 듯싶다. 이렇듯 기둥을 사용한 미스의 의도는 구조적인 목적을 위한 것이라기보다는 질서 있는 구조를 표현하려는 의도가 더 강했다. 바르셀로나 파빌리온은 프랭크 로이드 라이트도 무척 좋아했던 건물이지만, 그가 미스의 의도를 완전히 이해한 것은 아닌 듯하다. 라이트는 나중에 이 건물에 대해 이렇게 말했다.

"언젠가 미스를 설득하여 공간에 방해만 되는 저 조그만 기둥들을 없애 버리도록 합시다."

이 기둥들을 지나 지붕 아래의 공간으로 계속 걸어 들어가면, 오닉스 도레 Onyx Dore라는 아름답고 진귀한 대리석으로 만들어진 커다란 벽이 있는 공간에 들어서게 된다. 높이 3미터에 길이 5.4미터인 이 벽은 미스가 함부르크에서 직접 구입한 것으로, 전체 예산의 1/5을 잡아먹을 정도로 큰 비중을 차지했다. 나중에 미스는 바르셀로나 파빌리온을 설계할 당시에 뭔가 특별한 것을 원했지만 시간이 너무나도 부족했기에, 이 거대한 대리석을 발견하자마자 즉시 사용하기

▲ (위)바르셀로나 파빌리온의 전경.
(아래)바르셀로나 파빌리온의 입구로 들어가서 계단을 올라서면 보이는 널찍한 풀장. 잔잔하게 주변을 반사하는 정적인 공간으로, 바로 뒤의 파빌리온 내부와 뚜렷하게 대비된다.

▲ 바르셀로나 파빌리온의 내부에 자유롭게 서 있는 벽과 규칙적으로 배열된 X자 모양의 크롬 기둥. 이 기둥들이 지붕을 떠받치고 있기 때문에 벽들은 구조체의 임무에서 해방되었다. 왼쪽에 있는 알록달록한 벽이 오닉스 도레로 만든 벽이다.

◀ 바르셀로나 파빌리온의 풀장에 있는 조각상인 게오르크 콜베의 〈새벽〉.

로 결정하고 가공할 시간조차 없어 내부 공간의 모든 높이를 이 대리석의 치수에 따라 결정했다고 고백했다. 오닉스 도레 벽의 왼쪽으로는 우윳빛 유리 벽이 있고, 오닉스 도레 벽의 앞에는 금속 틀에 흰 쿠션으로 된 라운지 의자가 나란히 있다.

주위를 둘러보면 내부를 둘러싼 모든 재료들은 값비싸고 호화스러웠다. 자유롭게 흐르는 공간에서 느껴지는 감동과 함께, 빛나는 대리석과 유리, 붉은색 커튼에서 반사되는 풍부한 색깔과 재료의 질감들이 시각적·촉각적 쾌감을 주었다. 이러한 반사들은 방문객의 움직임에 따라 이미 보았거나 앞으로 다가올 것을 암시하며 끊임없이 변했다. 의자 뒤에 있는 유리 벽을 돌아 밖으로 나가면 두 번째 풀장에 닿을 수 있었다. 이 풀장에 놓여 있는 조각상은 게오르크 콜베 Georg Kolbe의 〈새벽 Der Morgen〉이라는 작품으로 마치 물의 가장자리에서 솟아오른 것처럼 보였다. 풀장을 감싼 거대한 대리석 벽은 북쪽 끝에 위치하며, 들어올 때 보았던 남쪽 끝의 벽과 균형을 맞추고 있었다. 여기서 동선은 서쪽 벽을 따라 원래 오던 방향으로 이어지는데, 방문객은 오닉스 도레 벽 뒤쪽의 내부 공간으로 다시 들어가거나, 계속 나아가서 포디움의 서쪽에 맞닿아 있는 작은 정원

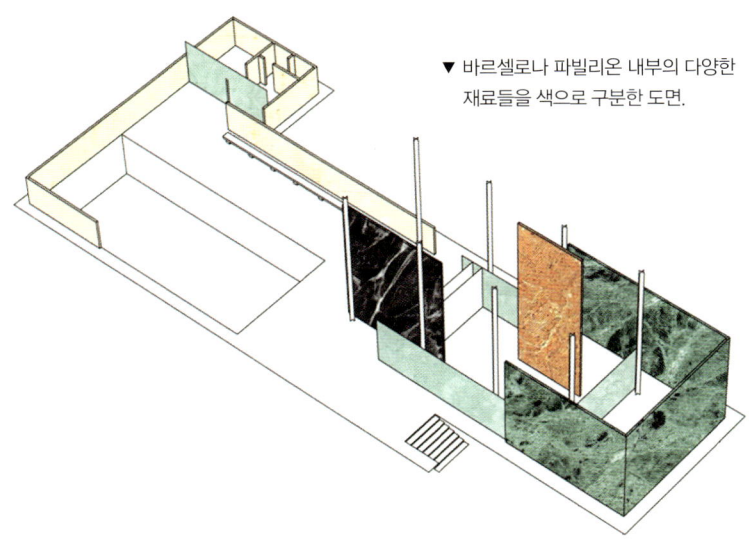

▼ 바르셀로나 파빌리온 내부의 다양한 재료들을 색으로 구분한 도면.

현재의 바르셀로나 파빌리온은 1986년에 남아 있던 사진과 기록들을 바탕으로 복원된 것이다. 왼쪽에 보이는 오닉스 도레 벽은 원래는 하나의 커다란 대리석으로 이루어져 있었지만 같은 크기의 대리석을 구할 수 없어 8조각의 돌을 최대한 원래의 것과 비슷하게 이어 붙여 사용했다.

사이의 테라스 공간으로 갈 수 있다. 모든 공간은 자연스럽게 연결되어 있기에 방문객은 같은 공간을 앞뒤로 여러 번 지나가게 되는데, 그때마다 다른 공간에 있는 듯한 느낌을 받는다.

이처럼 움직임은 바르셀로나 파빌리온에서 형태와 공간을 이루는 중요한 콘셉트다. 미스는 브릭 컨트리 하우스에서 탐구했던 내부 공간과 외부 공간의 역동적인 흐름이란 주제를 여기서 완성했고, 실제 건물로 지었다. 그가 프랭크 로이드 라이트의 프레리 하우스와 테오 판 두스부르흐의 〈러시아 춤의 리듬〉에서 가져온 아이디어들은 여기서 하나를 이루며 위대한 작품을 탄생시켰다.

바르셀로나 의자

많은 사람들이 바르셀로나 파빌리온을 본 적은 없더라도 바르셀로나 의자 Barcelona-Sessel는 한 번쯤 본 기억이 있을 것이다. 파빌리온은 전시회가 끝나자 곧장 해체되었지만, 의자는 나중에 다시 생산되었고 오늘날에도 대량으로 생산되고 있다. 처음에 만들어진 두 의자는 바르셀로나 세계박람회의 개회식에서 에스파냐의 왕과 왕비를 위한 것이었다. 두 개의 엇갈린 곡선의 금속 틀 위에 놓인 두 개의 널찍한 가죽 쿠션은 안락함과 우아함을 제공한다. 실제로 이 의자는 의자라기보다는 소파에 가깝고, 널찍한 쿠션 위에서 여러 자세를 취하며 책을 읽거나 잠을 잘 수도 있다. 바르셀로나 파빌리온이 현대 건축에서 최고 유명세를 누린 만큼이나, 바르셀로나 의자 역시 귀족적이고 우아한 선들과 절제된 사치스러움으로 20세기 가구 디자인에서 독보적인 위치를 차지했다. 미스는 이 의자를 시작으로 수많은 명작 가구들을 만들어 낸다.

여기서 가구 디자인과 건축가의 관계를 잠깐 살펴보자. 건축가가 스스로를 사람들의 사는 방식을 결정하는 신과 같은 존재라고 생각하던 시절이 있었다. 라이트는 집주인이 입을 잠옷까지도 직접 디자인하기도 했는데, 이 정도까지는 아니어도 많은 유명한 건축가들이 자신이 설계한 집에 들어갈 가구를 직접 디자인했다. 가구 디자인으로 유명한 20세기 초의 건축가들로는 1910년대의 프랭크 로이드 라이트와 찰스 매킨토시 Charles Rennie Mackintosh를 들 수 있는데, 이런 경향은 1920년대 데 스테일의 게리트 리트벨트 Gerrit Rietveld를 거쳐, 1925년경에는 바우하우스의 디자이너들에 의해서 눈부신 발전을 이루게 된다.(베를린의 바우하우스 아카이브에 가면 수많은 가구 명작들을 직접 만나 볼 수 있다.)

뉴욕의 휘트니 미술관을 설계한 마르셀 브로이어 Marcel Breuer는 1925년에 자신이 데사우에서 타고 다니던 자전거의 핸들에서 영감을 얻어 '바실리 Wassily'(바우하우스에서 자신의 동료였던 바실리 칸딘스키의 이름을 땄다.)라는, 최초로 스틸 파이프로 만든 의자를 고안했다. 바실리는 의자에 전통적으로 사용되는 재료였던 육중한 나무와는 완전히 다른, 가느다란 철제 뼈대 위에 얇은 가죽을 덧대어서 의자를 현대적인 외양으로 변화시킨 획기적인 사건이었다. 게다가 그것은 당시에 첨단 기술의 아름다움을 상징하는 반짝반짝 빛나는 크롬으로 만들어졌다. 이 의자는 전통적인 무거운 의자에서 완전히 벗어나서 얇고 가벼운 파이프

▼ 미스가 디자인한 바르셀로나 의자. 20세기 가구 디자인에서 독보적인 위치를 차지했다.

로 만들어져서 제작이 간편했고 대량생산까지 가능해서, 그때까지 장인이 수공예로 하나씩 만들던 가구 디자인의 혁명이라 불릴 만했다.

1926년에 슈투트가르트에 초대된 건축가 중 한 명이었던 마르트 스탐Mart Stam이 '바실리'를 더욱 간소화하여 최초의 현대적 캔틸레버 의자로 알려진 가스 파이프 의자를 선보였다. 그는 이 의자를 좀 더 발전시켜 바이센호프 주택단지에 있는 자기가 설계한 집 안에서 전시했고, 미스 또한 자신의 의자를 아파트에서 전시했다. 스탐의 의자와 미스의 의자는 상당히 비슷하지만, 미스의 의자가 더 탄력이 있고(이 의자는 미스에게 1927년 특허를 안겨 준다.) 형태도 훨씬 부드럽고 고급스럽다. 'MR 의자MR Chair'라 불리는 미스의 의자는 형태의 단순성과 독창성에서 많은 찬사를 받았다. 가죽과 금속 틀의 대비, 직선과 곡선 형태의 비례 및 조화가 눈에 띈다. 초기 버전은 앉아 있던 사람이 일어날 때 앞으로 튕겨지는 단점이 있었지만, 나중에 손잡이 부분을 추가하여 이를 보완했다.(실제로 빌라 투겐타트에 전시된 두 의자에 앉아 보았는데, MR 의자는 튀어 나갈 정도까지는 아니었지만 탄력이 상당히 좋았고, 개량된 MR 의자는 안정감이 뛰어났다.)

바르셀로나 세계박람회의 마지막 날은 엄청난 인파가 몰렸던 개막식과 비교하면 우울했다. 파빌리온을 계속 보존하자는 이야기가 오갔지만, 전시회가 끝난 1930년 1월에 파빌리온은 즉시 해체되어 철골 프레임은 고철로 팔렸고, 오닉스 도래 벽과 크롬 기둥같이 재활용이 가능한 것들은 독일로 돌려보내졌다. 이는 1929년 10월에 불어닥친 세계 대공황의 영향이 크다. 사실 진작에 나빠지고 있던 독일의 경제 상황은 바르셀로나의 박람회에 제대로 참가할 수 있을지조차 의심스러울 정도였고, 사치스러운 파빌리온에 대한 예산 삭감마저 초래했다. 그러나 이러한 상황들은 전시회가 개막하자 달라졌다. 독일관에 대한 세계적인 찬사가 쏟아지고 이에 고무된 정치가들 사이에서는 10월까지도 파빌리온을 있는 그대로 살려야 한다는 의견이 우세했지만, 결국 그 건물은 완전히 해체되어 흔적도 없이 사라졌다. 다행히도 몇몇 에스파냐 건축가들이 모여서 남아 있던 도면과 사진들을 바탕으로 1983년부터 3년간에 걸쳐 세심히 복원을 했고, 이 덕분에 우리는 이 건물을 실제로 걸어 다니며 공간을 느낄 수 있게 되었다.

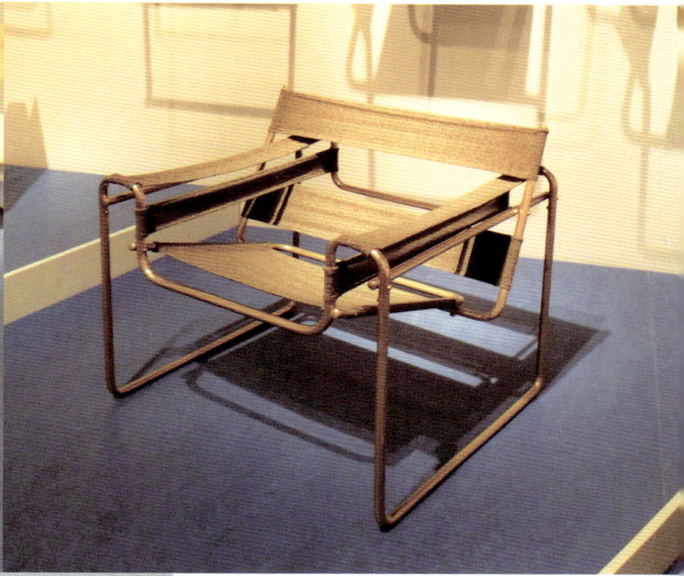

▲ 바우하우스 아카이브에 전시되어 있는 미스의 MR 의자(위)와 손잡이 부분이 개량된 MR 의자(아래).

▲ 바우하우스 아카이브에 전시되어 있는 마르셀 브로이어의 바실리 의자(위)와 이를 더욱 간소화시킨 마르트 스탐의 가스 파이프 의자(아래).

▲ 바르셀로나 파빌리온에서 사용한 방식들을
많이 반영한 빌라 투겐타트.

현대 건축과 가구 디자인의 만남, 빌라 투겐타트

빌라 투겐타트Villa Tugendhat는 바르셀로나 파빌리온이 지어지던 도중인 1928~1929년에 설계되었고, 그 때문인지 오닉스 도례 벽이라든지 십자형의 크롬 기둥, 커다란 유리창 등의 디자인을 바르셀로나 파빌리온에서 그대로 가져왔다. 이 건물은 공간에 대한 미스의 아이디어가 실제 주거로 완성되었다는 점에서 의의가 있다.

미스의 건축주였던 푹스는 체코의 부유한 젊은 커플인 프리츠Fritz Tugendhat와 그레테 투겐타트Grete Tugendhat와 가깝게 지냈는데, 결혼 전부터 푹스의 집에 종종 초대받았던 그들은 그 집을 인상 깊게 보았고 그 집의 건축가가 바이센호프 주택단지를 감독한 미스라는 사실에 더욱 마음이 끌렸다. 신부의 아버지는 그녀에게 결혼 선물로 브르노Brno에 집을 지어 주겠다고 약속했고, 자연스럽게 미스가 그 집의 건축가로 발탁되었다. 이들 부부는 미스의 아이디어를 최대한 존중했고, 집을 짓는 데 들어가는 비용을 아끼지 않았다. 집의 전체 면적이 1,211제곱미터이고 거실만 233제곱미터에 이를 정도로 큰데,(과연 한 가족만을 위한 집인지 의심스러울 정도였다.) 겉에서 보이는 화려함도 대단하지만 이 집을 둘러보면 널찍한 1층의 기계실과 창고, 부엌 등 부속 공간의 엄청난 크기 및 냉난방 조절과 유리창을 자동으로 움직이게 하는 각종 첨단 시설에 더욱 놀라게 된다.

1928년 9월에 미스는 브르노로 가서 건물이 들어설 부지를 둘러보았고, 언덕 위의 급경사에 위치한 부지에서 도시를 바라보는 전망과 계곡 너머의 오래된 성에서 영감을 받았다. 그 때문인지 몰라도 밑에서 이 건물을 올려다보면 언덕 위에 자리 잡은 하얀 성처럼 보이기도 한다. 미스는 베를린으로 돌아와 바르셀로나 파빌리온을 마무리하는 와중에 즉시 이 일에 착수했고, 그해가 끝나 갈 즈음에 건축주와 첫 만남을 가졌다. 투겐타트 부인은 이 일을 이렇게 회상했다.

> 미스는 우리에게 자신의 계획안이 준비되었다고 말했어요. 12월 31일 오후에 우리는 벅찬 가슴을 안고 그와 만났죠. 그날 저녁에 우리는 신년 전야 파티에 갈 예정이었지만 취소했어요. 우리 셋은 새벽 1시까지 얘기를 나누었죠. 계획안에서 우리의 관심을 가장 끌었던 것은 둥그런 벽을 포함

한 커다란 공간이었어요. 우리는 평면도에서 대략 5미터 간격으로 떨어져 그려진 조그만 십자 표시들을 보며 미스에게 물어보았죠. 미스는 대답했어요. "그것들은 건물을 떠받치는 기둥들입니다."

미스는 바르셀로나 파빌리온에서 사용했던 구조 방식을 여기서도 똑같이 사용했는데, 이는 철골 구조를 개인 주택에 사용한 최초의 사례였다. 벽들은 공간을 나누는 용도로만 사용되었다.

미스는 집의 침실 영역을 언덕 위쪽의 길거리와 면하도록 했고 그 아래층에 거실과 식당을 놓았다. 이 집은 언덕 위에 있기 때문에, 길거리에서 보면 단층이지만 길 반대편의 정원 쪽에서 보면 3층이다.(이 집은 총 3층으로, 3층은 침실,

▼ 빌라 투겐타트는 겉에서 보이는 화려함도 대단하지만, 기계실, 창고, 부엌 등이 있는 1층 부속 공간의 엄청난 크기, 그리고 냉난방 조절 및 유리창을 자동으로 움직이게 하는 각종 첨단 시설이 더욱 놀랍다.(위 왼쪽부터 시계 방향으로 창고, 부엌, 유리창을 내리기 위한 전동 기계실, 냉난방 장치)

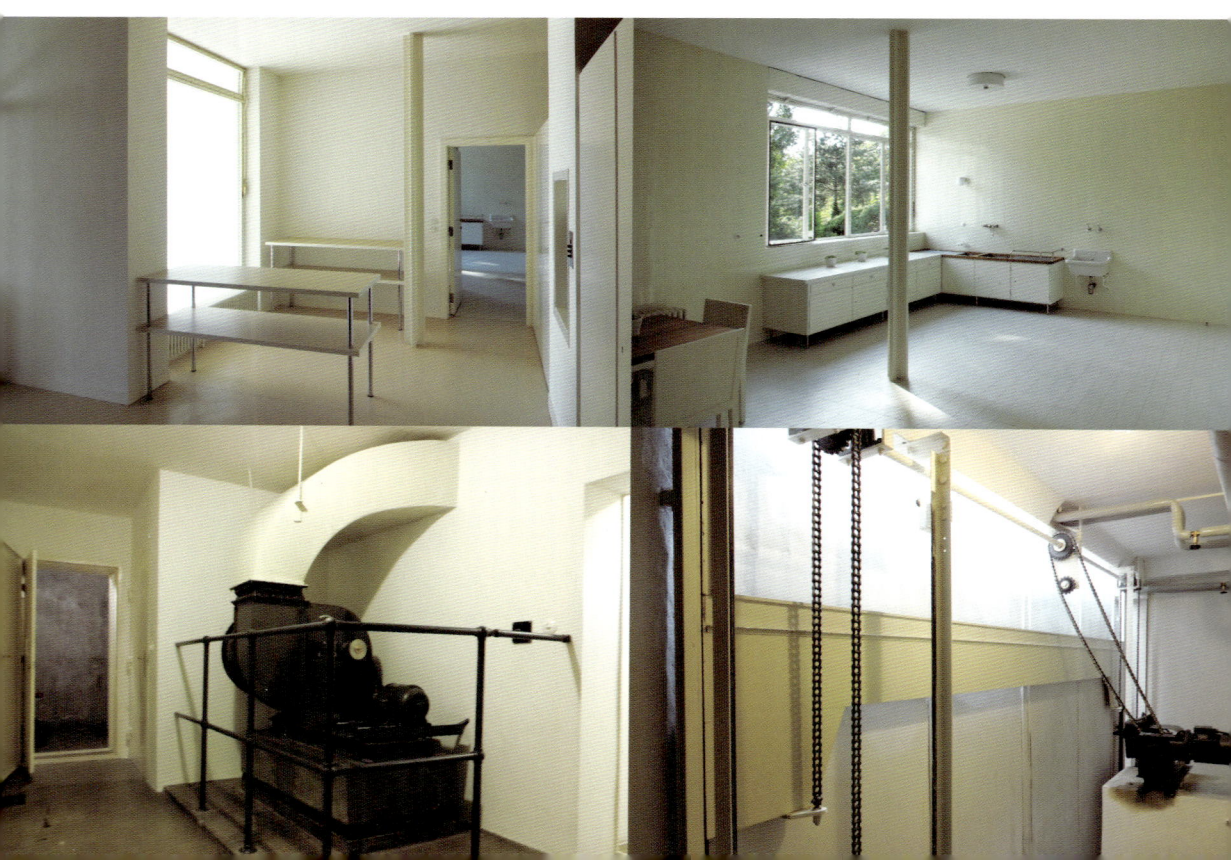

2층은 거실 및 식당, 1층은 각종 기계실과 창고 등이 있다.) 거리에 면한 3층의 남서쪽으로는 아이들의 방과 부부 침실 등의 주거 부분을, 북동쪽으로는 부속 부분을 배치했다.(부속 부분에는 차고와 함께 운전기사와 가정부를 위한 거주 시설이 있는데, 현재 이 공간은 방문객을 위한 사무실로 사용되고 있다.) 이 두 영역은 중간에 지붕으로 연결되어 남서쪽 도시를 향한 전망을 제공하는 틀 역할을 한다.

문을 열고 들어서면 5개의 커다란 나무 패널로 된 벽면이 보이는데, 이 패널 중 하나는 침실 영역으로 들어가는 문이다. 이처럼 대부분의 개구부들이 천장 높이까지 뚫려 있기 때문에 문을 닫으면 마치 벽의 일부처럼 보인다.

둥그스름하고 불투명한 유리 벽이 감싸고 있는 나선형 계단을 따라가면 아래쪽의 거실로 내려갈 수 있다. 2층의 커다란 거실 공간은 빌라 투겐타트의 핵심이며, 모로코산 오닉스 도레, 이탈리아산 대리석과 동남아시아산 원목으로 화려하게 장식된 실내와 그 너머로 보이는 자연이 백미다. 식당 공간은 어두운 바탕에 갈색 줄무늬가 있는 둥근 벽으로 분리되어 있다. 이 공간에서는 둥그런 벽체가 테이블과 의자를 부드럽게 감싸며 앞에 펼쳐진 자연에 더욱 집중할 수 있도록 해 준다.(이 둥그런 벽은 1940년경에 해체되어 브르노의 다른 건물에서 사용되다가 다행히 그 상태가 양호하여 2011년에 복원하면서 다시 가져올 수 있었다.) 둥그런 벽 뒤의 거실에서는 바르셀로나 파빌리온의 판박이인 밝게 빛나는 오닉스 도레 벽이 서재 공간과 거실 공간을 분리하고 있다. 그 앞에는 미스가 빌라 투겐타트를 위해 특별히 디자인한 의자와 가구들이 놓여 있다. 서재와 그랜드 피아노가 있는 공간은 벽으로 방을 완전히 막는 대신에 커튼과 가구를 이용하여 큰 공간을 적당한 비례의 작은 공간으로 나누었지만, 바르셀로나 파빌리온과 같이 드라마틱한 유동적인 공간은 아니다. 그 까닭은 이곳은 특별한 기능이 없는 파빌리온이 아닌 실제 주거였기 때문에 외부와 내부의 구분이 좀 더 명확해야 하고, 각 방도 기능에 따라 나뉘어야 했기 때문일 것이다. 이런 제약에도 불구하고 미스는 다양하고 화려한 재료의 사용 및 적절한 가구 배치를 통해 하나의 큰 공간 안에서 서로 흐르는 듯한 다양한 공간을 만들었다. 이처럼 바르셀로나 파빌리온에 필적하는 효과를 실제 주거에서 이루었다는 점이 빌라 투겐타트의

▲ 길거리에서 바라본 빌라 투겐타트. 건물이 비탈면에 지어져서 여기서 보이는 부분이 3층이다.
▼ 다른 각도에서 본 빌라 투겐타트의 3층 전면부.

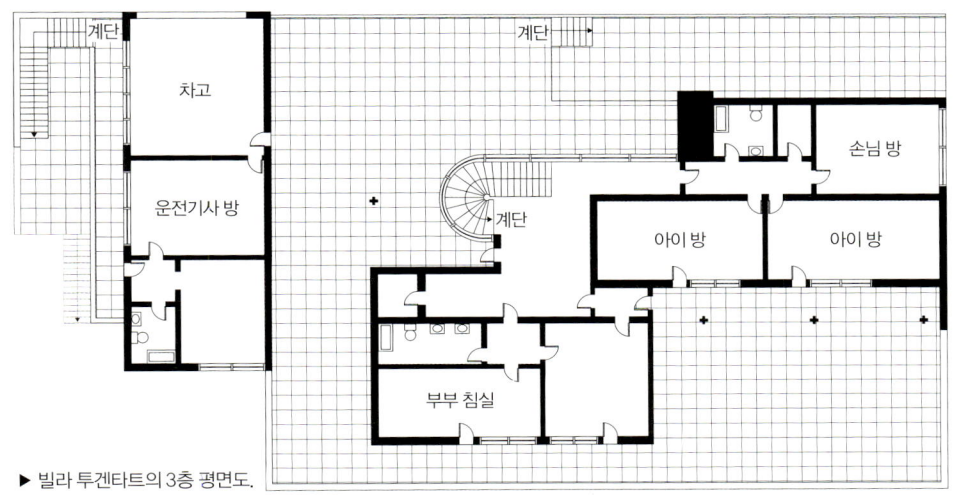

▶ 빌라 투겐타트의 3층 평면도.

▼ 빌라 투겐타트 3층에서 2층으로 이어지는 나선형 계단.

▼ 빌라 투겐타트 3층의 나무 패널 5개. 오른쪽의 패널은 침실로 가는 문이다. 미스가 이렇게 문을 크게 디자인한 이유는 가로로 보이는 선을 가능한 한 안 보이게 하여 바닥과 천장만으로 만들어진 '자유롭게 흐르는 공간'의 느낌을 배가하기 위함이었다.

▼ 빌라 투겐타트 3층의 부부 침실에 딸린 화장실에서는 환기를 위한 천창을 통해 빛이 들어오는데, 원래 크기도 하지만 빛의 효과에 의해 훨씬 널찍해 보인다.

▲ 빌라 투겐타트 2층에 있는 둥근 벽 앞의 라운드 테이블은 최대 24명에서 최소 5명까지 둘러앉을 수 있도록 3개의 크기로 조절할 수 있다.

▼ 빌라 투겐타트 2층에서 서재와 그랜드 피아노가 있는 공간. 이 공간은 벽으로 방을 완전히 막는 대신에 커튼과 가구들을 통해 적당한 비례의 작은 공간으로 나뉘어 있다.

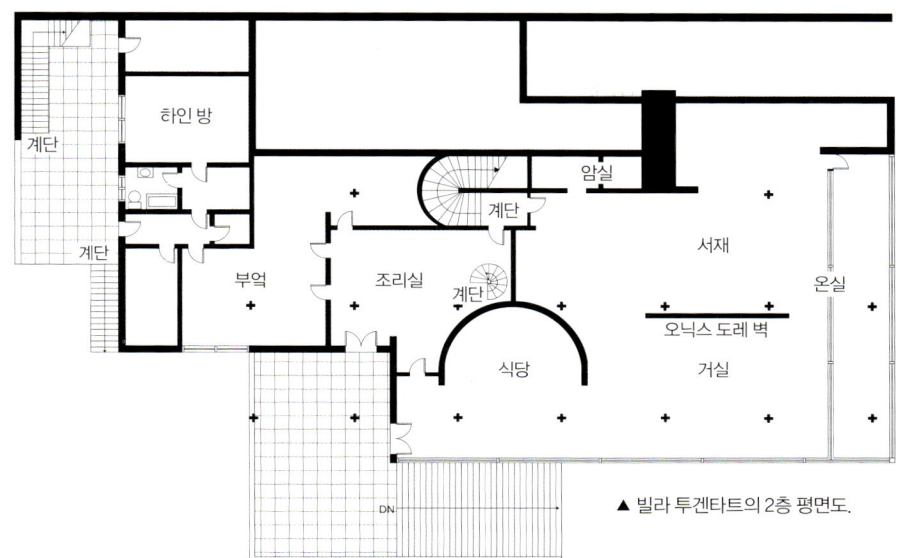

▲ 빌라 투겐타트의 2층 평면도.

▼ 빌라 투겐타트 2층 거실의 커다란 유리창은 전기 장치에 의해 바닥 아래로 내려갈 수 있어 따뜻한 날씨에는 커다란 거실 공간을 외부 테라스 공간으로 탈바꿈시킬 수 있다.

빌라 투겐타트 2층의 거실 공간.

뛰어난 점이다. 또한 빌라 투겐타트에서 기능적이면서도 흐르는 듯한 벽과 기둥 사이의 상호작용은 바르셀로나 파빌리온보다 훨씬 복잡했기에, 미스가 설계할 때 집 안의 모든 부분에 세심한 주의를 기울였다는 사실도 느낄 수 있다.

이처럼 풍부한 실내 재료 및 공간과는 달리, 남쪽과 동쪽의 유리 벽은 얇은 막 역할만 한다. 북동쪽 유리 벽은 각종 식물들로 뒤덮인 온실로 연결되어 있는데, 그레테 투겐타트는 "온실 안에서 바라보는 눈 덮인 브르노의 전경이 상당히 아름답다"고 기억했다. 정원이 내려다보이는 24미터 길이의 남쪽 면에는 5개의 대형 유리창이 자리하고 있다. 방문객은 바닥에서 천장까지 유리 한 장으로 이루어진 이 대형 창문을 통해 창틀에 방해받지 않고 밖의 자연을 감상할 수 있다. 또한 전기 장치에 의해 유리창이 바닥 아래로 내려갈 수 있기 때문에, 따뜻한 날씨에는 커다란 거실 공간을 외부 테라스 공간으로 탈바꿈시킬 수 있다.

이 집은 투겐타트 부부의 전폭적인 후원으로, 현대 건축과 가구 디자인에 대한 미스의 아이디어가 가장 많이 반영되었다. 집 안 곳곳마다 미스가 디자인한 가구들로 가득 차 있는데, 그는 이 작업을 통해 많은 가구를 새로 만들기도 했다. 특히 MR 의자와 바르셀로나 의자의 아이디어를 뒤섞어서 흥미로운 가구들을 만들었다. 캔틸레버의 원리를 사용한 탄력 있는 의자 틀에 바르셀로나 의자처럼 쿠션을 더한 투겐타트 의자를 선보였고, 테이블 옆에 놓기 위해 부드러운 곡선의 팔걸이가 달린 브르노 의자를 디자인했다. 가장 유명한 테이블인 X 커피 테이블은 4개의 다리를 십자 형태로 엇갈리게 하고, 그 위에 틀 없는 2센티미터짜리 두꺼운 유리를 올려놓은 것이었다.

이 집은 지어지자마자 논쟁의 대상이 되었다. 『디 포름 Die Form』이란 잡지에 실린 「사람이 과연 투겐타트에서 살 수 있을까? Kann man im Haus Tugendhat wohnen?」라는 글에서는 이 집을 대단히 부정적으로 비평하며, 이 건물은 "집이 아니라 진열품이고 그것의 값비싼 공간과 화려한 가구들은 안락함과 주거자의 개성을 억누른다."고 비난했다. 하지만 투겐타트 부부는 『디 포름』에 그에 대한 반론을 게재했다. 투겐타트 부인의 말은 이러했다. "나는 그 공간이 고귀하다고 느껴 본 적이 전혀 없다. 그 대신에 엄숙하고 우아한 느낌을 받았다. 그러나 억누르는

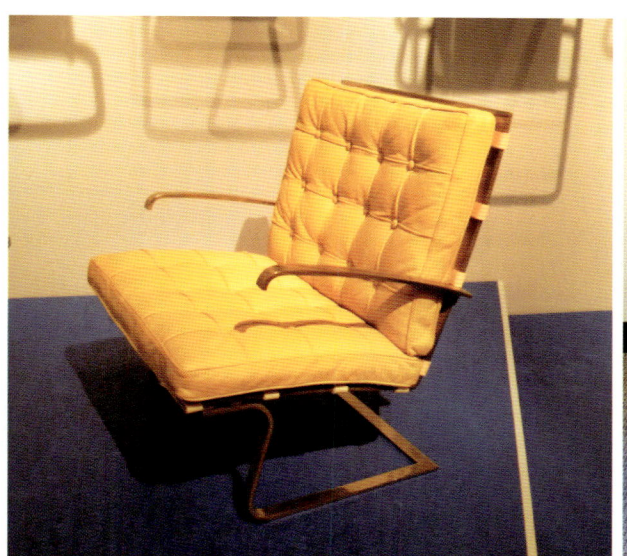

▲▶ 빌라 투겐타트에 있는 가구들. 투겐타트 의자(위), 투겐타트 의자에 팔걸이를 더한 개량형 의자(중간 왼쪽), 브르노 의자(중간 오른쪽), X 커피 테이블(아래).

◀ 빌라 투겐타트의 남쪽 유리창은 바닥에서 천장까지 한 장의 유리로 이루어져 있다.

◀ 정원에서 올려다본 빌라 투겐타트. 언덕 위에 고고하게 서 있는 하얀 박스를 원했던 미스의 의도와는 다르게 꽃과 덩굴식물로 뒤덮인 1층 부분이 세월의 흔적을 느끼게 한다.

◀ 빌라 투겐타트의 모습이 실린 우표.

느낌이라기보다는 해방시키는 방향으로 말이다." 여기에 더하여 남편 투겐타트는 이렇게 언급했다. "거실 공간에 그림 한 점도 마음대로 걸 수 없는 것은 사실입니다. 게다가 가구도 마음대로 들여놓을 수 없지요. 원래 가구들과의 전체적인 조화가 깨질까 싶어서요. 하지만 그 때문에 우리의 개인적인 삶이 억눌릴까요? 아름답고 자연스러운 대리석과 나무의 무늬는 예술품이 놓일 자리를 허락하지 않지만, 그것들 자체가 공간 안에서 예술이 되지요."

빌라 투겐타트는 미스가 유럽에서 지은 마지막 주거였다. 투겐타트 가족들은 히틀러가 체코슬로바키아를 점령하기 1년 전인 1938년에 브르노를 떠났다. 이후에 이 저택에는 나치의 지방 고위 관리가 얼마간 살았고 독일의 패망이 가까워질 무렵인 1944년에는 소련 병사들이 머물렀다. 소련 병사들은 말을 타고 정원 계단을 오르내렸고, 남아 있는 가구를 불태워서 대리석 벽 앞에서 소를 구워 먹기도 했다. 이 와중에 많은 내부 장식품이 사라졌다. 이러한 역사적 사건들을 겪으며 이 건물은 흔적을 알아보기 힘들 만큼 황폐화되었다. 전후에 대대적인 보수를 거쳐서 1945년부터 1950년까지 지방 사설 무용학원으로 쓰였고, 그 뒤로는 1960년대 말까지 척추장애아를 위한 시설로 사용되었는데, 1960년대부터 빌라 투겐타트를 되살리기 위한 논의가 싹트기 시작했다.

1967년, 29년 만에 빌라 투겐타트를 다시 찾은 그레테 투겐타트는 예전의 모습을 전혀 찾아볼 수 없을 만큼 변한 집을 보고 깜짝 놀랐다. 이후에도 빌라 투겐타트를 다시 복원하자는 움직임은 계속되었지만 지지부진하다가, 1980년에 집의 소유권이 브르노 시로 넘어가면서 1981년부터 1985년까지 4년에 걸친 복원이 시작되었다. 하지만 건물을 원래 상태로 되돌리기 위한 진정한 복원에 관심이 있기보다는 그 집을 관광 자원으로 쓰려는 목적을 가졌던 브르노 시의 무지와 무관심으로 제대로 된 고증이 이루어지지 않았다. 예를 들면 남쪽 경사면을 향한 입면에 들어갈 커다란 유리를 구할 수 없자 2장의 유리를 투명 실리콘으로 이어서 붙였고, 그 옆에 남아 있던 유리창을 깨고 이와 맞추었다. 그러나 다행히도 2010년부터 2012년까지 철저한 고증에 기초한 대대적인 보수 공사가 이루어져 현재는 원래의 모습을 되찾은 건물이 관광객을 맞이하고 있다.

6장_ 베를린 시절의 미스

미스의 진정한 후원자, 필립 존슨

1930년에 미스가 작업한 유일한 프로젝트의 건축주는 당시 24세이던 미국인 필립 존슨Philip Johnson이었다. 존슨은 나중에 미스를 미국에 소개하고 미스가 미국에서 활동하도록 많은 도움을 주었는데, 이들의 관계는 근본적으로 존슨이 미스에 대해 가진 거의 맹목적인 존경심에서 비롯되었기에 30년 동안이나 유지될 수 있었다. 미스가 만약 미국으로 건너오지 못하고 나치 치하의 베를린에 남아 있었더라면, 그의 건축가로서의 생명은 제2차 세계대전의 참화 속에 사라져 버렸을 것이다.

필립 존슨은 '국제 양식International Style'이란 말을 처음 고안한 사람으로서, 미스와 르 코르뷔지에가 미국을 방문하도록 주선했고, 존 버기John Burgee와 동업 관계를 맺어 1967년부터 1987년까지 20년 동안 수많은 대형 건물들을 설계했다. 존슨은 미국 건축사에서 독특한 위치를 차지하는 특이한 경력의 소유자다. 1906년에 오하이오의 클리블랜드Cleveland에서 태어난 그는 36세 이전까지 비평가, 작가, 역사가, 미술관 디렉터로 활약하다가, 1942년에 모마의 건축 부문 디렉터를 그만두면서 뒤늦게 하버드 대학교에서 건축을 공부하고,(그전에는 하버드 대학교에서 예술을 공부했다.) 그 뒤로 50년이 넘는 기간 동안에 미국 건축의 중심에서 왕성하게 활동했다.

1979년에 건축계의 노벨 상이라 불리는 프리츠커 상Pritzker Prize의 제1회 수상

◀ 젊은 시절의 필립 존슨. 프리츠커 상 제1회 수상자로, 당대의 최신 건축 경향을 후원하는 등 미국 건축사에서 중요한 역할을 했다.

자로 선정되었던 그는 사실 자신의 건축보다는 당시의 최신 건축 경향을 후원함으로써 영향력을 극대화시킨 것으로 더 유명하다. 멀리는 1932년에 미국 건축계에 모더니즘을 소개했고, 1970년대에 포스트모더니즘 Post-modernism의 신봉자가 되었으며, 1987년에는 해체주의 Deconstructivism를 알렸고, 나중에는 프랭크 게리 Frank O. Gehry와 함께 설계를 하기도 했다.

필립 존슨의 유명한 건물로는 1978년에 완성한 AT&T 사옥을 들 수 있는데, 이 건물의 옥상을 보면 바로크 양식의 가구 등받이 부분과 닮았다. 이 부분은 전형적인 포스트모던 양식의 디자인으로서, 비평가들은 '치펜데일 양식 Chippendale'이라고 비난했다. 이 부분은 거리에서는 절대 볼 수 없고 멀리 떨어져서 건물 전경을 찍은 사진을 통해서만 확인할 수 있는데, 기능과 상관없는 장식에 가까운, 그야말로 포스트모던의 대표작이다. 그는 동성애자였는데, 이 건물이 자신의 건축 인생에서 이정표가 될 작품이라고 생각했기에, 보수적인 건축주가 그 사실을 알면 프로젝트를 취소할지도 모른다고 두려워하며 노심초사했다고 한다. 그는 이 건물을 설계하면서 모더니즘 양식을 "지루하고, 풍부함이 없으며, 완전히 틀렸다. Boring, Lack of richness, totally wrong."고 신랄하게 비난하며 자신이 40여 년 전에 미국에 소개했던 모더니즘을 완벽히 배신했다. 또 그는 80

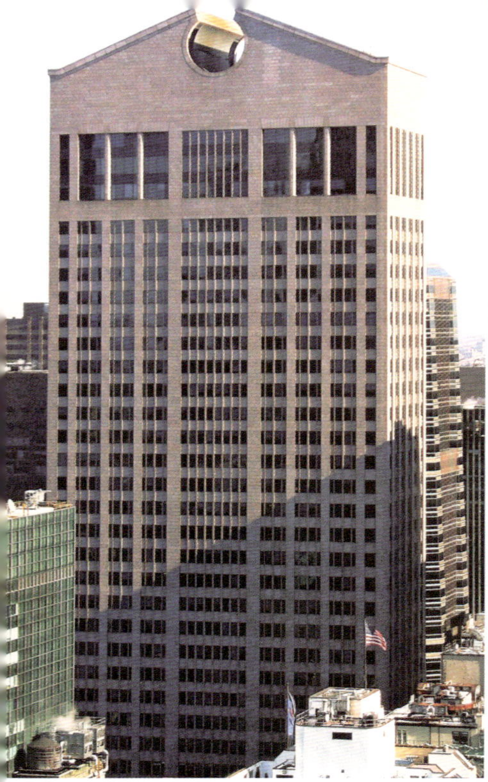
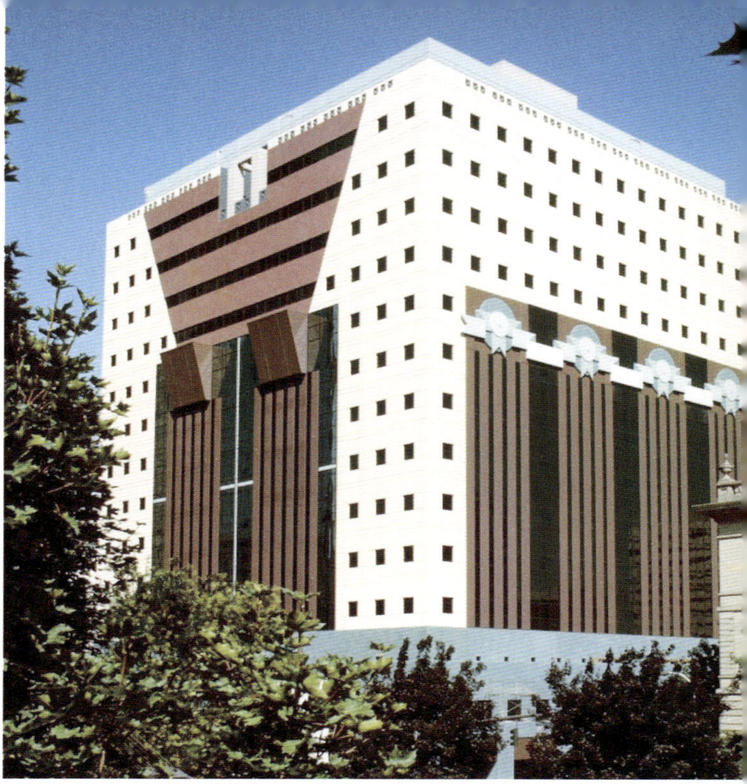
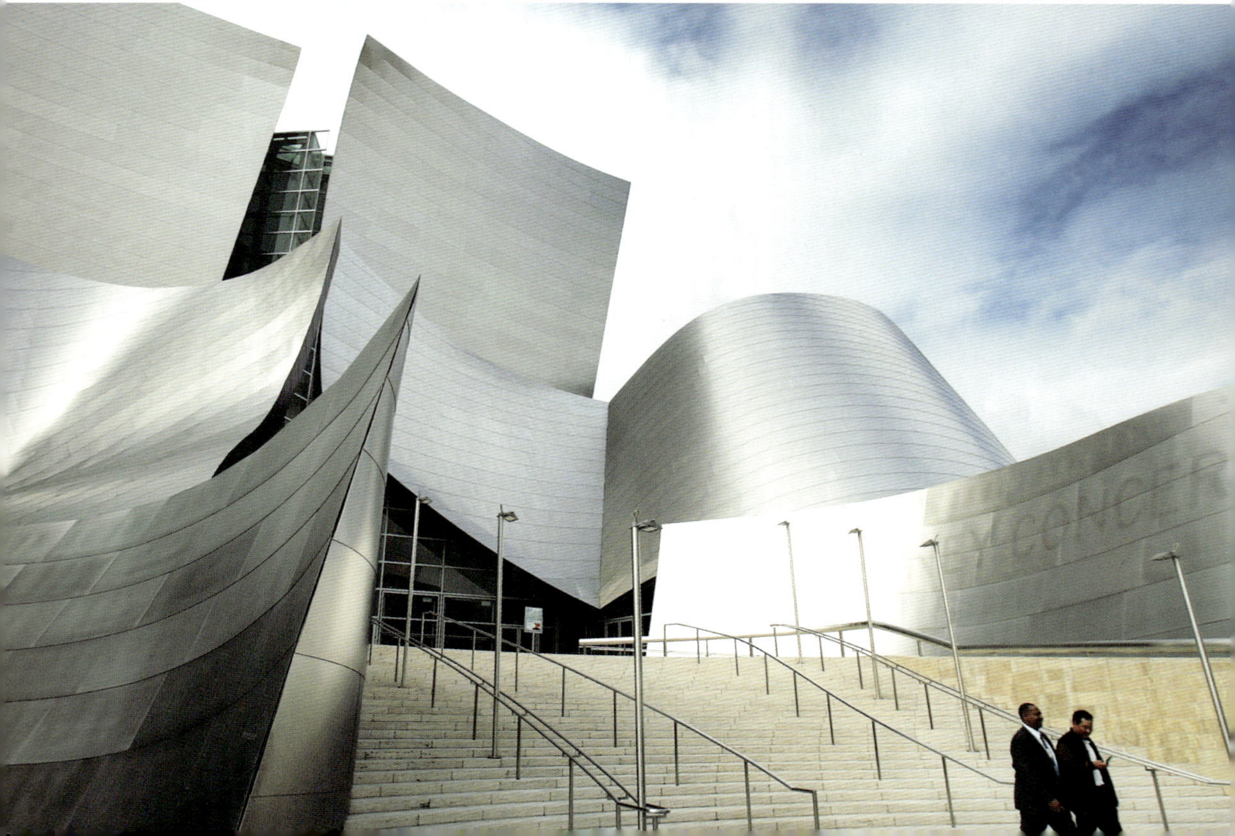

세 즈음에 "나는 창녀다. 하지만 고층 빌딩으로 많은 돈을 번다.I am a whore, and I am paid very well for high-rise buildings."라고 말해서 물의를 일으켰는데, 나중에 그 말뜻이 왜곡되었다며 유감의 뜻을 표하기도 했다. 비판자들은 그를 시대의 조류에 따라 줏대 없이 이리저리 옮겨 다닌 철새라고 비난했지만, 그가 언제나 새로운 시대가 원하는 바를 알

▲ 95세의 필립 존슨.

아보고 자신이 직접 하지는 못하더라도 최소한 적극적으로 후원했던 점은 높이 평가받아 마땅하다. 존슨이 2005년에 100세의 나이로 사망하자, 그가 건축가로서 정계와 문화계에 걸쳐 폭넓게 가졌던 영향력을 그리워한 어느 건축가는 『아키텍처럴 레코드Architectural Record』란 건축 잡지에 필립 존슨을 대신할 사람을 찾는다는 글을 쓰기도 했다.

국제 양식

1930년대에 필립 존슨은 모더니즘에 대한 꿈을 가지고 모마의 건축 부문 디렉터로 임명된 지 얼마 되지 않은 전도유망한 젊은이였다. 1930년 여름에 존슨은 헨리러셀 히치콕Henry-Russell Hitchcock이라는 젊은 건축사가와 함께 유럽을 여행하고 있었다. 대부분의 시간을 미국에는 아직 알려지지 않은 새로운 건축을 직접 접하며 보냈는데, 미스의 건축을 보자마자 그가 유럽의 다른 건축가들보다 훨씬 뛰어나다고 생각했다. 존슨은 미스와 친구가 되기 위해 그를 파티와 소풍에 초대했고, 뉴욕에 있는 자신의 아파트의 리노베이션을 미스에게 맡기기까지 했다.

2년 뒤인 1932년에 존슨과 히치콕은 모마에서 열릴 《모던 건축 국제전International

◀ (위 왼쪽)필립 존슨의 대표작인 AT&T 사옥. 현재는 소니 빌딩으로 이름이 바뀌었다.
(위 오른쪽)포스트모더니즘의 대표작이라 불리는 마이클 그레이브스Michael Graves의 포틀랜드 시청사Portland Building.
(아래)프랭크 게리가 설계한 월트 디즈니 콘서트 홀.

Exhibition of Modern Architecture》(1932년 2월 9일~3월 23일)이라는 역사적인 전시회를 기획했다. '국제 양식'이란 말을 최초로 사용한 전시다. '국제 양식'이란 단어는 히치콕과 존슨이 같이 고안한 말인데, 그들은 국제 양식을 새로운 건축과 같은 의미로 사용했다. 이 전시회를 계기로 미스는 미국에 처음 방문하게 된다. 이 전시회에는 50명이 넘는 건축가들이 참가했는데, 그중에는 르 코르뷔지에, 그로피우스, 미스와 같은 주요 유럽 건축가들과 레이먼드 후드 Raymond Hood와 같은 미국 건축가들, 미국에서 활발히 활동하던 오스트리아 출신의 리하르트 노이트라와, 당시에는 거의 잊혔던 프랭크 로이드 라이트도 있었다. 미스는 바르셀로나 파빌리온과 빌라 투겐타트를 가지고 참가했다. 새로운 건축이 한꺼번에 선보이기는 처음이었던 이 전시회는 대단한 반향을 일으켰고, 그때까지 여러 갈래로 나뉘어 있던 모더니즘 양식이 하나로 통합되는 계기가 되었다.

한편, 이 전시회에 초대된 라이트는 전시회 카탈로그를 보고 크게 분노했다.

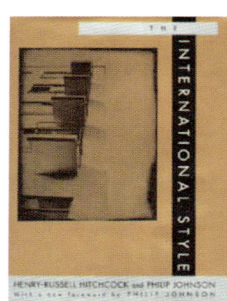

▲ 《모던 건축 국제전》의 카탈로그.

▶ 《모던 건축 국제전》에 소개된 르 코르뷔지에의 빌라 사부아의 모형.

거기에는 "프랭크 로이드 라이트는 19세기의 위대한 건축가다."라고 쓰여 있었는데, 라이트는 이것을 모욕으로 받아들였다. 사실 이것은 필립 존슨이 의도한 바였다. 라이트는 존슨을 평생 용서하지 않았고, 모마와 더불어 평생토록 불편한 관계를 유지했다.

1931년에는 《베를린 빌딩전 Berlin Building Exhibition》에서 현대 주거 부분의 기획을 맡은 미스가 '아이가 없는 커플을 위한 집'을 출품해서 대단한 호평을 받는다. 그는 이 주택을 통해 바르셀로나 파빌리온의 유동적인 공간이 실제 주거에서도 이루어질 수 있다는 가능성을 보여 주었는데, 평면도를 보면 브릭 컨트리 하우스나 빌라 투겐타트 등, 자신이 이제껏 설계했던 주택의 장점들만 취합하여 이 작품을 만든 것같이 보인다.

렘케 하우스 Haus Lemke는 1932~1933년에 걸쳐 지어졌다. 벽돌로 간소하게 지은 이 집은 당시에 미스가 추구하던 유동적인 공간과는 맞지 않지만, 그가 학교 과제와 실제 프로젝트를 통해 꾸준히 관심을 가졌던 '안뜰 courtyard이 있는 집'을 최초로 실현한 주택이다. 또한 그가 베를린 시절에 작업한 거의 마지막 작품이다.

바우하우스의 3대 학장이 되다

이 시기에 미스의 삶은 바우하우스 Bauhaus와 밀접하게 관련되어 있었다. 바우하우스는 그 이름에서 나타나는 바와 같이, (독일어 bau haus는 '집 짓기 house construction'란 뜻이다.) 실제로 만들고 구축하는 것을 기본으로 디자인과 모든 예술 분야를 통합한다는 이념으로 1919년에 세워졌고, 20세기의 수많은 주요 디자이너들이 학생들을 가르치며 그 영향력을 전파했다. 시작부터 학교의 명성만큼이나 보수주의자와 급진주의자들 양쪽 모두에게서 비난을 받았고, 교수들 내부에서도 표현주의자와 기능주의자 사이의 알력이 심했다. 학교를 보수적 성향의 바이마르에서 데사우로 옮긴 1925년 이후에도 그 지역의 유지들로부터 초대 학장이었던 그로피우스를 향한 불만이 터져나왔다. 압력에 시달린 그는 결국 1928년 봄에 사임을 했고, 당시 건축학과 학과장이었던 하네스 마이어 Hannes Meyer가 2대 학장

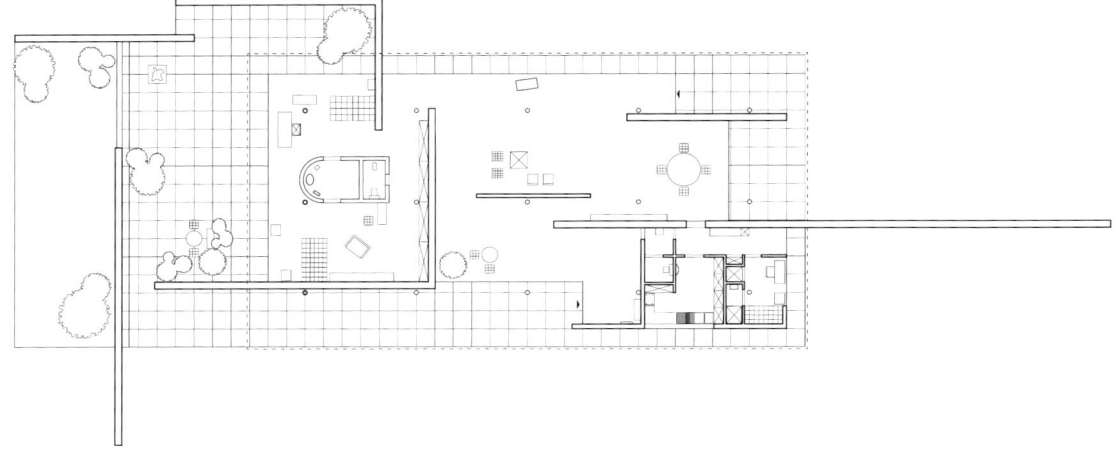

▲ 미스가 《베를린 빌딩전》에 출품하여 호평을 받은 '아이가 없는 커플을 위한 집' 평면도.

▼ 미스가 《베를린 빌딩전》에 출품한 '아이가 없는 커플을 위한 집'. 사진 제공: VIEW

으로 취임했다. 건축사학자들의 대체적인 견해에 따르면, 마이어가 학장을 맡은 뒤로 바우하우스의 명성이 점차 하락하기 시작했다. 그로피우스가 사임하자, 그와 같은 생각을 가졌던 모호이너지, 마르셀 브로이어(앞 장의 바실리 의자를 기억하시는지), 헤르베르트 바이어 Herbert Bayer도 같이 사임했다. 철저한 기능주의자였던 마이어는 건축의 실용성을 강조했고, 개인의 창작보다 공동의 협력으로 문제를 풀어 가는 것을 선호했으며, 정치적으로는 좌파에 가까운 인물이었다.

마이어가 학장으로 재직하던 2년 동안은 학교가 편할 날이 없었다. 그의 급진적인 기능주의 미학은 예술적인 성향의 교수들을 소외시켰고, 마르크스주의와 사회주의를 바우하우스의 활동에 끌어들이려는 노력은 학교를 원래의 설립 이념에서 더욱 멀어지게 했다. 1930년에 마이어는 파업 중인 광부들에게 바우하우스의 이름으로 기부를 했다는 이유로 사퇴를 강요받았고, 좌우 양쪽에서 격렬한 반대에 직면한 마이어는 결국 학장직을 미스에게 넘기게 되었다. 미스는 정치적으로 좌우 어느 쪽에도 속하지 않았고 부자들을 위한 우아한 주택 디자인으로 명성을 얻었으며 실용적인 면보다는 아름다움에 더 신경을 쓰는 예술가로 알려져 있었기에, 좌우 양쪽의 극심한 대립에 시달리던 바우하우스의 학장으로는 알맞았다. 마침 미스도 바르셀로나 파빌리온과 빌라 투겐타트의 작업을 마쳤고 참가했던 여러 공모전에서 줄줄이 낙방했기에, 이 제안을 받아들일

▶ (왼쪽) 바우하우스의 초대 학장이었던 발터 그로피우스. (오른쪽) 발터 그로피우스가 설계한 데사우의 바우하우스 건물.

준비가 되어 있었다.

그러나 미스의 권위적인 성격은 민주적이고 정치에 민감한 분위기의 바우하우스와 사사건건 충돌했다. 학생 자치회는 마이어가 사임하도록 압력을 받은 데 격분하여 미스의 사퇴를 요구했으나, 미스는 경찰을 불러 학생들을 건물 바깥으로 몰아내고 모든 학생들을 퇴학시킨 뒤에 개별적인 인터뷰를 거쳐 재입학을 희망하는 학생들만 다시 받아들였다. 이 절차에 따라 200명 중 180명이 학교로 돌아왔다. 그는 학교를 완전히 재편한 뒤에 행정 업무 대부분을 릴리 라이히에게 맡긴 채 산적한 여러 문제들에 별다른 신경을 쓰지 않았다.

미스는 상급반을 가르쳤는데, 단순한 건축이 가장 어려우며, 복잡한 일을 다루는 것이 명쾌하고 간단한 것을 다루는 것보다 훨씬 쉽다고 생각했기에, 학생들로 하여금 '한 개의 침실을 가진 집'이나 '벽이 있는 정원이 딸린 집' 등 간단해 보이는 과제들을 가지고 끊임없이 고치게 했다. 이는 미스가 1930년대에 자신의 작업에서 계속 고민하던 주제였다. 미스는 대개는 학생들의 프로젝트를 비판하거나 칭찬하지 않고 그냥 "다시 해 보게!Try it again!"라고 말했다. 그는 단순한 기능주의를 경멸할 정도로 싫어했다. 한번은 학생이 설계한, 기능적으로는 완벽하지만 모양이 어색한 통로를 비평하며 이렇게 비유했다. "이리 와 보게. 자네가 만약에 쌍둥이 자매를 만났는데, 둘 다 똑같이 건강하고 지적이고 부자고 애를 낳을 수 있지만, 한쪽은 추하고 다른 쪽은 아름답다면 누구와 결혼하겠나?"

한편, 미스는 겉으로는 그로피우스와 서로의 소식을 편지로 나누고 학장 일에 대해 조언을 구하기도 했지만, 다른 사람들의 앞에서는 평생토록 그로피우

▶ (위)베를린의 바우하우스 아카이브. 바우하우스의 방대한 자료가 잘 전시되어 있다.

(아래)베를린의 바우하우스 아카이브의 내부 모습.

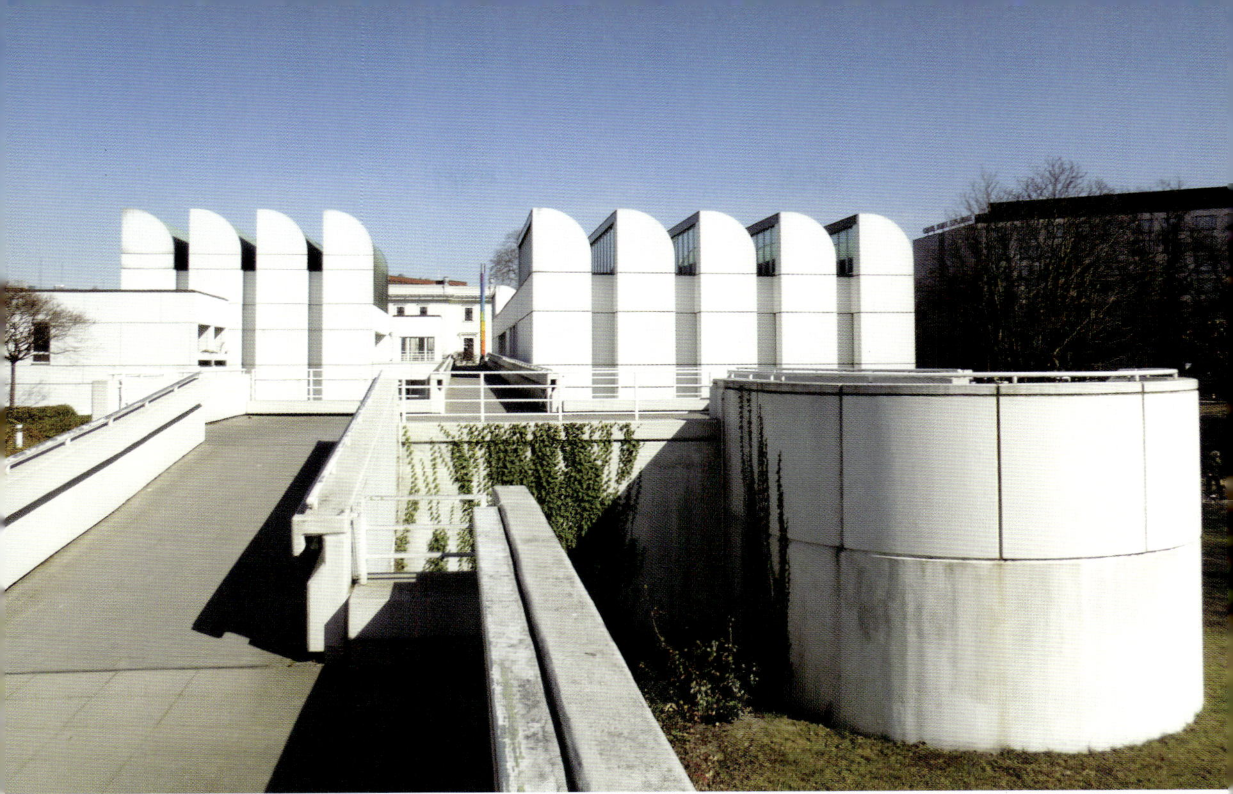

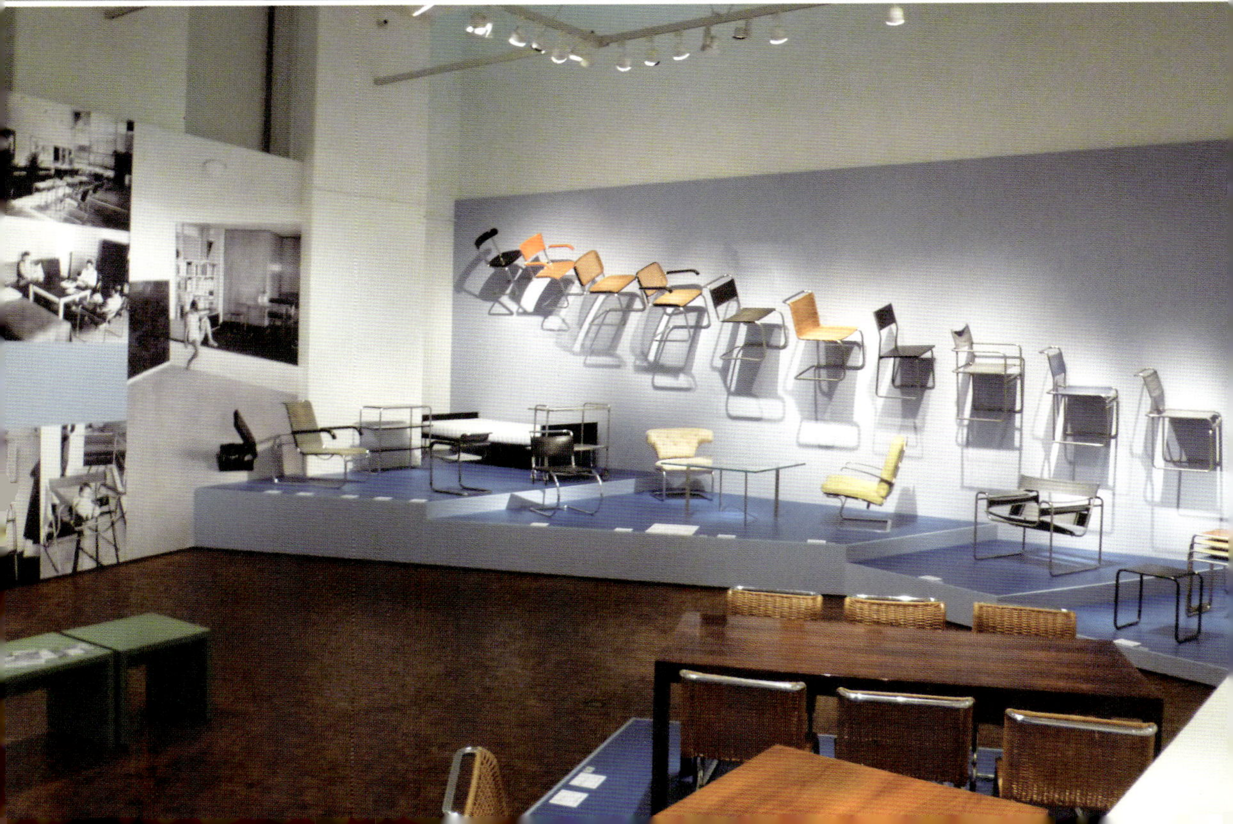

스를 깎아내리고 비판했다. 미스는 말년에 이렇게 비꼬기도 했다. "그로피우스가 한 것 중 가장 잘한 일은? 바우하우스라는 이름을 지은 것이지."

　1932년에 데사우의 바우하우스는 파멸로 치닫고 있었다. 건축계의 우파와 나치의 탄압이 날로 심해졌다. 데사우 시 위원회는 학교를 폐쇄하고 그로피우스가 지은 건물을 해체하겠다고 위협했고, 학교의 연말 전시회를 참관하고 나서 후원금을 계속 지원할지를 결정하겠다고 통보했다.(바우하우스는 지방 정부로부터 재정을 지원받는 공립 학교였기에 정치적인 부침이 심했다.) 미스는 거기에 동의하고 전시회 준비를 위해 많은 노력을 들였지만, 이미 폐쇄로 마음이 기울어졌던 위원회는 전시회를 얼마 돌아보지도 않고 신속히 최후의 결정을 내렸다. 바우하우스는 결국 10월 1일에 문을 닫았다.

　다행스럽게도 데사우의 시장은 그 학교의 이름과 장비와 특허들을 미스가 가지는 데 동의했고, 미스는 그것들을 가지고 베를린으로 가서 다시 학교를 열었다. 이번에는 정부의 지원을 전혀 받지 않는 사립 학교였다. 미스는 몇몇 교수들과 함께 베를린 교외에 버려진 공장의 내부만 페인트로 단장하고 10월 25일에 학교를 열었지만, 예상했던 100명의 학생에 훨씬 못 미치는 숫자가 등록했다.

　1933년 2월에 히틀러가 집권에 성공하자 바우하우스에 대한 탄압은 더욱 심해졌다. 4월 11일 아침, 미스가 학교에 출근하려고 하는데 경찰들이 건물을 둘러싸고 들어가지 못하게 했다. 나치는 바우하우스와 공산당의 관계를 의심하고 둘 사이의 관계를 밝혀낼 문서를 찾는 데 혈안이 되어 있었고, 미스를 몇 시간 동안 심문했다. 당시에 바우하우스는 (적어도 미스가 학장으로 재직하던 동안에는) 공산당과 전혀 상관이 없었기에, 게슈타포는 아무런 증거도 찾지 못했다. 계속된 탄압 끝에 결국 7월 말, 미스는 베를린의 바우하우스를 공식적으로 폐교한다. 나치는 모더니즘 예술과 건축을 병적이고 해롭다고 여겼기에 극심하게 탄압했다. 바우하우스가 문을 닫기 직전까지 미스와 함께 있었던 몇몇 학생들은 미스를 신격화하며 예술가로서나 인간으로서나 존경심을 숨기지 않았으나, 미스를 비판하는 이들은 미스가 하네스 마이어만큼 아웃사이더였고 바우하우스의 설립 이념인 협동에 대한 마음가짐을 전혀 갖추지 못했다고 비평한다.

바우하우스 교수 중 한 명이었던 라슬로 모호이너지는 1937년에 시카고로 이민해서 '뉴 바우하우스New Bauhaus'라는 이름의 디자인 학교를 열었다. 미스의 입장에서는 바우하우스라는 이름에 대한 공식적인 권리는 자신만이 가지고 있었기에, 모호이너지의 이러한 행동을 절대로 용서할 수 없었다. 사실 미스의 이러한 반감은, 모호이너지가 미스의 오래된 라이벌인 그로피우스의 충실한 대변자 역할을 하던 1920년대부터 시작되었다. 하지만 뉴 바우하우스는 오래가지 못해 '인스티튜트 오브 디자인The Institute of Design'으로 이름을 바꾸었고, 1946년에 모호이너지가 죽고 나자 결국 1952년에는 미스가 학장으로 재직하던 일리노이 공과대학교에 흡수되었다.

건축을 체제 선전을 위한 강력한 도구로 보았던 히틀러는 제1차 세계대전 이전의 신고전주의 건물들을 선호했고, 모든 독일 건축가들은 유럽을 덮친 불황과 히틀러의 출현에 따른 급격한 환경 변화에 적응해야 했다.(이 시기의 대표적인 친나치 건축가로는 알베르트 슈페어Albert Speer가 있다.) 미스는 이제 유명 인사가 되었지만, 그의 미래는 정치 상황에 따라 불투명해졌다. 문화적 야만주의가 나치의 집권과 함께 1930년대 독일 전반을 휩쓸었다. 전통주의자들은 그 분위기

▶ 바우하우스 교수에서 뉴 바우하우스의 설립자까지, 20세기 디자인사에서 큰 역할을 담당했던 라슬로 모호이너지.

에 편승하여 모더니즘을 강력하게 반대했고, 모더니즘은 시대 상황에 점차 굴복할 수밖에 없었다. 대부분의 모더니스트들은 1920년대 문화 아방가르드들의 온상과도 같았던 독일에서 더 이상 작업할 수 없다는 사실에 크게 실망했다.

미스는 대체로 정치에 대한 무관심과 나치에 대한 적개심이 뒤범벅된 애매한 태도를 취했다. 그는 외적 상황이 어찌 되든 간에 상관없이 자신의 작업을 계속해 나가려고 노력했다. 이 시기에 정치적으로 애매한 입장을 취했던 미스는 급진적인 건축가들의 모임을 점차 멀리하면서, 나치에 소극적이나마 어느 정도 동조한 것으로 보인다. 그는 모던 건축에 관대했던 나치 선전장관인 파울 괴벨스가 조직한 제국문화부 Reichskulturkammer 에 가입했고, 1934년의 국민투표에서 히틀러를 지지하는 서명을 했다. 이런 행위들은 강압에 의한 것인지 아니면 개인적 야망에 의한 것인지는 확실하지 않지만, 나중에 미스에게 적대적이었던 사람들로부터 '배신자'라는 공격을 받게 되는 구실을 제공하기도 했다.

어쨌든 이를 통해 미스는 브뤼셀에서 열린 1935년 세계박람회 독일관의 설계 공모전에 참가할 수 있게 되었다. 이때의 스케치를 보면, 그가 바르셀로나 파빌

▼ 히틀러와 함께 있는 건축가 알베르트 슈페어.

▼ 알베르트 슈페어가 설계한 히틀러의 사무실 건물.

리온에서는 적극적으로 거부했던 독일 제국의 상징물인 독수리 마크와 나치의 만자무늬卍, swastika가 눈에 띈다. 나중에 히틀러의 반대로 루트비히 루프Ludwig Ruff가 설계한 건물이 선택되었으나, 박람회 참가비를 마련하지 못한 독일 정부는 결국 참가를 포기하고 독일관 계획안은 몇 장의 스케치로만 남았다. 1935년에는 미스가 설계한 로자 룩셈부르크 기념비가 나치에 의해 파괴되었다. 미스는 비록 히틀러를 지지하는 데 서명하기는 했지만, 정치에는 관심이 없었고 그쪽으로 소질도 없었다. 이전의 행적을 보면 미스는 에스파냐 왕과 왕비를 위해 바르셀로나 의자를 디자인했고, 프로젝트를 따기 위해 공산주의 조직에 가입하기도 했다. 이처럼 그의 정치적 성향은 그때그때 상황에 따라 변했다. 1934년 독일 문화전시회 이후로는 미스는 더 이상 정부의 후원을 얻기를 포기한다. 그는 베를린에서 보낸 마지막 시기인 1931~1938년에 대략 12개에 이르는 다양한 규모의 프로젝트를 작업했지만 그중 2개만이 실제로 지어졌다.

바우하우스가 문을 닫은 이후에 미스는 생계를 위협받기에 이른다. 1933년에 미스는 릴리 라이히와 함께 스위스의 루가노에 거처를 마련하고 5명의 실습생들로부터 건축 지도를 명목으로 돈을 받았다. 이러한 계약은 얼마 지속되지 못하고 끝났다. 1930년대 초중반에 그의 수입 대부분은 1931년 이후에 대량 생산된 가구에서 나오는 저작권료였다. 그 수입은 초반에는 꽤 괜찮았으나 나치의 문화 정책이 가구에도 영향을 끼쳐 나중에는 이마저도 점차 줄어들었다. 1936년에 이르러 미스는 사무실의 직원 대부분을 떠나보냈고, 일이 하나도 없었다. 독일의 삶이 점차 힘들어져 가는 순간, 미국에서 가느다란 희망의 불빛이 비치기 시작한다.

7장_ 미국 시절의 미스

미국 대학의 학장이 되다

미스는 50세 생일 즈음에 미국의 여러 학교로부터 학장직 제의를 동시에 받았다. 먼저 시카고의 아머 공과대학교 Armour Institute of Technology 의 건축대학에서 보낸 편지를 받았는데, 거기에는 당시에 추천된 학장 후보인 리하르트 노이트라, 발터 그로피우스, 에마누엘 요세프 마르골트 Emanuel Josef Margold 가 마음에 들지 않는다며, 미스가 학장직에 관심이 있다면 그를 최우선으로 고려하겠다고 쓰여 있었다. 다음은 하버드 건축대학에서도 제의를 받았지만, 그로피우스와 경쟁해야 한다는 사실을 알고는 자존심이 상한 미스는 그 제안을 거절했다. 학교 측에서는 복수 추천은 형식적인 것이고 미스가 학장이 될 수 있도록 최선을 다하겠다고 설득했으나, 그로피우스가 자신보다 뒤처진다고 항상 생각했던 미스를 설득하는 데 결국 실패했다. 또한 미스는 컬럼비아 대학교로부터 비공식적으로 학장 자리를 제안받았으나, 이번에는 미스의 영어 실력이 걸림돌이 되었다.

무엇보다도 뉴욕과 매사추세츠 주의 건축 면허 관련 법은 외국인이 실무를 하는 데 여러 제약이 있었던 반면에, 일리노이 주는 외국인이 건축 면허를 등록하기가 훨씬 수월했기에 당시에 많은 유럽 건축가들이 시카고 근방으로 이주해 있었다. 이런 시카고의 상황은 언어와 문화적으로 완전히 낯선 환경에 맞닥뜨리게 된 미스에게는 여러모로 유리했다. 결국 1년여에 걸친 아머 공과대학교와의 지루한 줄다리기 끝에 미스는 이 학교의 건축대학 학장으로 취임한다.

미스는 학장에 취임하자마자 프랭크 로이드 라이트를 만나고 싶어 했고, 이 소식을 들은 라이트는 즉시 미스를 탤리에신으로 초대했다. 라이트의 초대는 즉각적이었던 만큼이나 드문 경우였다. 그는 유럽 건축가를 싫어했고 그들이 유명할수록 더 싫어했다. 라이트는 그들이 자신에게서 훔친 아이디어를 허락도 없이 마음대로 써먹었다고 생각했다. 그로피우스와 르 코르뷔지에 역시 탤리에신으로 라이트를 찾아오기를 희망했지만, 단호하게 거절당했다. 그러나 라이트는 유일하게 미스의 작업만은 높이 평가했다. 그중에서도 바르셀로나 파빌리온과 빌라 투겐타트를 특히 좋아했는데, 이 두 작품을 보고는 미스가 유럽의 다른 기능주의자들과는 다르다고 생각했다. 미스는 탤리에신에서 큰 감명을 받았다. 그는 건물이 놓인 자리에 대해 감탄했고, 책에서만 보던 건물을 실제로 접하며 라이트에게 감동을 전하기 위해 큰 손짓을 취하고는 했다.(미스는 처음 미국에 왔을 때 영어를 한마디도 하지 못했다.) 그런 미스를 보고 기뻐한 라이트는 미스를 직접 데리고 그 당시에 지어지고 있던 라신의 존슨 왁스 빌딩을 구경시켜 주었고, 오크 파크까지 가서 자신이 설계한 여러 건물들을 보여 주었다. 이에 따라 원래 한나절로 예정되었던 방문은 나흘로 늘어났다.

▼ 탤리에신에서 함께 이야기를 나누고 있는 미스(왼쪽에서 세 번째)와 라이트(왼쪽에서 네 번째). 사진 제공: VIEW

1938년에 52세의 미스는 독일의 삶을 정리하고 미국으로 이주했지만, 이때 가족이나 여자 친구인 릴리 라이히는 독일에 남겨 둔 상태였다. 딸들과 부인은 그렇다 쳐도, 처음 만난 뒤부터 충실하게 미스의 일을 돌보았던 라이히를 버려두고 떠난 이유에 대해서는 해석이 분분하다. 그가 곧 다시 돌아올 것이라고 생각했다든지, 또는 금방 돌아와서 라이히를 미국으로 데리고 가려고 계획했다든지……. 아니면 창조적인 자유가 어떤 것보다 중요하다고 생각했던 이기심 때문일지도 모르겠다. 어쨌든 미국에서 미스의 건축은 다시 태어났다.

그는 건축의 진정한 가치가 재료material에 있다는 점을 항상 명심했다. 독일에서 전통적인 재료를 통해 이루었던 것을 미국에서는 철steel을 통해 이루었는데, 이것은 전에는 생각하지도 못할 만큼 엄청난 규모였다. 미스에게는 유리와 철로 이루어진 건설은 현대 기술technology과 예술art의 만남을 의미했다. 미국에서 더욱 깊어진 건물 구조structure에 대한 관심은, 그로 하여금 공간 사이의 자유로운 흐름을 뛰어넘어 끊임없이 확장하는 공간을 창조하도록 했다. 벽 사이로 흐르던 초기의 공간들은 모든 방향으로 확장하며, 일정한 간격의 기둥을 제외하고는 거대한 하나의 빈 공간, 즉 무한정 공간universal space이 되었다. 이처럼 미국에서 미스의 일생의 운이 크게 변했다. 독일에서는 수십 년 동안 많은 프로젝트들이 지어지지 않았지만, 1938년 이후에 설계한 빌딩들은 그 대부분을 실제로 짓는 데 성공했다. 말년에 이르러서는 세계의 유명한 건축가들 중에 그와 견줄 자는 오직 르 코르뷔지에밖에 없었다.(라이트는 이미 1959년에 사망했다.) 르 코르뷔지에조차 그가 전 세계 도시의 스카이라인에 끼친 영향력을 따라올 수 없었다. 물론 모던 건축의 선구자를 한 명만 꼽으라면 여러 면에서 르 코르뷔지에가 단연 먼저 꼽히겠지만 말이다.

일리노이 공과대학교의 캠퍼스를 계획하다

미스는 1939년부터 아머 캠퍼스를 이전하기 위한 마스터 플랜을 계획했다. 제2차 세계대전 때문에 잠시 지연되기는 했어도, 그 후 수십 년 동안 그가 설계한 학교 건물들이 차례로 올라가게 된다. 아머 공과대학교는 루이스 대학교Lewis

Institute와 합병하여 시카고 남쪽의 널따란 대지에 새로운 캠퍼스를 짓고 1940년에 일리노이 공과대학교Illinois Institute of Technology, IIT라는 이름으로 새로 탄생했다. 이 캠퍼스는 다른 프로젝트들과 비교할 때 상당히 적은 예산안으로 이루어졌지만, 마스터 플랜뿐 아니라 12채에 가까운 건물을 한꺼번에 설계해야 했기에 규모만큼은 그가 이전에도, 이후에도 경험하지 못할 정도로 엄청났다. 당시 총장이었던 헨리 T. 힐드Henry T. Heald는 미스를 전적으로 신뢰하며 지원을 아끼지 않았기에 미스는 자신의 아이디어를 마음껏 펼칠 수 있었다.

일리노이 공과대학교의 건물들을 짓다

미스는 평평한 캠퍼스 위에 7.2미터 간격으로 그리드grid를 넓게 깔았고, 그 절반인 3.6미터를 내부 높이의 모듈로 삼았다. 캠퍼스의 내부와 외부 공간이 이 모듈에 따라 조직되었다. 3.6미터는 미국의 교실과 연구실의 표준 규격이자 대부분의 건설 자재의 규격과도 일치하여, 여러모로 자재를 절약할 수 있었다. 게다가 오랜 기간에 걸쳐 지어질 프로젝트의 마스터 플랜이기에 어떤 부분은 다른 건축가에 의해 완성될 수도 있으므로, 나중에 다른 건축가가 오더라도 그리드에 맞춰 설계를 한다면 캠퍼스 디자인의 통일성을 이루기에 좀 더 쉬울 것이

▶ 일리노이 공과대학교 캠퍼스의 계획안.
사진 제공: VIEW

▶ (위)미스가 1952년에 설계한 일리노이 공과대학교의 예배당. 종교적인 상징을 완전히 배제한 입방체 형태의 이 건물은 예배당이라는 안내판을 보지 않으면 어떤 용도의 건물인지 전혀 알 수 없다.
(아래)미스가 설계한 일리노이 공과대학교 건물 중에서 가장 눈에 띄는 건물인 동문 기념 홀.

▲ 미스가 1953년에 설계한 일리노이 공과대학교의 학생 기숙사인 베일리 홀 Bailey Hall.

▼ 미스가 일리노이 공과대학교에서 처음으로 설계한 광물과 금속 연구동.

라고 생각했다. 보통 사람들에게는 1940년대 후반~1950년대 전반에 미스가 설계한 캠퍼스 건물들이 그의 베를린 시기의 건축과 비교할 수 없을 정도로 수준이 낮은 건물처럼 보일 수도 있지만, 건축가의 입장에서 보면 디테일의 정교함과 세련됨이 이전 건물들에 결코 뒤지지 않는다. 얼핏 보기에 무덤덤한 공장 같이 보이는 건물들은 공과대학이라는 특성과 더불어, 거대한 규모와 다양한 용도뿐 아니라 주어진 예산과 차후 확장을 고려한 전략의 결과물이었다. 1943년의 광물과 금속 연구동 Minerals and Metals Research Building 을 시작으로 그가 학장을 그만둔 1958년까지 미스가 세워 놓은 원칙에 따라 차근차근 건물이 올라갔는데, 그중에서도 가장 눈에 띄는 건물은 1946년에 건설된 동문 기념 홀 Alumni Memorial Hall 이다.

이 건물은 철골 구조에 벽돌과 유리로 채워진 외관을 하고 있는데, 방화 피복을 입힌 골조는 철골 패널 Steel Panel 로 감싸여 있고 외부는 벽돌과 알루미늄 창틀로 이루어져 있어 얼핏 보면 평범하다. 하지만 좀 더 자세히 들여다보면 구조를 표현하기 위해 얼마나 사려 깊게 생각했는지를 알 수 있는데, 간단히 말해 동문 기념 홀의 진짜 구조체는 숨겨졌지만 '표현'되었다. 다시 말해, 우리가 보는 것은 실제 구조체가 아니지만 이 '가짜' 구조체는 실제 구조체를 확실하게 드러낸다. 미스는 구조를 직접 보여 주지는 않았지만,(혹은 직접 보여 주지는 못했지만,) 그것을 더욱 확실하게 표현했다.

이런 수법은 다음과 같이 설명할 수 있다. 우리가 어떤 문학 작품을 읽을 때 그 내용이나 작가가 원하는 의도를 잘 이해하지 못할 때가 있다. 하지만 작가가 자신이 강조하는 부분에 밑줄을 쳐 주고 부가 설명을 해 준다면, 그 의도를 더 확실히 알 것이다.(이것이 옳은 감상인지의 여부는 논외로 하자.) 이처럼 미스에게 건물의 디테일은 자신의 건축이 어떻게 이루어졌는가를 보여 주기 위한 것이었다. 미스는 철골 구조 자체를 보여 줄 수 없었기에(철골 구조는 불에 견디려면 방화 피복으로 감싸야 하기 때문에 겉으로 드러날 수 없다.) 그 대신에 겉에 스틸 패널을 덧붙여서 구조체가 은연중에 밖으로 드러나도록 했다. 게다가 보이는 것이 진짜가 아니라는 사실을 표현하기 위해(즉 보이는 것이 구조체 역할을 하지 않는다는 사실을 알리기 위해) 구조체를 감싸는 철골 패널이 땅에 박히지 않고 벽돌 위에 떠 있도록 설계했다.

  건물의 구조 방식을 드러내는 방법들은 많이 있고, 건축을 할 때 구조를 꼭 드러내야 한다는 법칙은 없다. 1920~1930년대의 미국 건축가들은 그러한 표현에 거의 관심을 두지 않았고, 전체적인 형태나 장식들을 더욱 중요한 건축적 관심사로 여겼다.(이 시기에 지어진 엠파이어 스테이트 빌딩이나 크라이슬러 빌딩은 그 높이뿐 아니라 건물의 입면에 나타난 다채로운 장식으로도 유명하다.) 하지만

▶ 일리노이 공과대학교 동문 기념 홀의 '가짜' 구조체. 이를 통해 우리는 방화 피복에 가려져 있는 진짜 구조체를 인식할 수 있게 된다.

▼ 일리노이 공과대학교 학생회관에 있는 미스의 사진들. 젊었을 때의 사진은 내부의 유리 벽에, 말년의 사진은 외부의 입면에 새겨져 있다. 이 학생회관은 미스에게 깊은 존경심을 가지고 있던 건축가인 렘 콜하스가 설계하여 2003년에 완공되었다.

미스는 구조를 건축의 본질이라 생각했고 그것을 드러내는 것을 가장 중요한 디자인 원리로 생각했던 최초의 건축가였다. 1950년대에 미국으로 이주한 수많은 유럽 건축가들을 통해 모더니즘이 본격적으로 미국에 소개되자, 건축에서 역사적 스타일을 따르는 장식은 시대에 뒤떨어지고 건물의 근본을 숨기는 행위라 여겨졌다. 미스는 이제 건축계의 주류가 되어 자신의 오래된 확신을 실천에 옮길 수 있는 위치에 올랐다. 그는 철과 유리로 만들어진 건물이 현대 도시의 모습이어야 한다고 생각했고 차근차근 실천에 옮겼다.

미스는 다음과 같이 선언했다.

> 건축이란 칵테일이 아니다.

은둔 생활

미국에서 살기 시작한 첫해에 미스의 사회적 삶은 대단히 제한되었다. 그것은 짧은 영어 실력 탓도 있었지만 과묵한 성격과 더 연관이 있었다. 처음에 그의 영어 실력은 강의 중에도 통역이 필요할 정도로 부족했지만, 시카고에는 독일어를 할 수 있는 많은 이민자들이 있었다. 이에 미스는 그들과 교류를 통해 점차 사회적 반경을 넓혀 나가며 1년 뒤에는 혼자서 영어로 의사소통을 할 수 있을 정도가 되었다.

1939년 여름의 몇 주간, 미스는 베를린에서 날아온 릴리 라이히와 위스콘신의 별장에서 일리노이 공과대학교 캠퍼스 계획안을 작업하면서 여가를 즐겼다. 여름 내내 술과 음악이 넘쳐 나는 파티가 계속 이어졌다. 여름이 끝나 갈 무렵에 라이히는 미스 곁에 계속 머물고 싶어 했지만, 미스는 그녀가 남기를 원하지 않았다. 그녀는 9월 1일에 베를린으로 떠났으며, 그 후로 오래도록 미스와 편지를 교환하지만 다시는 만나지 못했다. 그녀는 베를린에서 미스가 남긴 여러 작업들의 뒤치다꺼리를 맡아서 하는 등 그를 위해 많은 헌신을 했고, 제2차 세계 대전의 와중에도 미스의 많은 기록이 살아남은 것 역시 전적으로 그녀 덕분이었다.

미스가 마지막 연인이었던 로라 막스Lora Marx를 만난 것은 1940년 시카고의 새해 전야 파티였다. 시카고의 건축가이자 예술품 수집가였던 새뮤얼 막스와 막 이혼한 로라는 미스를 처음 보자마자 사랑에 빠졌고, 둘의 관계는 그날 밤부터 미스가 죽을 때까지 지속되었다. 로라는 단정하고 조용하며 미스의 외도를 눈감아 줄 만큼 순종적이었다. 그녀는 그와 따로 살면서 29년 동안 관계를 지속했고, 미스가 죽는 순간까지 옆에서 그를 돌보았다.

프로몬터리 아파트와 860-880 레이크 쇼어 드라이브 아파트

미스와 개발업자인 그린월드Morris Greenwald의 공동 작업은 아마 건축 역사상 가장 성공적인 건축가와 사업가의 만남일 것이다. 그들은 1949년에 시카고의 레이크 쇼어Lake Shore에 건설된 프로몬터리 아파트Promontory Apartments를 시작으로 그린월드가 비행기 사고로 사망한 1959년까지, 10여 년간 6개의 프로젝트를 함께 작업하며 작품성과 상업성을 동시에 이룬 보기 드문 사례를 남겼다. 미스-그린월드의 첫 공동 작업인 프로몬터리 아파트는 콘크리트로 이루어진 직육면체 모양에 미스식 입면을 가지고 있다. 전후에 철은 그 수요가 폭증하여 가격이 올랐기 때문에 이 아파트는 콘크리트로 지어질 수밖에 없었다. 이 건물은 미국에 와

▶ 건축사에서 가장 성공적인 사업가와 건축가의 관계를 보여 준 그린월드와 미스.
사진 제공: VIEW

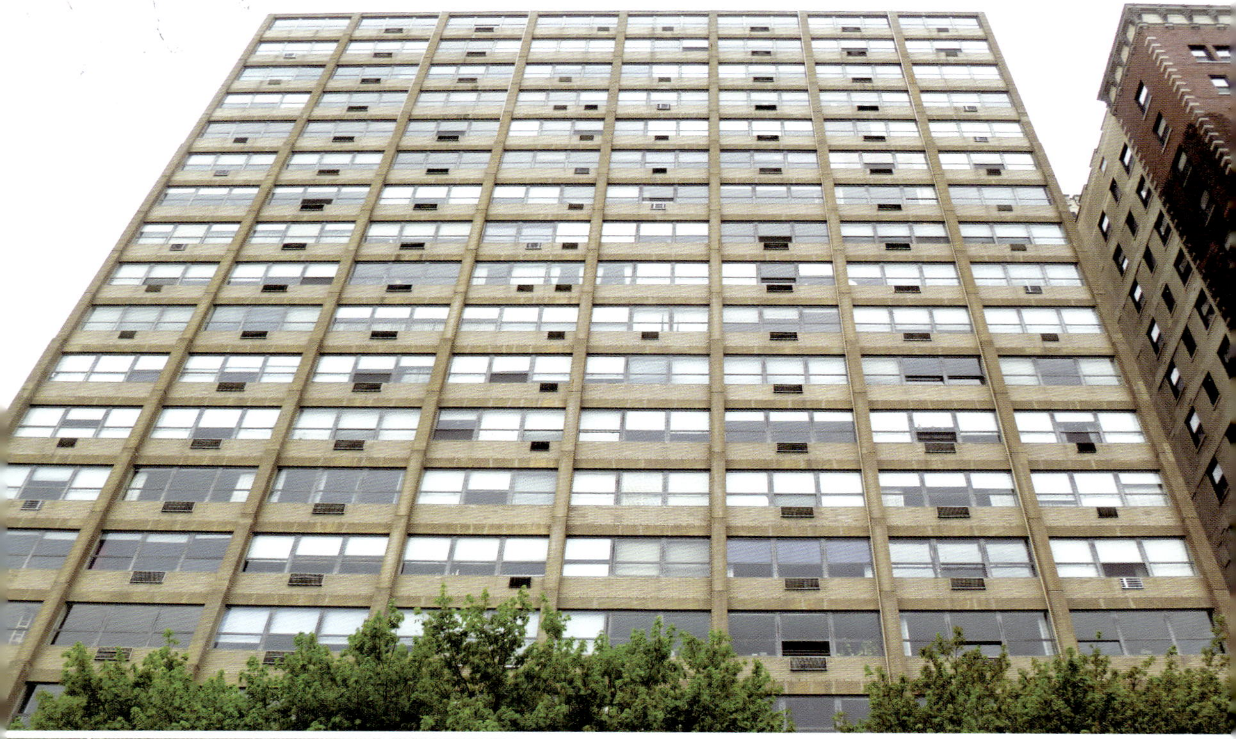

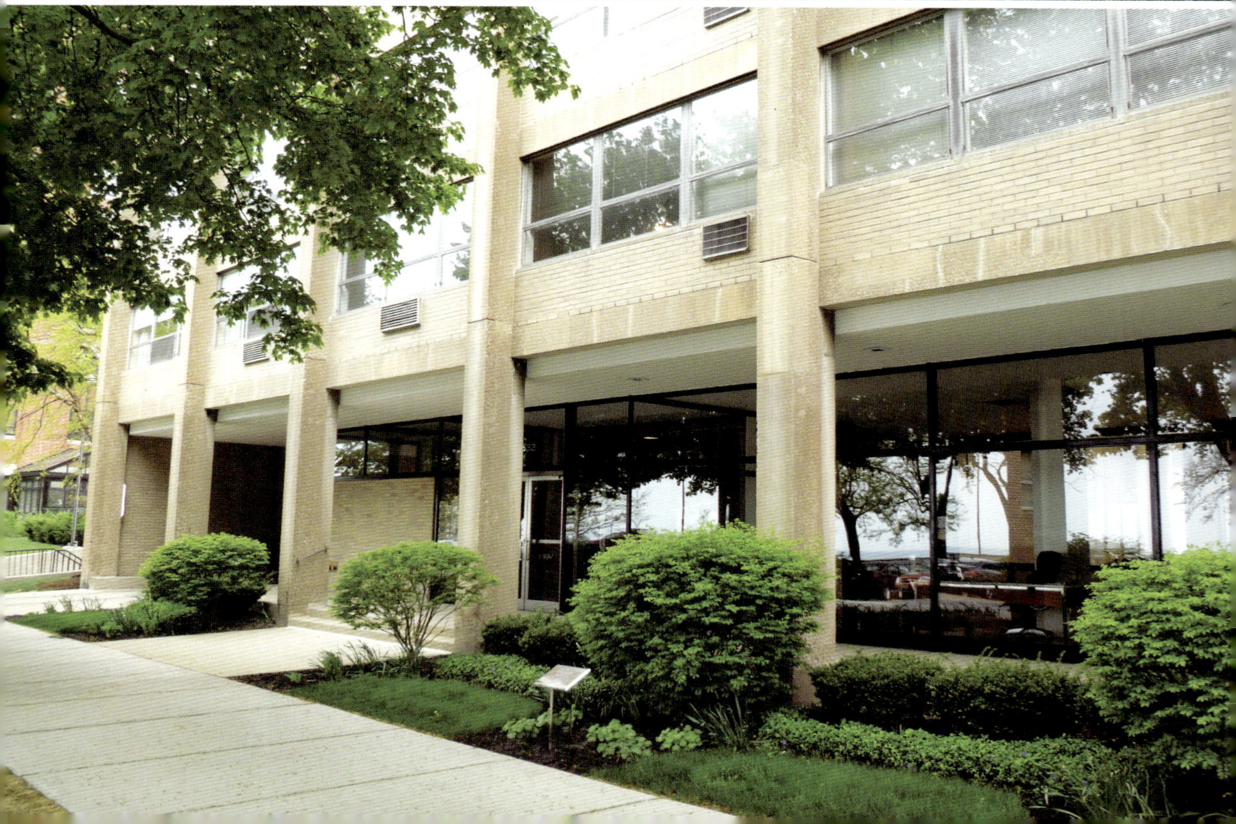

서 한 첫 작업이라 그런지 그다지 눈에 띄는 점은 없다. 하지만 꼭 필요한 기둥, 창문 외에 어떤 장식도 없는 겉모습이 고집스러워 보인다. 입면은 언뜻 보면 평평해 보이지만 살짝 튀어나온 기둥이 5층마다 뒤로 약간씩 물러서서, 마치 뽑힌 안테나처럼 시원하게 위로 쭉 뻗은 느낌을 준다. 흥미로운 점은 벽돌 색깔과 콘크리트 색깔이 같은 베이지색이어서 멀리서 보면 둘의 차이가 잘 드러나지 않지만, 가까이 다가갈수록 벽돌의 질감이 두드러져 입면이 풍부해진다는 것이다.

두 번째 공동 작업인 860-880 레이크 쇼어 드라이브 아파트860-880 Lake Shore Drive Apartments(이하 '860-880')는 프로몬터리 아파트 작업이 끝나기도 전에 시작되었는데, 1949~1951년에 세워진 이 쌍둥이 아파트는 20세기 고층 건물의 디자인에 가장 큰 영향을 끼친 작품 중 하나다. 지금 봐도 그 비례나 재료의 사용이 전혀 예사롭지 않은데, 세로로 길쭉한 창문들은 건물의 수직성을 강조했고 입면의 밋밋함을 덜어 주기 위해 기둥과 창문 틀에 I빔을 용접하여 덧붙였다.(이 I빔은 이후로 미스의 거의 모든 고층 건물 프로젝트에 쓰이게 된다.) 지상층은 유리로 둘러싸여 있으며, 로비 부분은 투명한 유리로, 부속 부분은 불투명한 유리로 되어 있다. 860과 880의 두 건물로 되어 있는 이 아파트는 캐노피canopy로 연결된다.

미스는 이 아파트를 통해 자신의 오랜 꿈이었던 구조와 미학의 통합, 즉 철과 유리를 통해 기술과 예술의 조화를 이루어 냈다. 시카고 건축 법규에 따르면 철골 기둥은 2인치(5 센티미터) 이상의 콘크리트로 감싸여야 했는데,(화재에 취약한 철을 보호하기 위해서였다.) 미스는 철골 기둥을 콘크리트로 감싸고 이를 다시 철골 패널로 감싼 뒤에 그 위에 I빔까지 덧붙였다. 미스의 전매특허인 창문 틀 위에 덧붙인 I빔은 구조를 강화시키는 실질적 용도가 있었지만, 미스는 그것을 사용한 특별한 이유를 밝히지 않고 그저 이렇게 말했다. "빌딩은 그것 없이는 제대로 된 것처럼 보이지 않았습니다."

◀ (위)미스와 그린월드의 첫 공동 작품인 프로몬터리 아파트. 벽돌과 콘크리트 색이 똑같아서 멀리서 보면 잘 구분되지 않는다.

(아래)프로몬터리 아파트의 부분. 가까이에서 보면 벽돌과 콘크리트의 질감 차이가 확실히 느껴진다.

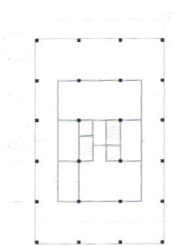
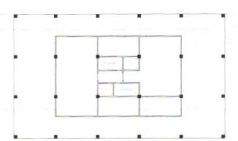

▲ (위)20세기 고층 건물의 설계에 큰 영향을 끼친 860-880 레이크 쇼어 드라이브 아파트. 사진 제공: VIEW
(아래)860-880 레이크 쇼어 드라이브 아파트의 평면도. 왼쪽이 860, 오른쪽이 880이다.

▶ (위, 중간, 아래)860-880 레이크 쇼어 드라이브 아파트의 세부 모습들. 입면의 밋밋함을 상쇄시키기 위해 I빔을 사용했다.

사실 미스의 건물에서 I빔의 목적은 기능적이라기보다는 미학적인 데 있었고 장식적인 면이 강했다. 미스는 이후에 자신이 설계한 모든 건물의 입면에 I빔을 덧붙였고 심지어 굳이 보강할 필요가 없는 기둥에도 I빔을 덧붙였다. 이런 여러 주관성에도 불구하고 미스의 추종자들은 그가 객관적 논리에 바탕을 둔 순수한 합리주의자라고 생각했고, 미스 역시 자신에 대한 이런 이미지를 고치려고 하지 않았다. 그는 미국에서 단순한 건축가가 아니라 스승이었고, 실용성을 중시하는 미국에서는 객관성과 합리성을 말하는 것이 그의 건축을 이해시키는 데 더 이득이 되었다.

그의 베를린 작업도 마찬가지였지만, 미국 작업에서 가장 중요한 요소는 상업적인 경우였든 아니었든 간에 결국 예술적인 측면이었다. 860-880이 지어진 지 수세대가 지난 뒤에도 그것을 따라 한 수많은 빌딩들이 결코 따라갈 수 없는 부분은 바로 미스의 예술적 감각이지, 합리적 사고가 아니다. 860-880의 훌륭함은 신중한 디테일, 두 건물의 비례 및 적당한 거리, 창문과 입면의 알맞은 비례 등에 있다. 모든 건물이 그렇듯, 860-880에도 치명적인 약점은 물론 있었다. 미스가 재료를 사용할 때 미학적 관점을 넘어선 특성을 항상 정확히 파악하고 있었던 것은 아니다. 860-880의 유리창은 1장의 유리로 되어 있어 단열에 문제가 있었고,(현재 건축에 사용되는 거의 모든 유리는 단열을 위해 유리 2장을 겹치고 그 사이에 공기층을 넣은 복층유리다.) 지상층의 바닥에 깐 석회석 타일은 보기에는 아름답지만 자잘한 구멍들의 빈틈으로 물이 고여 있다가 시카고의 추운 겨울이 되면 얼어서 쉽게 부서졌다. 그러나 이것이 오직 미스 혼자만의 문제는 아닐 것이다. 라이트의 건물에서 자주 보이는 원목 재료는 지어진 지 몇 년이 지나지 않아 금세 낡았고, 르 코르뷔지에가 외부 마감에 주로 사용한 하얀 스투코 역시 그러했다. 어쨌거나 미스의 디자인은 시공비가 생각보다 쌌고, 유리와 철이 상징하는 현대적인 아름다움이 사람들이 상상했던 새로운 도시의 모습과 맞아떨어졌기 때문에 대도시에 지어지는 사옥이나 관공서 건물로 특히 환영받았다. 미스는 860-880의 한 호에 직접 거주할 생각이었지만, 나중에 고백하기를 엘리베이터 안에서 다른 입주자들을 마주치면 끊임없는 불평불만을 들어야만 한다는 사실이 두려워 결국 포기했다고 한다.

860-880은 물론 그 선례를 찾을 수 있다. 레이먼드 후드가 지은 맥그로힐 빌딩McGraw-Hill Building(1929), 해리슨 앤드 아브라모비치가 르 코르뷔지에의 지도를 받아 세계 각국의 유명한 건축가들과 함께 설계한 유엔 본부 건물(1947~1950)이 바로 그것이다. 이 건물들은 미스의 860-880보다 시기적으로 앞서지만, 860-880은 그때까지 유리와 철로 지어진 고층 건물 중에서 최초의 주거용 건물이자 구조가 가장 잘 표현된 작품이라 할 수 있다. 1952년에 SOM의 고든 번샤프트Gordon Bunshaft가 미스의 디자인 원리를 충실히 따른 최초의 유리 커튼 월curtain wall 건물인 레버 하우스Lever House(9장에서 자세히 들여다볼 시그램 빌딩의 길 건너에 있다.)를 뉴욕의 파크 애비뉴에 세운 이후로, 수많은 건축가들이 미스의 복제품을 뉴욕과 시카고 등에 세웠다.

860-880의 성공으로 미스와 그린월드의 관계는 더욱 긴밀해졌고 좀 더 큰 규모의 일을 하게 되었다. 그린월드는 미스와 작업하면서 이 건물에 1평방피트당 10달러의 돈이 든다는 사실을 알았는데, 이는 일반적인 공사비보다 낮았다. 게다가 덤으로 미스 반 데어 로에의 명성을 빌릴 수 있었으니 일석이조였다.

860-880의 바로 옆에 붙어 있는 900 에스플러네이드900 Esplanade는 860-880이 완공되기 전에 시작되었다. 설계의 기본 원리는 860-880과 동일하나 규모가 훨씬 크고 긴 장방형 형태라는 차이를 보인다. 그 외에 예산이나 기술적인 발전에 따라 약간의 차이를 보이기는 하지만, 밖에서 보는 것만으로는 알아차리기 힘들다. I빔을 덧붙인 미스의 커튼 월은 이 건물에서는 구조를 보여 주기보다는 숨기는 효과가 더 컸고, 이는 건물을 이루는 구조를 그대로 보여 준다는 미스의 근본 원리와 상충하는 것이었다. 이러한 면은 미스가 일관성이 없었다기보다는 그가 건축 이론가나 철학가이기 전에 예술가였다는 사실을 보여 준다.

▲ (왼쪽)고든 번샤프트가 설계한 레버 하우스.
　(오른쪽)레이먼드 후드가 설계한 맥그로힐 빌딩.

▶ 해리슨 앤드 아브라모비치가 여러 건축가들과 함께 설계한 유엔 본부 건물.

◀ 커튼 월을 구조체 바깥에 덧붙여 내외부의 온도 차이에 의한 팽창과 수축 문제를 해결한 900 에스플러네이드.

▼ 외부에 하얀색 알루미늄을 써서 건물 자체가 가벼워 보이는 커먼웰스 프라머네이드 아파트.

▶ 주거 공간인 고층 아파트와 휴식 공간인 널찍한 공원을 조화시키려 했던 라피엣 파크의 전경.

비슷한 시기에 지어진 또 다른 쌍둥이 아파트인 커먼웰스 프라머네이드 아파트Commonwealth Promenade Apartments는 그전과 디테일은 같으나 외부에 하얀색 알루미늄을 써서, 구조체를 강조했던 이전 건물과는 다르게 무척 가벼워 보인다. 이제 미스는 외부의 표면이 구조와 전혀 상관없다는 사실을 밝히는 데 전혀 거리낌이 없어 보인다.

라피엣 파크, 새 도시의 이상을 제시하다

라피엣 파크Lafayette Park는 1958~1960년에 디트로이트 시내 동쪽의 커다란 공원과 주거단지를 복합개발한 지역이다. 이는 미스와 그린월드가 함께 작업한 마지막 프로젝트이자 미국에서 행해진 첫 번째 도심 재개발 프로젝트로서, 미스가 처음 계획했던 대로 완성되지는 않았지만 미스가 추구했던 현대 도시 계획을 일부나마 실현한 대규모 프로젝트였다. 약 31만 제곱미터에 이르는 이 개발 지역은 원래 그래티엇 파크Gratiot Park라 불렸으며, 미스와 루트비히 힐버자이머가 공동으로 계획했다. 1~2층짜리 타운 하우스와 쇼핑 센터, 그리고 2개의 고층 아파트로 이루어져 있는데, 건물들은 미스의 초기 작품에 나타나는 국제 양식의 전형을 잘 보여 준다.

토요일 오후에 찾아간 라피엣 파크는 한적했다. 그곳에 서 있는 세 건물에는 미스가 시그램 빌딩에서 사용했던 디테일과 860-880의 디테일, 900 에스플러네이드의 알루미늄 입면이 한꺼번에 나타나 있고, 타운 하우스에서는 일리노이 공과대학교 캠퍼스에서 쓰였던 디테일들이 보인다. 더 자세히 말하면, 건물의 저층부는 860-880처럼 투명한 유리 박스의 로비로 되어 있고, 그 위의 주거 부분에서는 시그램 빌딩과 860-880의 중간 단계 같은 디테일이 보인다. 전반적으로 보았을 때, 깔끔한 비례와 디테일이 돋보이고 색깔도 너무 우중충하지 않아 좋았다. 뉴욕의 시그램 빌딩이 아직도 젊은이의 생기와 귀족스러움을 간직하고 있다면, 라피엣 파크는 적당히 때가 끼고 페인트가 벗겨져서 우아하게 나이 먹은 노인 같은 느낌이었다.

넓게 퍼진 초록 잔디밭을 배경으로 서 있는 건물들은 도시의 규모에 잘 어울리고, 옹기종기 모여 있는 타운 하우스들은 휴먼 스케일$^{human\ scale}$(인간의 몸을 기준으로 삼은 척도)에 잘 맞는 듯하지만, 널찍한 공원은 토요일 오후인데도 불구하고 잘 사용되지 않는 듯했다. 넓은 녹지에 둘러싸인 높은 타워에서 거주하고 쾌적한 외부 공간에서 자연을 마음껏 즐긴다는 모더니즘의 전형적인 생각을 반영한 라피엣 파크는, 바로 앞에 강변도로를 끼고 있어 미시간 호에 접근하는 게 아예 불가능한 860-880에 비해서는 더 인간적이기는 하다. 하지만 결국 프로그램이 없는 녹지는 의미 없는 공터와 큰 차이가 없다는 평범한 진리를 떠올리게 한다.

라피엣 파크는 도시 계획가였던 힐버자이머의 '정원 도시$^{Garden\ City}$' 개념을 적용한 첫 프로젝트로서, 그가 1930년대의 베를린을 위해 진행했던 이론적인 프로젝트였던 '복합개발^{Mischbebauung}'에서 그 원형을 찾을 수 있다. 햇빛과 맑은 공기가 있는 널찍한 풀밭으로 이루어진 공원에 아파트와 타운 하우스, 학교, 커뮤니티 센터 등을 세우고 자동차들은 제한적으로 접근시킨다는 힐버자이머의 생각은, 르 코르뷔지에가 1920년대에 계획했던 도시 아이디어와 대단히 흡사하다.

▲ (왼쪽)루트비히 힐버자이머가 계획한 라피엣 파크의 복합개발 스케치.
(오른쪽)1954년에 완공된 세인트 루이스의 프루이트 아이그Pruitt-Igoe 아파트 단지. 저소득층을 위한 쾌적한 주거를 마련한다는 거창한 청사진 아래 지어진 이 아파트는 그들의 삶을 고려하지 않은 설계로 말미암아 불과 몇 년이 지나지 않아 슬럼화되어 갔고 결국 1972년 7월 15일에 철거되었다. 이 아파트가 폭파되는 장면은 당시 텔레비전으로 생중계될 정도로 커다란 반향을 일으켰는데, 나중에 모더니즘의 몰락을 상징하는 대표적인 이미지가 되었다.

▲ 라피엣 파크에 세워진 아파트 입구.

▼ 내가 찾았을 때 라피엣 파크의 풀밭은 텅 비어 있었다.

미스가 설계한 마지막 아파트인 2400 레이크뷰 아파트.
이 건물 이후로 미스는 도심 아파트에 대한 관심을 잃었다.

그러나 새로운 도시의 이상을 바탕으로 1960년대의 미국에서 이루어진 이러한 도심 재개발은 대체로 실패한 것으로 평가된다. 그 이유는 당시의 건축가들에게는 이러한 공공의 목적을 실현할 역량이 부족했고 개발업자의 이익과 건축가의 공공성은 항상 충돌을 일으켰는데, 자본주의 사회에서는 개발업자들이 승리할 수밖에 없기 때문이다. 더구나 르 코르뷔지에의 아이디어에 따라 지어진 주거 공원들은 실제로 주변 환경들을 슬럼화하고 파괴하는 것으로 드러났다. 어느 정도 복잡한 거리에서 생겨날 수 있는 커뮤니티 간의 소통이 널찍한 잔디밭에서는 전혀 이루어지지 않았고, 부자들은 각종 시설로 접근하기 편한 도심이나 좀 더 널찍한 교외로 옮겨 갔다. 결국 도심 재개발 지역은 점차 저소득층을 위한 공동주거와 동일시되며 초기의 생각과는 달리 슬럼화되어 갔다.

이렇듯 휴먼 스케일과 동떨어진 초고층의 대형 블록과, 똑같은 형태가 반복되는 무미건조한 집들을 도시에 계획한 것이 모더니즘의 가장 큰 실패이고, 라피엣 파크 역시 모더니즘의 실패작이라 여겨진 때가 있었다. 하지만 최근에 들어와서 디트로이트 시가 맞닥뜨린 문제점과 함께, 라피엣 파크의 재평가가 이루어지고 있다. 자동차 산업의 쇠퇴와 더불어 규모만 확장되고 도시 중심부가 해체되어 갈수록 쇠락해 가는 디트로이트에서 인종적·경제적으로 다양한 주거 블록을 만들어 낸 라피엣 파크는 우아하게 나이를 먹었을 뿐 아니라, 오늘날에는 중산층을 위한 주거단지로 새로운 생명을 얻었다고 재평가를 받고 있다.

1959년에 그린월드가 사망하자 미스 사무실의 프로젝트 중에서 상당 부분을 차지하던 그와의 공동 작업이 모두 중단되었고, 미스는 사무실 직원의 반을 내보내야 했다. 1963년, 미스는 시카고 북쪽의 링컨 공원 가장자리에 세운 2400 레이크뷰 아파트Lakeview Apartments를 마지막으로 도심지 아파트 주거에 대한 관심을 잃었고, 이후에 들어온 프로젝트는 직접 관장하기보다는 밑의 직원들이 처리하도록 했다. 그 대신에 미스는 여기서 얻은 디테일에 대한 노하우를 좀 더 발전시키는 데 관심을 기울이고, 이는 나중에 역사적인 시그램 빌딩이 탄생하는 중요한 계기가 된다.

8장_ 무한정 공간을 추구하다

자연을 위한 건축, 판스워스 하우스

다시 1950년대 초로 돌아가 보자. 전쟁이 끝나자 학생들이 돌아왔고 건설 경기가 살아나서 일이 쏟아져 들어오기 시작했다. 1952년에 미스의 사무실 또한 점차 규모가 커져 갔고 해야 할 일이 산더미같이 많았지만, 그의 신경을 온통 빼앗는 사건이 있었다. 1년 전인 1951년에 미스는 건축주인 이디스 판스워스Edith Farnsworth와 크게 싸운 뒤에 소송을 냈고 판스워스가 맞소송을 내면서, 이 길고 지루한 싸움이 1953년 봄까지 이어졌다. 건축주와 건축가는 서로 조금도 양보하지 않았다. 결국 미스가 소송에서 이겼지만 엄청난 정신적·시간적 소모를 해야 했다. 판스워스는 나중에 그에 대해 다음과 같이 말했다. "미스는 내가 알던 어떤 사람보다 더 차갑고 잔인했다. 그가 원한 것은 친구나 협력자가 아니라 허수아비나 희생자였다." 그녀가 처음 그에게 일을 부탁했을 때에는 둘 사이의 관계가 이렇게까지 되리라고는 아무도 예상하지 못했다. 일단 겉으로 드러난 문제는 엄청나게 초과된 건축 비용을 누가 부담하느냐는 것이었지만, 실제로는 두 사람 사이의 사랑과 자존심 싸움이었다.

시카고의 명문 집안 출신인 이디스 판스워스는 1945년에 친구의 집에서 열린 파티에서 미스를 만났다. 그녀는 젊은 시절에 바이올린을 사랑했고 이탈리아에서 음악을 공부하기도 했다. 하지만 자신에게 재능이 없다는 것을 깨닫고 노스웨스턴 의과대학에서 공부한 뒤에 시카고에서 병원을 개업하여 신장병 분

▲ 판스워스 하우스의 겨울 풍경.

야에서 전국적인 명성을 얻었다. 40대의 미혼이었던 그녀는 주말 별장을 짓기 위해 모마에 건축가를 추천해 달라고 부탁했다. 르 코르뷔지에, 라이트, 미스의 이름이 나왔고, 그녀는 가장 가까이에 있던 미스로 결정했다. 둘 사이의 관계는 점차 업무 이상으로 발전했다. 미스와 판스워스를 아는 사람들은 둘 사이가 로맨틱한 관계였다는 것은 짐작했지만 어디까지였는지는 아무도 몰랐다.

독신 여인의 주말 별장으로 계획된 판스워스 하우스Farnsworth House는 시카고에서 서쪽으로 75킬로미터쯤 떨어진 일리노이 주의 플래이노Plano에 있는 폭스 강Fox River과 맞닿은 39,000제곱미터의 넓은 땅 위에 세워져 있다. 최소한의 기능적인 요구 조건만 충족시키면 되었던 이 프로젝트는 건축가에게는 이상적인 작업이었다. 미스는 재빨리 아이디어를 내고 개략적인 콘셉트를 잡은 뒤에 천천히 일을 진행해 나갔다. 둘은 현장을 조사한다는 핑계로 정기적으로 집터에 가서 소풍을 즐기고는 했다. 판스워스는 별장을 짓는 데 서두르지 않았다. 1946년에 전반적인 설계가 끝났지만, 실제 공사는 1949년 9월이 되어서야 시작되어 1951년에야 끝났다.

이 집은 사방이 완전히 유리로 싸인 직육면체로 이루어져 있다. 바닥 슬래브는 지면에서 1.5미터 위로 올려져 있는데, 이는 바로 옆의 강이 일으킬지도 모를 홍수에 대비하기 위함이기도 했다.(그럼에도 불구하고 이 집은 총 3차례에 걸쳐서 크고 작은 홍수의 피해를 입었다.) 9×23미터 크기에 유리로 둘러싸인 내부 공간은 8개의 철골(H형강wide flange) 기둥에 의해 지지된다.

내가 판스워스 하우스를 찾은 때는 2012년 5월이었다. 낮은 계단을 통해 집만큼 널찍한 테라스에 올라서자, 또 다른 계단이 방문자를 테라스에서 파티오patio로 이끌었다. 오른쪽으로 90도를 돌아서면 집 안으로 들어가는 현관문이 보였다. 내부는 한 개의 공간으로 이루어져 있고, 내부 공간의 구분은 기다랗게 놓여 있는 코어core(일반적으로 주거에서 계단실, 화장실, 창고 등을 기능상 모아 놓는데 이를 한꺼번에 코어라 부른다.)에 의해 나뉘어 있었다. 코어는 부엌, 화장실, 창고, 벽난로 등으로 구성되었다. 다른 모든 부분에서는 유리를 통해 바깥 전경을 감상할 수 있고, 또 바깥에서 안을 들여다볼 수도 있었다. 에어컨디셔닝 장

▲ (위)판스워스 하우스에서 폭스 강을 바라본 풍경.
　(아래)판스워스 하우스의 테라스와 파티오.
　계단으로 연결되어 있다.

▶ 판스워스 하우스의 H형강 기둥.
　이 8개의 기둥에 의해 집이 떠받쳐져 있다.

치는 없었으나 현관과 집의 다른 쪽 끝에 위치한 작은 창문을 열어서 양방향으로 환기cross-ventilation를 할 수 있었다. 모든 배관과 전력선들은 코어에서 모여 땅속으로 연결되어서 곁에서는 8개의 얇은 기둥 위로 집이 떠 있듯이 보였다.

판스워스 하우스는 미스가 15년 만에 설계한 주택으로서, 구조와 공간을 다루는 데 완전히 변화된 모습을 보여 준다. 비대칭적으로 사방으로 뻗어 나가던 1920년대의 주택 프로젝트들과는 다르게, 직육면체의 유리 박스 안에 모든 프로그램이 담겨 있다. 독일 시기와 비슷하게 보이는 것은 비대칭적인 테라스 정도다. 하지만 재료에 대한 집착은 여전했다. 미스는 모든 데크deck와 바닥에 로만 석회석roman limestone을 사용했고, 철골 기둥은 모래로 갈아 표면을 부드럽게 한 뒤에 하얀색으로 칠했다. 미스는 재료를 직접 골랐고 모든 부분을 직접 감독하며 디테일에 신경을 많이 썼다. 판스워스 하우스는 처음에 보면 커다란 유리

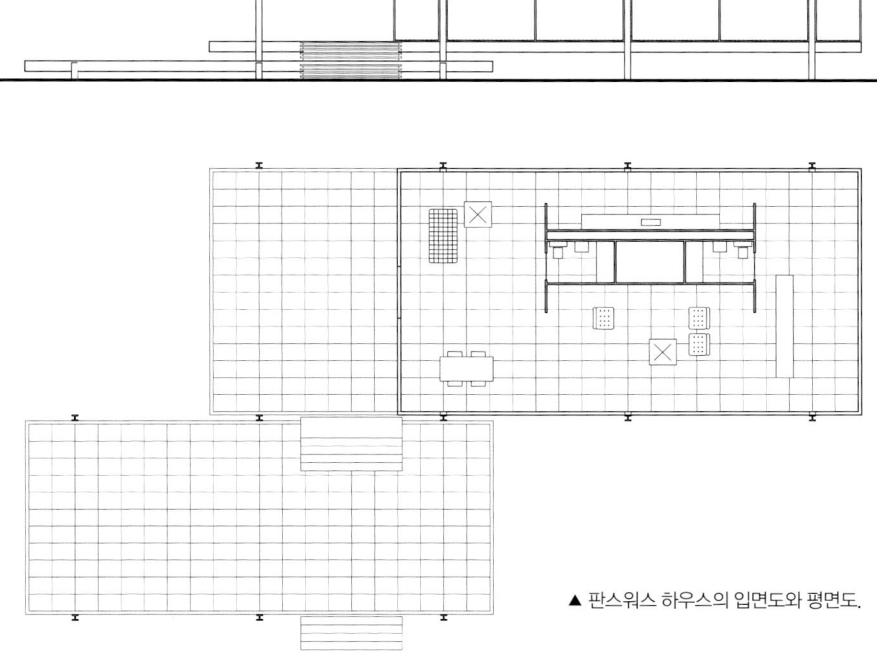

▲ 판스워스 하우스의 입면도와 평면도.

면에 깔끔한 하얀색 구조체가 매우 모던하게 보이지만, 계속 쳐다보면 전통적인 파빌리온이나 엄숙한 사원 또는 신전을 연상시키기도 한다. 이 집 역시 기능보다는 미학적 완성도가 훨씬 뛰어난데, 앞에서 이야기한 대로 미스가 기술적 면에 대해 갖고 있는 이해도는 재료적 감성과 비교해 볼 때 형편없어 보인다. 네 면을 둘러싼 커다란 유리 판들은 추운 겨울에는 내외부의 온도 차 때문에 물방울이 맺히기 일쑤였고, 여름에는 태양열을 받아 내부를 뜨겁게 달구는 온실 효과를 냈다. 환기는 잘 안 되었고, 유리창을 따라 둘러친 커튼은 내부 열을 줄이는 데 별 효과가 없었다. 미스는 처음에 파티오에 방충망을 설치하지 않았는데, 자신이 모기들에게 심하게 물린 뒤에야 방충망을 설치해서 외부 휴식 공간을 만들어 달라는 판스워스의 요구에 응했다.

투명한 유리를 통해서 보이는 자연은 빛과 계절의 변화에 따라 점차 내부 공간으로 스며들고, 그곳에서 지내는 거주자에게 상당히 색다른 경험을 제공해 준다. 이는 밖에서 바라보는 자연과는 또 다른 느낌을 준다. 내부는 정적인 공간을 위한 것이지, 흐르는 공간을 위한 것은 아니다. 거주자는 움직이기보다는 자리에 앉아 변화하는 자연을 내다보기를 원할 것이다. 이는 바르셀로나 파빌리온과 비교해 볼 때 분명한 차이를 지닌다. 바르셀로나 파빌리온에서는 벽들 사이의 흐름과 재료의 반사를 통해 건물을 느꼈다면, 여기서는 건축이 사라지고 그 자리를 자연이 차지한다.

건축주와의 법정 싸움

판스워스 하우스의 완공이 가까워 올수록 미스와 판스워스의 사이는 점점 더 멀어져 갔고 비용은 올라만 갔다. 원래 예산은 4만 달러로 책정되었으나, 공사

▶ (위)뒤쪽에서 본 판스워스 하우스.
(아래 왼쪽, 오른쪽)판스워스 하우스의 내부와 그곳에서 볼 수 있는 바깥 풍경. 이곳에서는 외부의 자연이 내부 공간으로 고스란히 스며든다.

가 시작될 즈음에는 50퍼센트가 올라 6만 달러가 되었다. 미스는 그 이유를 한국전쟁으로 인한 인플레이션이 발생했고 최고의 재료와 장인을 필요로 하기 때문이라고 설명했다. 판스워스는 미스가 자신의 돈을 대수롭지 않게 생각하는 데 불만을 가지기 시작했다. 판스워스의 이러한 불만은 디자인에도 영향을 끼쳤다. 미스는 자신이 디자인한 가구와 커튼을 판스워스가 사용하기를 원했지만, 그녀는 둘 다 거절했다. 결국 미스는 판스워스의 어머니에게 커튼을 선물하여 판스워스가 어쩔 수 없이 그 커튼을 걸게 하는 데 성공한다. 취향과 비용에 대한 이러한 다툼은 물론 심각했지만, 이것으로 그들의 싸움을 다 설명하기에는 부족하다. 1946~1949년에는 둘은 행복한 시간을 보냈고, 판스워스는 미스가 어떤 건물을 설계해 왔는지를 잘 알고 있었다. 그런 판스워스가 미스에게 건축주의 입장뿐 아니라 개인적으로도 상처를 받지 않았더라면 이토록 커다란 다툼을 벌이지는 않았을 것이다.

　미스와 판스워스의 지루한 법정 싸움은 1953년까지 일리노이의 요크빌Yorkville에서 벌어졌다. 미스는 자신이 집을 짓는 데 개인적으로 지출한 28,173달러는 판스워스가 빚진 돈이니 갚으라고 주장했다. 판스워스는 오히려 미스가 돈을 처음 예산보다 훨씬 많이 썼다며 33,872달러를 미스에게 요구했고, 미스와 그의 직원들이 무능하다고 비난했다. 변호사에게서 미스의 변론을 전해 들은 판스워스는 다음과 같이 이야기했다.

　"당신은 그가 얼마나 무지했는지 상상할 수도 없을 것입니다. 그는 철의 특성이나 표준 치수들에 대해 아는 것이 아무것도 없었습니다. 건설에 대한 지식이나 고등학교 물리 또는 그냥 일반 상식에 대해서마저 무지했지요. 그가 아는 것이라곤 자신의 콘셉트에 대한 무례한 이야기뿐이었습니다."

　미스는 이날 변론에서 엄청나게 고생을 했다고 알려졌고, 나중에 측근들에게 다시는 법정 싸움을 하지 않겠다며 진저리를 쳤다고 한다. 이 소송에서 결국 판스워스는 졌고 미스는 14,000달러의 보상금을 받았다.

판스워스 하우스에 대한 비판과 찬사

대부분의 건축 비평가들은 미스의 설계에 깊이 감명을 받았고, 완성도 되기 전에 학생과 일반인의 방문이 끊이지 않을 정도로 큰 반향을 일으켰지만, 그에 반한 격렬한 반대도 있었다. 그중에서 대표적인 예가 1953년에 『하우스 뷰티풀House Beautiful』이라는 잡지에 실린 「미국의 다음 세대에 대한 위협Menace to the New America」이란 글이었다. 이 글은 미스뿐 아니라 국제 양식 전반에 걸쳐 비평한 것으로 특히 바우하우스 스타일에 집중되어 있었다. 이 글의 필자는 르 코르뷔지에, 그로피우스, 미스를 싸잡아 비판하면서, 미스의 건축은 차갑고 황량하며 미스의 가구들은 메마르고 불편하다고 썼다. 이디스 판스워스는 이 잡지와의 인터뷰에서 "이 집은 옷걸이 하나를 사더라도 밖에서 어떻게 보일까를 고민해야 하고, 가구 배치 또한 마음대로 할 수 없어요. 왜냐하면 집이 엑스레이같이 너무도 투명하기 때문이죠."라고 폭로했다.(빌라 투겐타트에서 미스의 디자인을 옹호하던 그레테 투겐타트의 태도와는 완전히 다름을 알 수 있다.)

게다가 프랭크 로이드 라이트도 이에 한몫 거드는데, 이를 계기로 미스와의 관계가 완전히 틀어졌다. "이 바우하우스 건축가들은 독일의 정치적 전체주의(나치)를 피해 도망 왔지만, 번드르르한 광고 효과로 그들만의 전체주의를 미국에서 이루었다……. 왜 내가 이러한 국제주의를 공산주의와 더불어 불신하고 부정할까? 왜냐하면 둘 다 본래의 성향대로 문명화란 이름 아래 평준화를 추구하기 때문이다." 미스는 라이트의 이러한 말에 대꾸하지 않았으나 다시는 그와 연락하지 않았다.

재판 뒤의 판스워스 하우스

1972년에 판스워스에게서 이 집을 사들인 런던 부동산 개발업자인 피터 팔럼보Peter Palumbo는 미스를 너무도 존경하여 대가의 유지를 받들기로 했다. 팔럼보는 미스의 사무실을 이어받은 그의 손자 더크 로한Dirk Lohan을 고용하여 이 집을 원래대로 복원했다. 방충망을 없애고 뜨거운 여름날에는 창문과 문을 열어 놓은 채 무지막지하게 덤벼드는 벌레들을 참아 냈다. 내부의 나무 벽에 어떤 그림도 걸지 말라던 미스의 지시에 따라 팔럼보는 조각을 놓았다. 팔럼보는 이 집의 이상적인 주인이었는데, 그는 집에 엄청난 시간과 관심을 쏟을 수 있을 만큼 부자였으며, 거기서 기껏해야 1년에 얼마간만 지냈고 그것도 낮에만 지낸 뒤에 밤이면 잠을 자기 위해서 10여 분 거리의 마을에 있는 빌라로 갔다.

이 집은 폭스 강의 홍수에 대비해서 지상에서 1.5미터 높이로 들어 올려졌지만, 1951년 이후로 3번에 걸쳐(1952, 1996, 2008년) 홍수의 피해를 입었고 그때마다 세심한 복원이 이루어져야 했다. 특히 1996년의 홍수 피해는 너무도 심하여, 유리창은 모두 깨지고 내부의 가구가 모두 떠내려갔으며 팔럼보가 매우 아끼던 피카소의 그림마저 유실되었다고 한다. 팔럼보는 이때의 홍수 피해로 너무도 낙담하여 이 집에 거의 신경을 쓰지 않다가 2003년에 이 집을 경매에 내놓았다. 판스워스 하우스의 장래를 걱정하던 전 세계의 보존가와 자원 봉사자들이 이 집을 원래대로 보존하기 위해 기금 모금 운동을 시작했고, 마침내 사적 보존을 위한 내셔널 트러스트 National Trust for Historic Preservation 에서 가까스로 750만 달러를 마련해서 이 집을 구매할 수 있었다. 이후 수년간의 보수 공사 끝에 일반에 공개되어 현재까지 수많은 관광객들을 맞아들이고 있다.(내가 방문했던 2012년 5월에도 파티오의 타일을 보수 공사하고 있었다.)

판스워스 하우스는 미국 시절의 미스에게는 처음이자 마지막 주택 작업이었다. 미국에서는 이처럼 사생활이 전혀 보호되지 않는 하나의 공간으로 이루어진 집은 팔리기 어려웠다. 미스는 커튼이 벽보다 사생활 보호에 더 유리하고, 자신이 디자인한 캐비닛으로 공간을 구획할 수 있다고 주장했지만 허사였다. 하지만 바르셀로나 파빌리온이 베를린 시절의 대표작이듯이, 판스워스 하우스는 미국 시절의 대표작이라 할 수 있다. 특히나 주택 건축에서 자유롭게 예술성을 추구하던 초기의 성향에서, 좀 더 엄격하고 궁극을 추구하는 방향으로 변화된 건축관을 가장 잘 보여 주는 작품이 바로 판스워스 하우스라 할 수 있다.

이 집과 관련된 에피소드가 하나 더 있다. 필립 존슨은 1947년 모마에서 열린 전시회에서 파빌리온 같은 유리 집인 판스워스 하우스의 디자인을 보고 강한 충격을 받았다. 그러고는 사방이 유리로 된 글래스 하우스 Glass House (1949)를

▲ 폭스 강 건너에서 바라본 판스워스 하우스. 강에 너무 가까이 위치해 있어 세 번에 걸친 홍수 피해를 입었다.

▶ 판스워스 하우스의 이상적인 주인이었던 피터 팔럼보(오른쪽). 하지만 큰 홍수 피해를 입은 그마저도 이 집을 포기할 수밖에 없었다.

▼ 겉모습이 거의 같은 미스의 판스워스 하우스(왼쪽)와 필립 존슨의 글래스 하우스(오른쪽). 존슨의 집이 먼저 지어졌지만 그가 미스의 집을 따라 한 것이 분명하다.

판스워스 하우스보다 먼저 지었다.(판스워스 하우스는 설계를 1946년경에 끝냈지만, 이래저래 시간을 끌다 1951년에야 완공되었다. 글래스 하우스 및 필립 존슨에 대해서는 나카무라 요시후미의 『다시, 집을 순례하다』에 자세히 소개되어 있으니 궁금하신 분들은 그 책을 읽어 볼 것을 추천한다.) 판스워스 하우스보다 일찍 완성되었지만 미스의 아이디어에서 가져온 것이 분명한 글래스 하우스는 투명한 유리 박스에 지지하는 기둥이 네 모퉁이에 세워져 있고 모든 면의 중앙에 출입구가 있다. 내부 공간에는 원통형의 화장실 코어와 캐비닛만 놓여 있다. 미스는 이 집이 자신의 디자인을 어설프게 모방했다고 비난했다.

첨단 구조 기술을 이용한 크라운 홀

미스가 추구하던 '무한정 공간'이란 콘셉트를 위해서는 그것을 실제로 적용할 수 있는 프로그램이 필요했는데, 이 콘셉트는 개인 건물보다는 공공 건물에 더 적용하기 쉬웠다. 1950년대에 미스는 구조 기술에서 훨씬 더 발전된 건물 3채를 설계했다. 그중 크라운 홀 S. R. Crown Hall만이 실제로 지어지고 나머지는 계획안으로만 남았는데, 이 건물들의 엄청난 규모 덕분에 미스는 구조를 창의적으로 활용할 수 있었다. 이처럼 첨단 구조 기술을 이용한 거대한 공간의 창출은 그가 말년에 추구하던 건축의 궁극적인 목표였다. 이 중에서 크라운 홀과 컨벤션 홀의 계획안을 들여다보자.

유리로 싸인 크라운 홀은 일리노이 공과대학교에 있는 건축학과 건물로서, 36×66미터의 넓이에 5.4미터 높이의 단일 공간이다. 개념적으로나 시각적으로나 가장 놀라운 점은 내부에는 기둥이 하나도 없다는 것이다. 총 8개의 기둥들은 건물 외벽의 긴 면을 따라서 놓여 있고, 지붕 위에서 서로 연결되어 있다. 지붕은 이 기둥들을 연결한 거더 girder(대들보) 밑에 매달려 있고 이 거대한 거더와 기둥들은 밖에서 보이도록 노출되어 있기에, 그가 설계한 어떤 건물보다도 구조적 기능을 더 확실히 확인할 수 있다. 6년간의 설계 과정과 공사 끝에 1956년에 크라운 홀이 완성되자, 이 건물은 미스가 그때까지 지은 건물들 중에서 클리어 스팬 Clear Span 구조(양쪽 끝에서만 지지되고 중간에는 기둥이 없는 구조)가 가

▲▼ 여러 각도에서 본 크라운 홀.

장 확실히 드러나는 작품이 되었다.

　바닥은 지하층에 있는 방들의 채광과 환기를 위해 1.8미터 높이로 들어 올려졌다. 낮은 계단을 찬찬히 오르면 널찍한 테라스에 다다르는데, 거기에서 다시 계단을 오르면 남쪽에 위치한 정문에 도착한다. 이 진입부는 판스워스 하우스의 테라스를 상기시키지만, 크라운 홀은 학교 건물이기 때문에 건물의 대칭성이 강조되었다. 크라운 홀의 대칭적 평면과 입면에서 보이는 기둥과 유리창은 싱켈의 구박물관을 떠올리게 할 정도로 고전적이다. 내부에는 계단 두 개가 있어 아래층의 교실, 사무실, 기계실로 연결된다. 크라운 홀은 미스가 이제껏 실현한 건물 중에서 내부 공간이 가장 큰 경우였고, 그 공간에는 방해물이 전혀 없었기에 어떠한 기능에도 알맞도록 변형할 수 있다. 미스는 크라운 홀에 대해 "우리가 이제껏 해 왔던 것들 중에서 가장 깨끗한 구조이고 우리의 철학을 가장 잘 표현한다."고 말했다. 그에게는 실제로 사용할 때 발생하는 불편함은 별로 문제가 되지 않았다. 예를 들면 한쪽에서 수업을 할 때 나는 소음이 다른 쪽의 수업에 방해가 된다든가, 거대한 공간은 냉난방을 하는 데 비효율적이라든가, 커다란 유리를 통해 들어오는 밝은 햇빛 때문에 내부에서 수업을 하기 힘들다는 점 등이 그랬다.

　2005년 말에 크라운 홀의 리노베이션 행사가 열렸다. 대부분의 건물들은 수명을 다하면 허물고 새로 짓지만, 일리노이 공과대학교에서는 대가의 작품인 크라운 홀을 그대로 살리기로 결정하고, 그동안 문제가 되었던 디테일 중 일부를 현대에 맞게 수정하는 선에서 리노베이션하기로 했다. 행사는 정문의 유리창을 부수는 이벤트로 시작되었는데, 인터넷으로 응모에 부친 그 이벤트에는 미스의 손자이자 시카고의 건축가인 더크 로한이 당첨되어 해체식의 유리창을 깨는 영광을 얻었다.

◀ 크라운 홀의 창문. 크라운 홀에서도 예외 없이 창문에 덧붙여진 I 빔을 볼 수 있다. 1.8미터 높이로 들어 올려진 1층 바닥 아래쪽에 있는 창문을 통해 지하의 채광과 환기가 이루어지지만 충분한지는 의문이었다. 이처럼 미스는 거대한 단일 공간이라는 콘셉트를 위해 사람이 실제로 사용할 공간의 쾌적함은 무시했다.

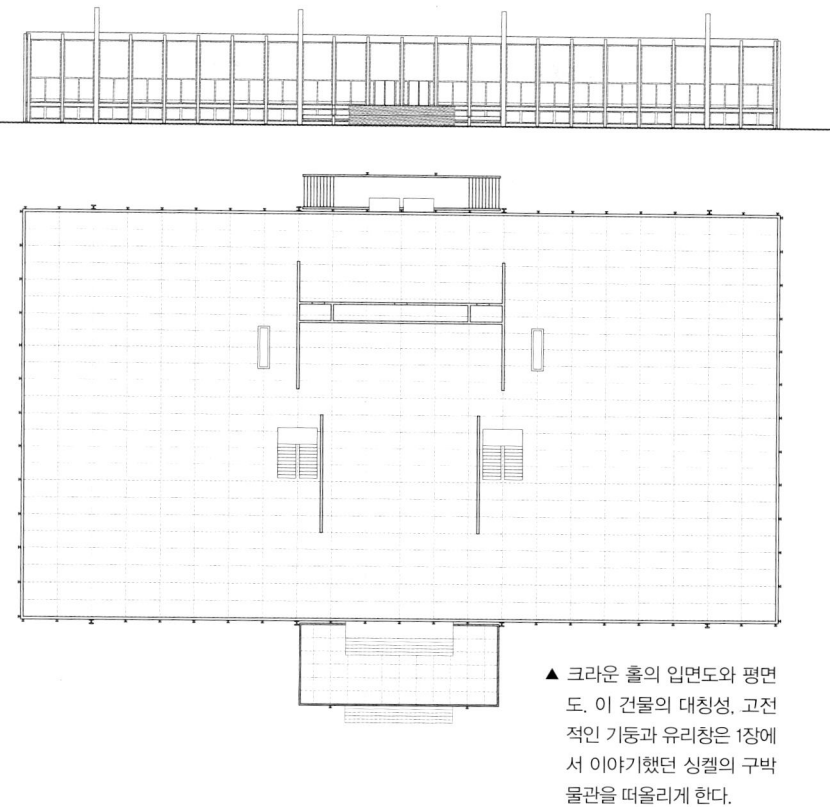

▲ 크라운 홀의 입면도와 평면도. 이 건물의 대칭성, 고전적인 기둥과 유리창은 1장에서 이야기했던 싱켈의 구박물관을 떠올리게 한다.

◀ (위)크라운 홀의 정문. 이 건물에 들어가기 위해서는 계단과 테라스를 거쳐야 한다.
 (아래)크라운 홀의 내부. 놀랍게도 이 넓은 공간에는 어떤 기둥도 세워지지 않았다.

미완의 프로젝트, 컨벤션 홀

미스가 고안해 낸 극단적인 구조를 가장 잘 보여 주는 프로젝트로는 크라운 홀 외에도 컨벤션 홀Convention Hall 프로젝트가 있다. 이 프로젝트는 시카고 도시계획 위원회의 요청으로 시작되었다. 위원회에서는 미스의 설계를 가지고 시카고 시를 설득하여 예산을 확보할 계획이었다. 시카고는 매년 수백 개의 다양한 컨벤션과 전시회, 위락과 정치 행사들이 열리는 도시로서, 이 행사들을 수용할 새로운 시설을 필요로 했다. 건물이 들어설 자리는 공장·빌딩과 남루한 주거들로 이루어진 시카고 남쪽 지역으로, 1950년대 도시 재개발의 일환으로 추진되었다. 이 계획안은(물론 당시에는 실제로 지어진다는 조건이 있었겠지만) 미스에게는 바르셀로나 파빌리온, 빌라 투겐타트, 판스워스 하우스에 필적할 만한 작품을 거대한 규모로 만들 수 있는 기회였다.

그때까지 제안된 전 세계의 안들 중에서 가장 커다란 전시 공간이었던 미스

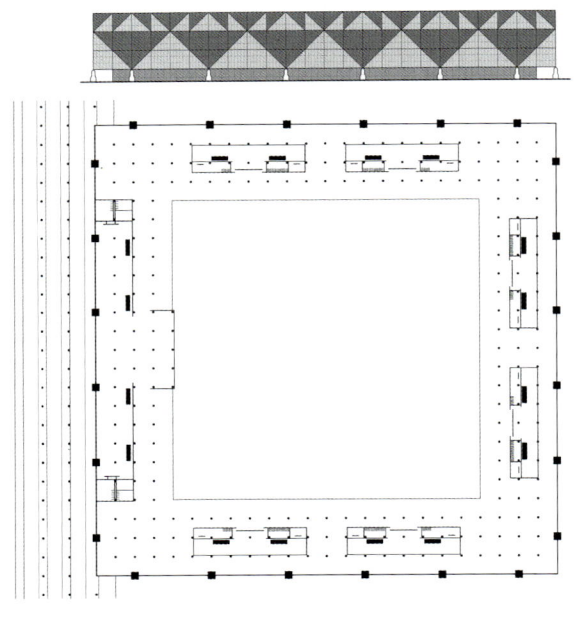

◀ 컨벤션 홀의 입면도와 평면도. 검은색으로 칠해진 사각형이 철골 트러스로 만든 기둥이다. 이 36개의 기둥 덕분에 내부 공간에서는 기둥을 없앨 수 있었다.

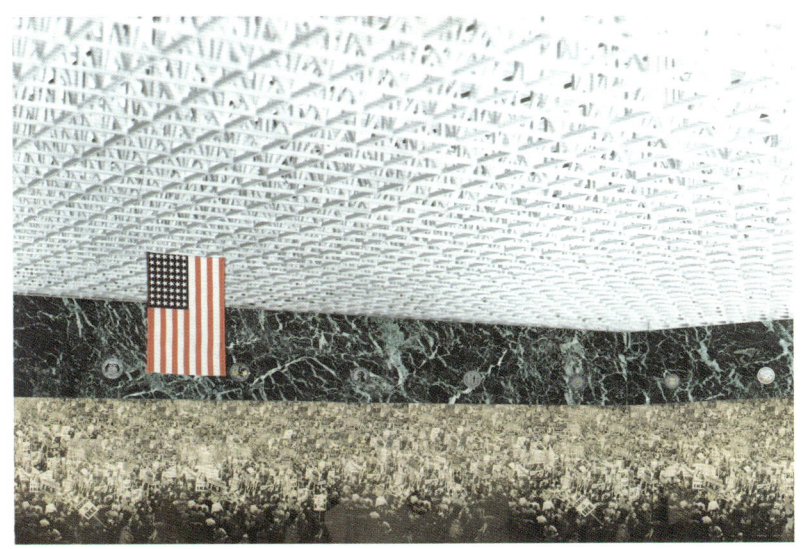

▲ 컨벤션 홀의 모형.
　사진 제공: VIEW

▶ 컨벤션 홀의 내부 공간을
　콜라주로 표현한 이미지.
　사진 제공: Art Resource

의 컨벤션 홀은 220×220×25미터의 거대한 건물로, 내부의 기둥을 없애기 위해 한쪽 면에 6개씩, 120피트(약 36미터) 간격으로 기둥을 세우고 그 위에 30피트(약 9미터) 깊이의 트러스 36개를 올려 지붕을 떠받치도록 했다. 건물은 110피트(약 33미터) 높이로, 노출된 기둥 사이를 메꾼 패널로 건물 전체를 둘러싸고 내부와 외부를 같은 재료로 마감한 형태였다. 내부 바닥은 3미터 아래로 내려가 있어서 안에 들어서면 내부 공간 전체가 한눈에 들어오도록 했다. 엄청난 크기의 내부 공간에는 17,000석의 좌석이 놓이는데, 임시 의자까지 합하면 자리는 5만 석에 이른다.

계획을 진행하면서 수많은 변경이 있었지만 일관되게 남은 사항은 기둥이 없는 커다란 정방형 공간이었다. 고정 칸막이가 없는 커다란 공간은 정치 행사부터 박람회와 운동 경기 등 어떠한 것도 수용할 수 있었고, 다양한 행사들의 각기 다른 요구는 임시 칸막이를 설치함으로써 해결할 수 있었다. 결과적으로 미스의 궁극적인 목적은 다목적 공간이었고 구조는 이를 이루기 위한 수단이라는 사실을 알 수 있다. 컨벤션 홀은 미스의 일생에서 가장 규모가 큰 건물이자 축조 방법과 구조의 표현에서 가장 대담한 작업이었고, 또 이성적인 방법으로 최상의 예술을 만들어 내는 미스의 능력이 가장 잘 발휘된 작품이었다. 컨벤션 홀에서는 이전의 작품에서 느껴지던 베를린 시기의 흔적(860-880에서 건물의 배치와 판스워스 하우스에서 테라스의 위치는 특별한 이유 없이 비대칭적이다.)이 자취를 완전히 감추었다. 여기서 미스는 직사각형의 평면마저 버리고 더 단순화된 형태인 정사각형의 평면을 사용했다.

컨벤션 홀은 미스가 설계한 가장 커다란 공간일 뿐 아니라 가장 공적이고 가장 일반화된 공간이다. 하지만 여기에는 사실 논리로만 설명할 수 없는 부분이 있다. 그가 제안한 기둥들의 널찍한 간격에는 실질적인 이유가 없다. 단지 다양한 행사를 위해서라면 기둥들을 적당한 간격으로 홀 안에 놓을 수도 있었고, 그 과정에서 비용을 훨씬 낮출 수도 있었다. 그가 이렇게 합리적인 선택을 하지 않은 이유는 오직 예술에 대한 열정과 의지의 소산이 아니었을까 생각된다. 그는 자신의 건축이 이성에 뿌리를 굳건히 두고 있다고 확신하고 있었기 때문에, 이

▶ 멀리서 바라본 컨벤션 홀. 진 서머스가 준공했으나, 지붕은 미스의 계획에 따라 거대하게 지어졌다.

▶ 컨벤션 홀의 내부. 미스는 커다란 하나의 공간을 만들기 위해 노력했으나, 진 서머스에 의해 실제로 지어진 컨벤션 홀은 내부가 칸칸이 나뉘어서 평범한 전시장으로 전락했다.

▶ 컨벤션 홀의 기둥 및 지붕 구조.

성을 비이성의 극단으로 끌고 갈 수 있었다. 미스의 이러한 면들 때문에 우리는 그를 단순한 건축가가 아닌 예술가로 보아야 하지 않을까 생각한다.

컨벤션 홀은 한때 미스 사무실의 2인자였던 진 서머스Gene Summers가 미스를 떠나 C. F. 머피 어소시에이츠C. F. Murphy Associates에서 일하면서 1971년에 재설계하고 지었다. 거대한 지붕 구조는 여전히 매력적이나 내부 공간은 미스라면 절대 하지 않았을 설계 때문에 눈에 거슬린다. 엄청나게 커다란 지붕은 멀리서도 눈에 띄고, 컨벤션 홀 자체가 미시간 호를 낀 강가에 놓여 있어 주변의 자연과 자연스럽게 연결되지만, 차 없이는 접근하기 어렵고 막상 접근해도 광장은 엄청난 건물의 규모에 압도당하여 썰렁함을 감출 수 없다. 내부 또한 벽으로 칸칸이 나뉘어서 겉에서 느껴지는 규모감을 느낄 수 없고, 그냥 평범한 전시장 이상의 모습이 아니다. 기본적인 아이디어는 미스에게서 가져왔으나, 그 아이디어를 실현하는 과정에서 많이 변형시킨 탓에 미스의 불량 복제품이 되고 만 듯하다.

한때 미스의 건축이 이성적이고 시스템에 철저히 따르므로 설계 방법 중에서 가르치고 배우기에 가장 쉽다고 여겨졌다. 하지만 실제로는 전혀 그렇지 않다. 미스의 건축이 아마 가르치고 배우기에 가장 힘들 것이다. 미스의 복제품들이 만들어 낸 1950~1960년대 미국의 도시 경관이 그 명백한 증거가 아닐까? 논리적으로 보이는 그의 작품을 아름답게 하는 것은 뒤에 숨겨진 알맞은 비례와 섬세한 디테일이지, 단순히 이성적인 논리 그 자체만은 아닌 것이다.

9장_ 뉴욕 시절의 미스

필생의 역작, 시그램 빌딩

1950년대 초반의 뉴욕 시에서는 빌딩 붐이 일어났다. 경제 공황과 전쟁으로 인해 20여 년간 침체되었던 경기가 살아나자 사무실 공간이 대량으로 필요하게 되었고, 그에 따라 맨해튼 여기저기서 고층 건물이 올라갔다. 이러한 현상은 전통적으로 고급 아파트들이 몰려 있던 파크 애비뉴도 예외는 아니었다. 1954년에 주류 회사인 시그램 앤드 선스 사 Joseph E. Seagram & Sons (이하 '시그램 사')에서는 1958년까지 회사 창립 100주년 기념으로 파크 애비뉴에 기념비적인 사옥을 짓겠다고 발표했다.

원래 이 프로젝트는 찰스 루크만 Charles Luckman (유명한 비누 회사였던 레버 브라더스 Lever Brothers의 사장으로, 레버 하우스가 지어진 뒤에 건축가로 전업한 특이한 경력의 소유자다.)이라는 건축가가 시작했지만, 그는 만족스러운 안을 내놓지 못했다. 그러자 시그램 사 사장의 딸인 필리스 램버트 Phyllis Lambert는 당시에 모마의 건축 부문 디렉터로 있던 필립 존슨과 함께 전 세계 건축가들의 작업을 자세히 연구했고, 두 달에 걸친 고심 끝에 최종적으로 미스를 선택했다.(필립 존슨의 영향이 컸으리라 짐작된다.) 이로써 미스는 68세의 나이에 자신의 건축 인생에서 최고 정점에 이를 프로젝트를 만나게 되었다. 시그램 사는 아낌없는 예산(최종 비용은 4천1백만 달러였다.)과 설계에 대한 무한한 자유를 미스에게 주었고, 미스는 그런 시그램 사에 최고의 건물로 보답했다. 미스는 필립 존슨과 공동 작업

◀ 시그램 빌딩의 모형 앞에 선 미스와
　그 뒤의 필립 존슨.

을 했는데, 이는 현명한 선택이었다. 필립 존슨은 누구보다도 헌신적으로 미스를 위해 힘을 쏟았고, 적어도 이때까지는 미스의 방식에 충실한 건축가였다. 게다가 미국건축가협회의 뉴욕 지부에서는 대학 졸업장이 없었던 미스에게 건축사 면허를 발급해 주지 않았기에, 1955년부터 1957년까지는 필립 존슨이 법적으로 이 건물의 유일한 건축가로 등록되어 있었다. 그러나 둘은 시그램 빌딩의 일이 끝나기도 전에 결별하게 되고, 다시는 관계가 회복되지 않았다.

시그램 빌딩의 광장, 도심 속 오아시스가 되다

1916년에 공표된 뉴욕 건축 법규에 따르면, 건물이 보행자를 압도하는 것을 피하기 위해 일정 높이 이상으로 올라가려면 가로에서 뒤로 물러나서 지어져야 했고, 수직으로 올라가는 건물 부분이 전체 대지 면적의 25퍼센트 이상을 차지하면 안 되었다. 따라서 위로 올라갈수록 줄어드는 웨딩 케이크 형태가 일반적인 빌딩 형태였다. 시그램 사에서 원래 소유하고 있던 52번가와 53번가 사이의 파크 애비뉴에 면한 땅에 이 법규대로 설계를 한다면 원하는 면적에서 턱없이 부족했기에, 시그램 사에서는 추가로 땅을 구입하여 52번가와 53번가 사이의 한 블록 전체를 대지로 사용하게 되었다. 미스는 이제껏 설계를 하면서 주변 환경을 별로 신경 쓰지 않았지만, 시그램 빌딩만은 예외였다. 미스는 수많은 모형 study model 을 만들어 보고 나서 단순한 형태가 주변과 잘 어울린다고 생각했다.

시그램 빌딩.

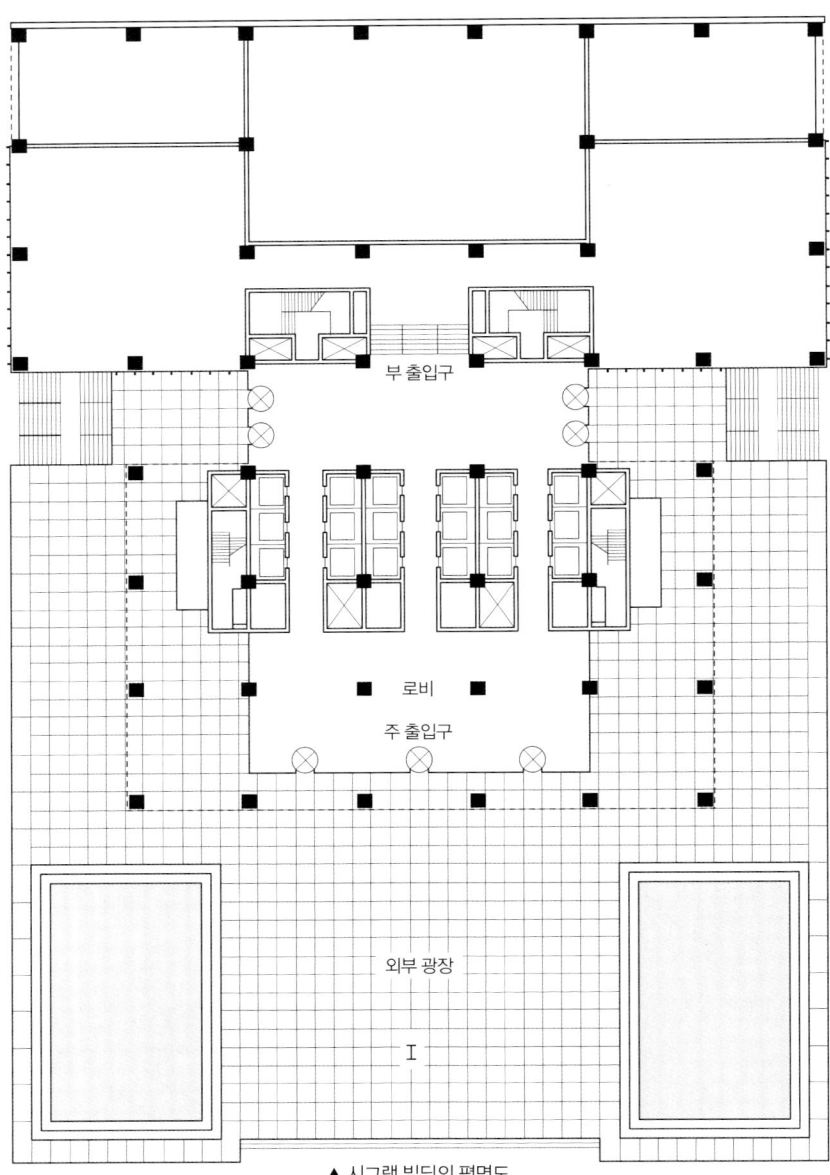

▲ 시그램 빌딩의 평면도.

최종적으로 평면의 가로 대 세로의 비율이 3 대 5에, 파크 애비뉴와 나란히 면하고 거리에서 27미터 뒤로 물러선 직사각형 건물로 결정했다. 이러한 형태는 법규가 허용한 면적을 꽤 많이 포기하는 것이었지만, 시그램 사는 나중에 이 빌딩의 명성 덕분에 주변 건물보다 높은 임대료를 받을 수 있었기에 그 결정이 꼭 금전적으로 불리한 것만은 아니었다.

미스의 결정이 뉴욕 시민들에게 준 가장 직접적인 혜택은 빌딩 앞에 널찍한 광장이 생긴 것이었다. 이 건물이 지어질 당시에 뉴욕 중심가에는 록펠러 센터를 제외하고는 열린 도시 공간이 거의 없었기에 이 광장은 빽빽한 고층 건물로 들어찬 파크 애비뉴에서 도심 속의 오아시스와 같은 역할을 했다. 시그램 빌딩의 바로 길 건너에는 1918년 당시에 유명 건축 사무소였던 매킴 미드 앤드 화이트에서 건축한 유서 깊은 '라켓 앤드 테니스 클럽Racquet and Tennis Club'의 빌딩(이하 '라켓 클럽 빌딩')이 있다. 미스는 고층 건물들에 빽빽하게 둘러싸여 있던 이 건물과 시그램 빌딩 사이에 널찍한 광장을 놓음으로써 숨통을 틔워 주었다. 라켓 클럽 빌딩은 도로에 면하여 벽돌로 지은 4층 건물이었고, 시그램 빌딩은 도로에서 물러나 유리와 철로 지은 39층 건물이었다. 이 두 건물은 좌우 대칭에 서로 마주 보면서도 덩어리mass, 부피감volume, 높이 등의 차이가 너무 크지만, 둘 사이에 놓인 널찍한 광장 덕택에 조화를 이룬다. 게다가 일반적으로 거리에 바로 면한 건물은 보행자들이 그 크기나 형태를 한눈에 알아채기 힘들지만, 파크 애비뉴를 따라 걷다가 만나는 시그램 빌딩은 널찍한 공간을 두고 있어 전체적인 모습을 쉽게 파악할 수 있다.

미스는 광장을 포디움으로 높여서 3개의 계단을 통해 접근하도록 했다. 화강암으로 덮인 광장은 널찍이 열려 있고, 양쪽으로 두 개의 분수가 대칭으로 놓여 있다. 잔잔한 두 개의 분수와 포디움은 광장과 빌딩을 그 주변과 어울리게 만들면서도, 전혀 다른 곳에 온 듯한 느낌을 자아낸다. 점심시간에 그곳에 가 보면 많은 사람들이 분수 주변에 모여 앉아 점심을 먹거나 커피를 마시면서 이야기를 나누는 광경을 볼 수 있다. 이곳은 전혀 공원같이 생기지 않았지만 맨해튼의 빌딩 숲 사이에서는 일에 지친 직장인들의 훌륭한 안식처가 된다.

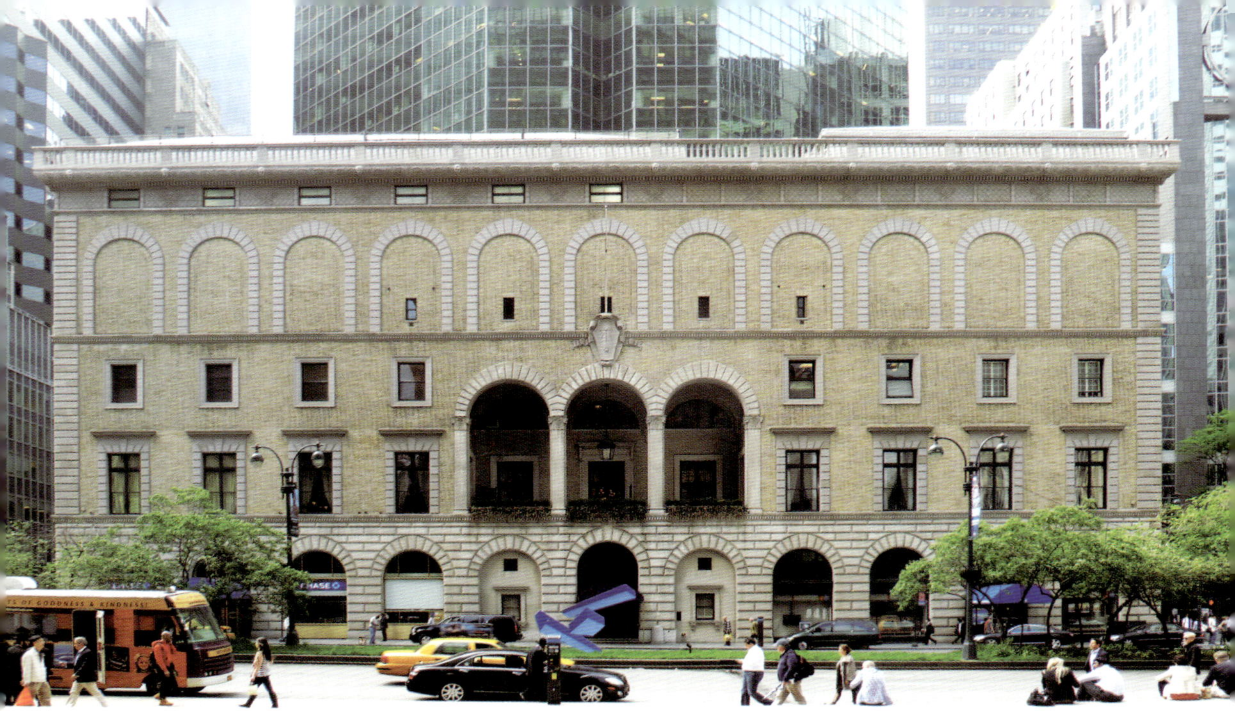
CHASE

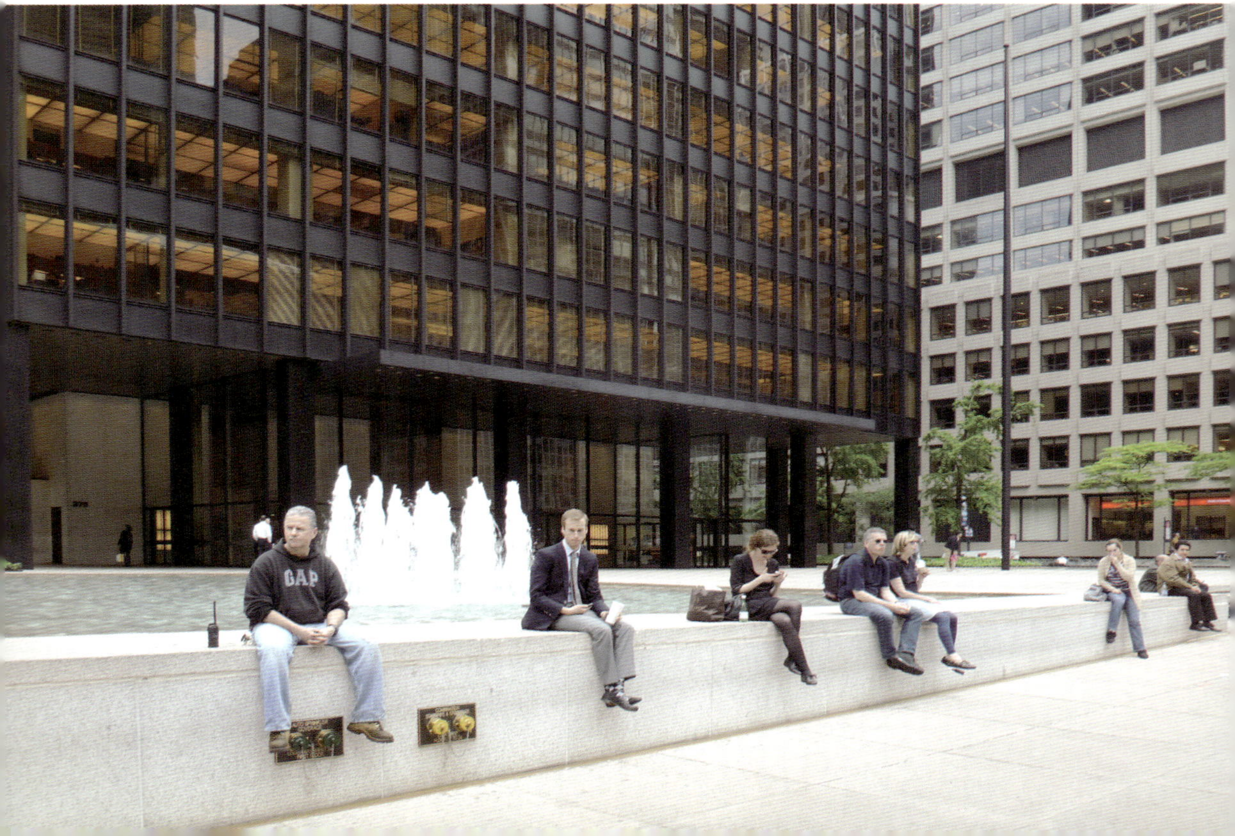
GAP

◀ (위)시그램 빌딩의 광장에서 바라본 라켓 앤드 테니스 클럽 빌딩.
(아래)시그램 빌딩의 광장. 점심시간이면 이곳에서 휴식을 취하는 직장인들을 많이 만날 수 있다.

▼ (위)시그램 빌딩-광장-도로-라켓 앤드 테니스 클럽 빌딩의 단면 다이어그램. 시그램 빌딩과 라켓 앤드 테니스 클럽 빌딩의 조화로운 배치에 광장이 얼마나 큰 역할을 하는지를 알 수 있다.
(아래)시그램 빌딩의 로비. 포디움의 대리석이 로비 안까지 이어져서 광장이 건물 안까지 연장되는 듯한 느낌을 준다.

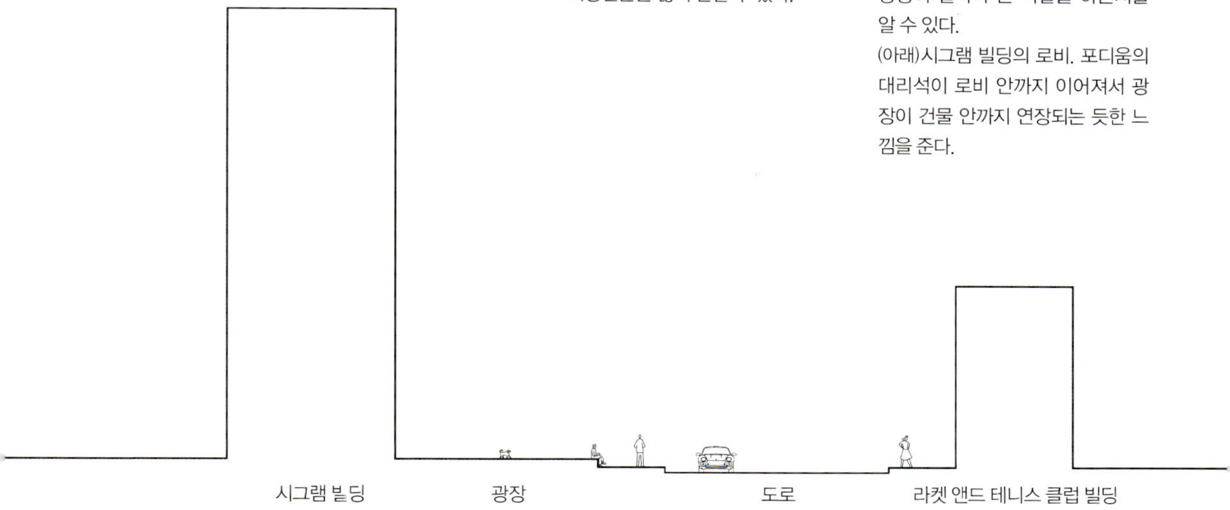

시그램 빌딩   광장   도로   라켓 앤드 테니스 클럽 빌딩

시그램 빌딩의 디테일

시그램 빌딩의 1층은 투명한 유리로 둘러싸여 있고, 커튼 월은 그 위부터 기둥의 앞쪽까지 이어져 있다. 멀리서 그 건물을 바라보면 거대한 철골 덩어리가 공중에 떠 있는 듯하고, 저층부에서는 포디움에 사용된 대리석이 로비 안까지 이어져 광장이 빌딩 안까지 연장되는 듯한 느낌을 준다. 언제나 그렇듯이 덧붙여진 I빔은 위로 쭉 뻗는 듯한 입체적인 느낌을 한층 더해 주는데, 어두운 색의 유리와 청동으로 된 커튼 월은 전체의 표면을 오래된 동전처럼 보이게 하여 시간이 지났음에도(또는 시간이 지날수록) 우아한 분위기를 띤다. 이 건물을 짓기 위해 3천2백만 파운드(약 만4천5백 톤)의 청동이 사용되었는데, 이는 역시 값비싼 자재였던 화강암과 대리석과 함께, 이 건물에 엄청난 공사비가 들어간 가장 큰 이유였다. 청동 가격이 상승하고 대규모의 청동 제조 공장이 사라진 뒤로, 이처럼 청동을 많이 사용한 건물은 다시는 지어지지 못했다.

건물은 앞에서는 단순한 직육면체인 것처럼 보이지만, 뒤쪽에서 보면(또는 위에서 보면) T자 형태로 이루어져 있다. 튀어나온 코어의 뒤쪽으로 10층 높이가 덧붙여졌고, 그 양쪽에는 4층 높이의 날개가 있다.(이 부분은 부 출입구로 쓰이는데, 한쪽에는 필립 존슨이 설계한 포 시즌스 Four Seasons란 레스토랑이 있고, 다른 한쪽에는 뉴욕의 유명 건축 사무소인 딜러 스코피디오+렌프로 Diller Scofidio+Renfro가 설계한 브라스리 Brasserie란 레스토랑이 있다. 포 시즌스는 문화재로 지정되어 내부 변경 때 엄격한 제재가 따른다.) 이러한 점을 트집 잡아 이 건물이 '순수한 입방체가 아니다'라며 깎아내리는 사람들도 있지만, 사실 파크 애비뉴에서는 이런 모습이 보이지 않으며 시그램 빌딩을 찍은 어떤 사진에서도 이 부분을 강조한 경우를 본 적이 없다. 게다가 이 부분은 실용적인 목적으로, 시그램 빌딩의 시각적 순수성을 해치지 않고 법규를 어기지 않으면서도 사용할 수 있는 면적을 더해 주었다. 높고 가는 형태의 시그램 빌딩은 바람의 영향을 많이 받기 때문에 좌우로 불어오는 풍력에 대비해서 양쪽 끝에 콘크리트 벽이 필요했다. 이에 미스는 이 벽을 대리석으로 감싸고 다시 멀리온 mullion으로 둘러쌌다. 이 디테일들은 매우 세심하게 처리되어 자세히 보지 않으면 알아채기 힘들며, 미스가 말하는 구

밑에서 올려다본 시그램 빌딩. 어두운 색의 유리와 청동의 커튼 월로 만들어진 외관이 우아한 느낌을 준다.

조에 대한 논리나 투명성과도 거리가 있다. 그러나 이러한 것들이 전체적인 건물 이미지에 통일성을 준 것은 사실이다.

미스는 시그램 빌딩을 설계하면서 자존심에 커다란 상처를 입었다. 미스에게는 뉴욕 주에서 발급한 건축사 면허가 없었다. 뉴욕 시 교육 당국은 시그램 빌딩의 공사가 이미 시작되었을 때, 미스에게 대학 졸업장이 없다는 이유로 뉴욕에서 실무를 할 수 있는 면허를 줄 수 없다고 통보했다. 이 소식을 듣자 미스는 하던 일을 모두 멈추고 무척 화를 내면서 사무실을 떠나 시카고로 돌아갔다. 몇 주 동안 미스에게서는 아무런 연락이 없었다. 그 사이에 관계자들은 미스가 자격증을 받을 수 있도록 여기저기 다니며 노력했다. 결국 미스의 조수가 아헨의 한 기독교 학교에 편지를 써서 미스의 과거 학적 기록을 요청했고, 뉴욕 시 당국은 이 기록을 바탕으로 미스에게 시험을 면제하고 면허를 주었다.

미스는 시그램 빌딩에 대해 다음과 같이 말했다.

> 시그램 빌딩에 대한 내 콘셉트와 접근 방식은 그동안 내가 설계했던 다른 빌딩과 다르지 않다. 내 생각, 아니 더 적합한 말로 '방향'은 '깨끗한 구조와 건설 방법clear structure and construction'이다. 이것은 어느 한 가지 문제에만 국한되지 않고 나의 건축 전반에 해당된다. 나는 각각의 빌딩이 그 나름의 특징을 가져야 한다고 생각하지 않는다. 그보다는 건축이 풀어야 할 일반적인 문제에 집중해야 한다고 생각한다. 시그램 빌딩은 내가 처음으로 뉴욕에 짓게 될 건물이었기에, 나는 평면을 연구하면서 오직 두 가지 질문에 대해서만 조언을 구했다. 첫 번째 질문은 부동산의 관점에서 임대를 주기에 가장 좋은 공간은 무엇인지였고, 두 번째 질문은 뉴욕 시의 건축 법규였다. 내 방향이 결정된 뒤에는 이 조언들과 함께 오직 열심히 일하는 것만 남아 있었다.

◀ (위)시그램 빌딩의 뒷부분. T자 형태로 만들어서 사용할 수 있는 공간을 넓혔다.
　(아래)시그램 빌딩의 구조체를 둘러싸고 있는 멀리온.
　이것 덕분에 건물은 전체적으로 통일된 이미지를 가지게 되었다.

자기 복제

사실 시그램 빌딩을 보면서 시카고에 있는 IBM 빌딩 IBM Building (1967~1973)을 떠올리지 않을 수 없다. 시카고 강을 내려다보는 강가에 세워진 이 52층 타워는 미스가 세운 것 중 두 번째로 높은 건물이었다.(가장 높은 건물은 1967~1969년에 토론토에 세운 56층의 토론토 도미니언 센터 Toronto-Dominion Centre 였다.) IBM 빌딩은 미스가 죽은 뒤에 공사가 시작되었는데 규모만 커졌을 뿐, 그 형태나 디테일이 시그램 빌딩의 판박이라 할 수 있다. 이런 경향은 시그램 빌딩 이후의 모든 프로젝트에 그대로 적용되어, 건물의 부분만 찍은 사진을 보면 어느 도시에 있는 건물인지 전혀 알 수 없을 정도가 되었다. 이 문제는 다음 장에서 좀 더 자세히 다루도록 하겠다.

시그램 빌딩의 판박이들 중에는 비록 실현되지는 않았지만 미스가 유럽에 지은 최초의 고층 타워가 될 수 있었던 프로젝트도 있었다. 나중에 판스워스 하우스를 소유하게 된 부동산 개발업자 피터 팔럼보와 함께 추진했던 계획으로, 런던의 중심가와 그 주변 지역 중에서 특히 역사적인 건물들이 많았던 맨션 하우스 광장 Mansion House Square에 20층짜리 타워를 짓는 프로젝트였다. 이 계획안이 발표되자 격렬한 반대가 일었고, 미스가 죽고 나서도 15년이 지나도록 질질 끌다가 결국 팔럼보가 그 프로젝트를 포기하면서 소동은 일단락되었다. 이 프로젝트를 반대하던 찰스 왕세자는 미스의 계획안을 보고 "시카고에나 어울릴 유리 기둥뿌리 glass stump"라고 비난했고, 팔럼보는 한때 친구였던 찰스 왕세자와 영원히 갈라서게 되었다. 전통 건축에 관심이 많았던 찰스 왕세자는 이 사건을 계기로 모던 건축을 반대하고 전통 건축을 옹호하는 운동에 본격적으로 앞장서며 많은 현대 건축가들과 대립했다.

한국의 시그램 빌딩, 삼일 빌딩

한 가지 더. 시그램 빌딩을 가만히 보고 있으면 어디서 본 듯하지 않은지……. 청계천을 따라 걷다 보면 여러분도 시그램 빌딩을 만날 수 있다. 청계2가 사거리에서 청계천을 마주 보고 있는 건물이 1969년에 지어진 삼

◀ 시그램 빌딩.

▲ IBM 빌딩의 전경(위)과 저층부(아래). 왼쪽의 시그램 빌딩 사진과 비교해 보면 별 차이가 없다.

◀ 미스가 런던의 맨션 하우스 광장에 계획했던 20층 타워의 모형. 사진 제공: VIEW

▶ (왼쪽)시그램 빌딩을 연상시키는 삼일 빌딩의 전면부.
(오른쪽)삼일 빌딩의 후면부. 뒤에 덧붙인 회색 콘크리트 덩어리가 건물 본체와 어울리지 않아 아쉬움을 남긴다.
(아래)현재는 주차 공간으로 사용되는 삼일 빌딩의 광장. 이 공간을 청계천과 연결하여 널찍한 공공 광장으로 개방한다면, 시민들의 작은 휴식처가 될 수 있을 것이다.

일 빌딩인데, 건축가 김중업이 설계했다. 이 건물은 1969년 당시에 서울의 발전상을 대표하는 최고 높이의 건물로서, 높이가 31층이기에 삼일 빌딩이라 불렸다. 사실 이 건물은 김중업 선생님의 이전 스타일과는 완전히 다른데, 시그램 빌딩을 모델로 삼은 게 확실해 보인다. 전면부의 단순하고 명료한 외관 디자인은 당시에 우리나라의 건축 수준을 뛰어넘는 것으로 평가받았지만, 몇 가지 아쉬운 점이 눈에 띈다. 삼일 빌딩 역시 앞에서는 단순한 직육면체인 것처럼 보이지만, 뒤쪽으로 가면 코어 부분이 튀어나와 있다. 미스는 콘크리트로 만들어진 벽을 대리석으로 감싸고 다시 멀리온으로 둘러싸서 전체적인 건물 이미지에 통일성을 준 반면, 삼일 빌딩은 뒤편에 회색의 콘크리트 기둥이 덩그러니 덧붙여져 있는 것이 건물 본체와 전혀 어울리지 않는다. 또한 시그램 빌딩은 저층부에 널찍한 광장을 두어 빽빽한 고층 건물군 속에서 숨통을 틔워 주고 포디움에 사용된 대리석을 로비 안까지 깔아서 광장이 빌딩 안까지 연장된 느낌을 준다. 반

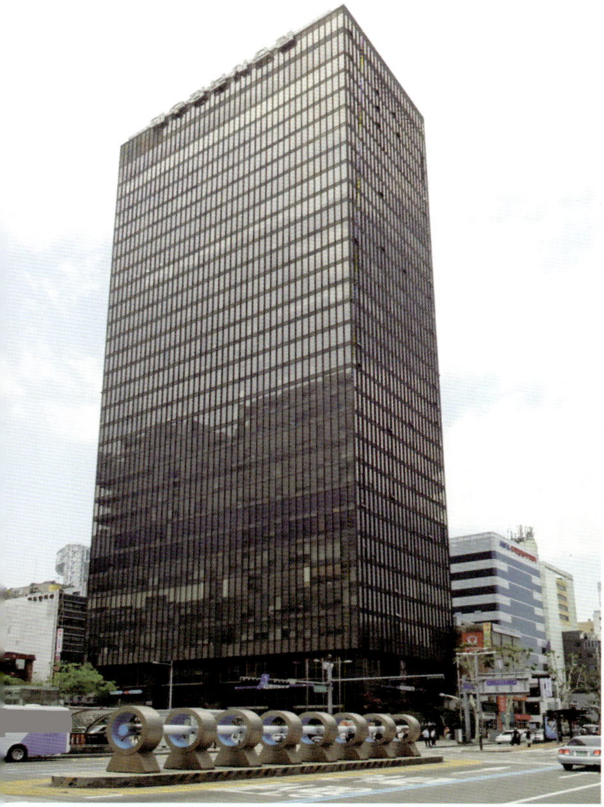

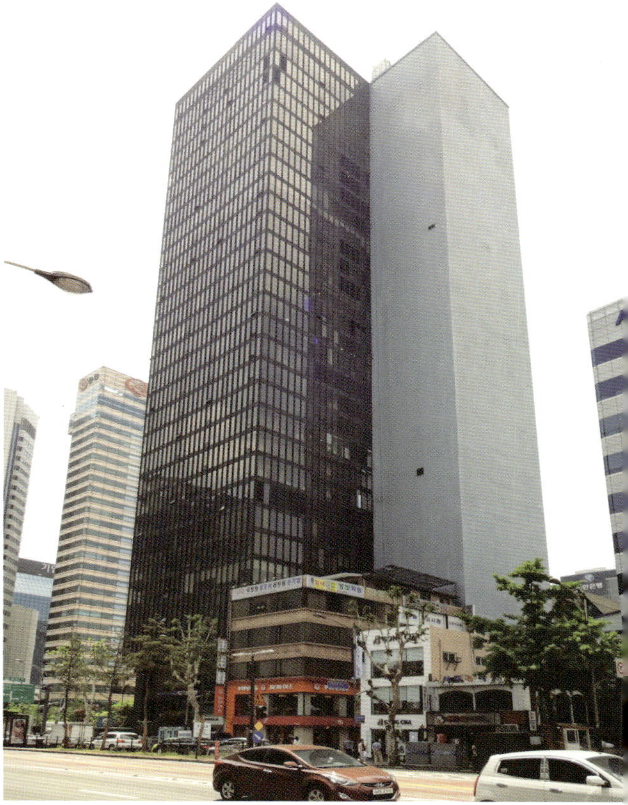

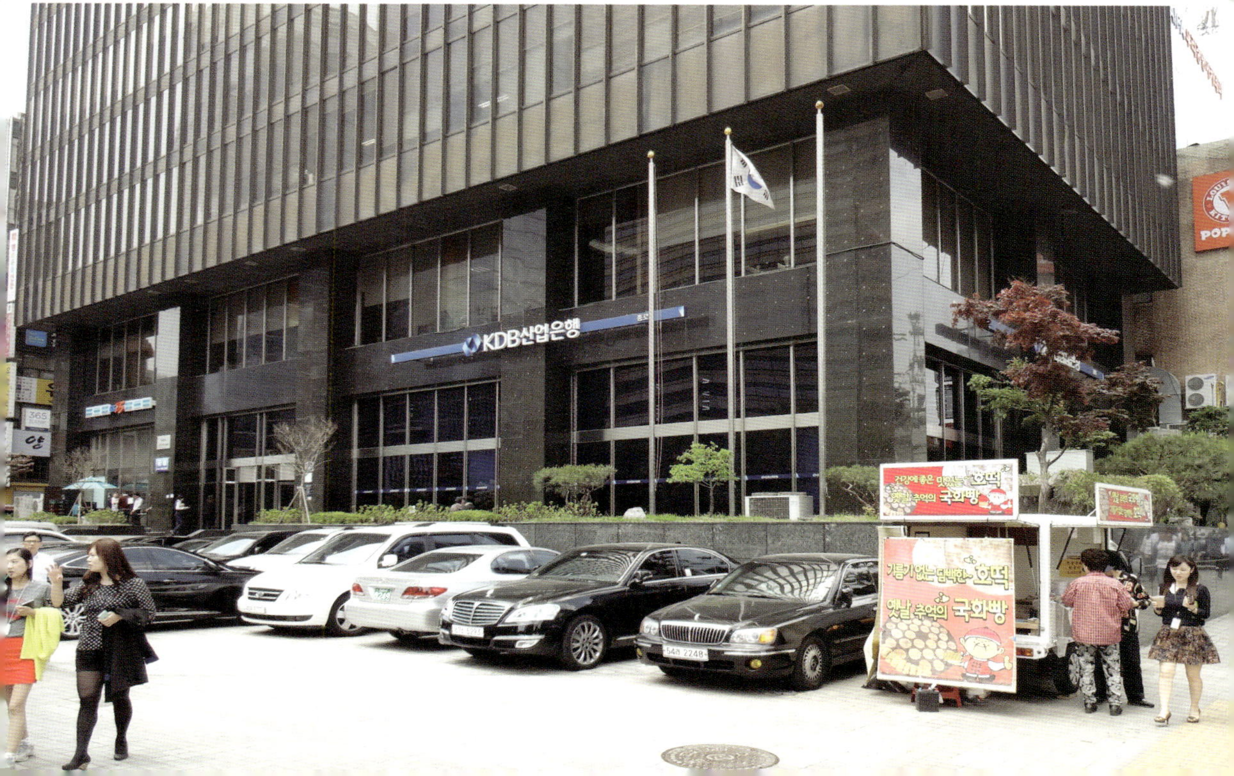
KDB산업은행
기름기 없는 담백한~ 호떡
옛날 추억의 국화빵

면에 삼일 빌딩 앞의 자그마한 광장(?)은 주차 공간으로 사용되며 저층부 역시 주변과 완전히 단절되어 보인다. 광장에 차의 출입을 금지하고 앞의 청계천과 연계하여 널찍한 광장으로 확장시킬 수 있다면, 이곳은 시민들을 위한 한결 쾌적한 공공 공간이 되지 않을까 생각해 본다.

이웃해 있는 건물, 레버 하우스

시그램 빌딩의 바로 길 건너편에 있는 레버 하우스$^{Lever\ House}$에 대해 잠시 알아보도록 하자. 레버 하우스는 SOM의 전설적인 건축가였던 고든 번샤프트가 1952년에 설계한 건물이다. 앞에서도 이야기했듯이, 이 건물은 영국 비누 회사였던 레버 브라더스의 미국 사옥으로 지어졌는데, 미스가 주창한 국제 양식으로 설계된 뉴욕 최초의 유리 커튼 월 건물로 알려져 있다. 그 위치도 절묘해서 레버 하우스를 기점으로 파크 애비뉴의 북쪽에는 벽돌로 지어진 고급 아파트들이 있고, 그 아래로는 커튼 월로 지어진 고층 건물들이 즐비하다. 레버 브라더스의 사장이었던 찰스 루크만은 이 건물이 완성되기도 전에 회사를 떠나 건축가로 변신하여 매디슨 스퀘어 가든$^{Madison\ Square\ Garden}$, 로스앤젤레스 국제공항^{LAX}, 케네디 우주 센터$^{Kennedy\ Space\ Center}$ 등 많은 유명한 건물을 남겼다. 24층짜리 건물인 레버 하우스는 녹색 유리의 커튼 월로 뒤덮여 있는데, 밖으로 열 수 있는 창이 하나도 없이 유리로 완전히 막혀 먼지 등이 안으로 들어오는 것을 방지했다. 하지만 환기에 있어서 썩 좋은 선택은 아니었다. 저층부 공간 구성은 당시로서는 상당히 획기적인데, 지상층은 열린 광장으로 정원과 보행자 공간 및 방문자 대기 공간을 두었고, 레버 브라더스 사에서 소유한 예술 작품들도 전시해 놓았다. 이 건물은 1982년에 뉴욕 시로부터 랜드 마크로 지정받았다.

▶ (위 왼쪽)사장에서 건축가로 변신한 찰스 루크만이 설계한 매디슨 스퀘어 가든.

(위 오른쪽)레버 하우스의 전경.
(아래)레버 하우스의 지상층. 지상층에는 사람들이 마음껏 이용할 수 있는 열린 광장이 조성되어 있다.

◀▼ 필립 존슨이 디자인한 포 시즌스 레스토랑의 입구(왼쪽)와 내부(중간). 그리고 역시 존슨의 손에서 탄생한 시그램 빌딩의 측면 입구의 캐노피(아래). 미스는 존슨의 건축을 평가절하했지만, 실제로 존슨이 시그램 빌딩에 끼친 영향은 컸다.

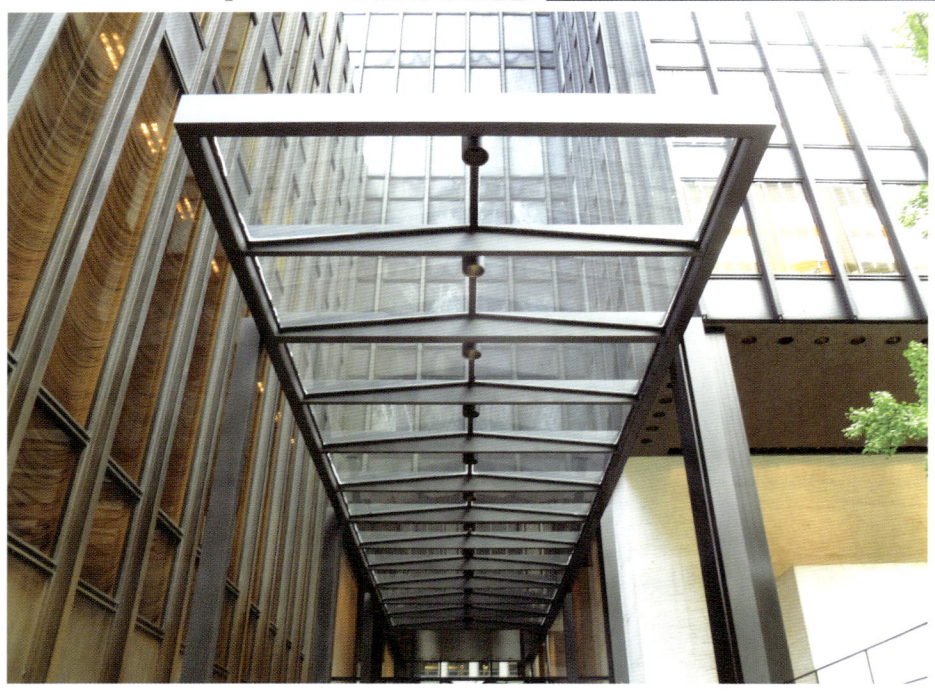

필립 존슨과 포 시즌스 레스토랑

70세에 이르러 경력의 정점에 이른 미스와 필립 존슨의 관계는 점차 나빠졌다. 존슨은 시그램 빌딩을 건설하는 동안에 딱딱한 모더니즘을 떠나 전통적인 신고전주의(이는 나중에 1970~1980년대를 휩쓴 포스트모더니즘의 전조였다.)에 눈을 돌렸다. 미스는 존슨의 이러한 전환에 배신감을 느꼈다.

어느 날 저녁, 존슨은 미스를 코네티컷에 있는 자신의 별장으로 초대했다. 두 사람은 존슨이 설계한 글래스 하우스 안에서 여러 시간 동안 술을 마시며 담소를 나누었다. 밤이 깊어 갈수록 술을 많이 마셨고, 대화의 주제는 베를라허로 넘어갔다. 존슨이 미스에게 왜 그토록 암스테르담 증권거래소를 좋아하는지 도저히 이해할 수 없다고 말하자 미스는 갑자기 화를 벌컥 내며 자리를 떠났다. 그날 밤에 미스는 근처의 친구 집에서 하룻밤을 묵고 그대로 떠났고, 그 후로 평생토록 존슨과 화해하지 않았다.

미스는 말년에 한 인터뷰에서 존슨의 건축을 평가절하하며, 자신의 주변을 기웃거리며 디테일을 훔쳐 가서 어설프게 베끼기만 했다고 비난했다. 하지만 존슨에 대한 미스의 평가에는 지나친 면이 있다. 사실 존슨이 시그램 빌딩에 끼친 영향은 미스의 생각보다 훨씬 컸다. 존슨은 인테리어의 많은 부분을 직접 디자인했으며, 특히 그가 디자인한 포 시즌스 레스토랑과 측면 입구의 캐노피는 시그램 빌딩의 품격을 한껏 드높인 것으로 칭송받았다. 게다가 미스는 존슨의 도움이 없었더라면 미국에 쉽게 정착할 수도, 시그램 빌딩의 수주를 받아 완성할 수도 없었을 것이다.

10장_ 두 번째
베를린 시절의 미스

성공한 건축가가 되다

1958년에 미스는 시그램 빌딩 개관식 행사에도 참석할 수 없을 만큼 관절염이 심해졌고, 그 후 10년 동안 휠체어에서 생활하며 꼭 필요할 때만 지팡이에 의지하여 잠시 서 있을 수 있었다. 하지만 경제적 상황은 대단히 좋아져서 난생 처음으로 건축을 통해 부를 축적할 수 있었다. 사무실은 항상 10개가 넘는 프로젝트들로 북적댔고, 그보다 많은 일을 거절해야 했다. 그가 시카고에 세운 첫 번째 건물인 프로몬터리 아파트(1949)와 전성기 때 세운 시그램 빌딩(1958) 사이의 10년 동안에 미스는 거의 100개가 넘는 설계를 세 대륙에 걸쳐 진행했다. 또한 1959년에 그린월드가 비행기 사고로 죽기 전까지 이어진 그와의 협동 작업도 대단히 성공적이어서 아틀리에 공간은 넓어지고 직원들도 35명으로 늘어났다.

그의 하루 일과는 정오 전에 일어나서, 점심경에 사무실에 나타나 도착한 편지를 읽고 천천히 프로젝트 진행 상황을 점검하며 직원들과 이야기를 나누고 나서, 오후의 끝 무렵에 아파트로 돌아가는 것이었다. 저녁식사는 여자 친구인 로라 막스나 친구들과 같이한 뒤에 혼자만의 사색에 빠져들고는 했다. 미스는 말년에 몸이 불편해지자 대인 관계를 점차 줄여 갔고, 독일 출신의 옛 친구들과 함께 있는 시간을 더욱 즐기게 되었다.

"더 적은 것은 지루하다"

미스가 말년에 작업한 3개의 대형 프로젝트인 토론토 도미니언 센터(1967), 시카고 연방 센터 Chicago Federal Center (1964), 몬트리올 웨스트마운트 스퀘어 Montreal Westmount Square (1967)는 각기 다른 기능을 가졌지만, 그 해법에서는 거의 비슷했다. 세 프로젝트의 프로그램은 약간씩 달랐지만, 그 형태에서는 기본적으로 널찍한 광장이 있고 그 위에 타워 tower 나 파빌리온 pavilion 이 올라간 동일한 구조였다. 1960년대에 이르러 미스의 작업에서는 타워와 파빌리온이라는 2개의 기본 유형이 반복되어 나타났는데, 사실 건물만 뚝 떼어 놓고 보면 어느 도시에 있는 건물인지 헷갈릴 정도로 비슷비슷하다. 건축 비평가들은 빌딩에 대한 이러한 반복적인 접근이 모더니즘 위기의 근본 원인이라고 비난했다. 그러나 미스에게는 모더니즘이 어떠해야 하는지는 더 이상 관심 대상이 아니었고, 건축이란 '혼돈을 질서로 정돈하는 논리의 집대성'이었기에 이런 평가에 아랑곳하지 않았다.

이렇게 설계된 건물들은 섬세한 디테일과 깔끔한 형태 사이에서 적절한 균형을 이루면서 주변의 건물들과 잘 어울렸지만, 바로 이 점이 모더니즘의 실패를 나타내는 역설적인 면이 되었다. 1960년대의 미국 대도시에서는 유리와 철로 만든 비슷비슷한 형태의 건물들이 여기저기서 올라갔지만, 이러한 개발이 통합된 도시 경관을 만들지는 못했다. 미스는 자신의 건축이 반복적이라는 비난에 대하여, 건축에서 해결 방법들은 날마다 새로 만들어지는 것보다는 더 잘 다듬어지는 쪽으로 이루어져야 하고, 공간에 대한 아이디어는 다양한 기능들에 적용할 수 있는 기본적인 것 하나면 된다고 주장했다.

그러나 단조로움은 통합이 아니었고, 현대 도시의 복잡함 또한 나쁜 현상만은 아니었다. 로버트 벤투리는 『건축의 복잡성과 대립성 Complexity and Contradiction in Architecture』(1966)에서 혼돈의 긍정적인 가치들을 주장하면서, 미스가 한 유명한 말인 '더 적은 것이 더 많은 것이다.'를 '더 적은 것은 지루하다.'라는 말로 비틀었다. 로버트 벤투리는 이 책을 통해 "모더니즘이 도시에서 다양성의 풍부함과 변화의 생동감, 장식이 주는 깊은 의미들을 빼앗아 갔다."고 역설했다.

▲ 시카고 연방 센터(위)와 토론토 도미니언 센터(오른쪽 위)와 몬트리올 웨스트마운트 스퀘어(오른쪽 아래). 부분만 본다면 어느 게 어느 건물인지 구별할 수 없을 정도로 서로 흡사하다.

◀ 포스트모던 건축의 대표 주자인 로버트 벤투리의 『건축의 복합성과 대립성』의 표지.

말년의 대표작, 베를린 신국립미술관

쿠바의 바카디Bacardi 사옥 프로젝트는 1957년에 크라운 홀을 방문하고 감명받은 바카디 사(현재도 유명한 보드카 제조 회사.)의 회장이 미스에게 새로운 사옥을 지어 달라고 의뢰하면서 시작되었다. 그는 미스와의 대화에서 자신이 생각하는 이상적인 사무 공간은 칸막이가 없는 널찍한 단일 공간 안에서 모든 사람들이 서로 마주 보며 근무하는 곳이라고 했다. 이는 미스에게는 자신의 건축에 대한 최고의 찬사처럼 들렸다.

미스는 원래 크라운 홀을 기본 모델로 해서 사옥을 계획했지만, 산티아고 데 쿠바Santiago de Cuba에 있는 건물 부지를 방문하고 마음을 바꾸었다. 소금기를 가득 담은 바닷바람에 철이 부식될 것을 염려한 때문이었다. 미스는 또한 쿠바의 뜨

▼ 1972년에 미스가 마지막으로 설계한 건물인 마틴 루서 킹 기념도서관Martin Luther King Jr. Memorial Library. 저층 건물임에도 불구하고 고층 건물에서 보이던 디테일이 거의 그대로 쓰였다. 마치 시그램 빌딩의 윗부분이 싹둑 잘려 나간 것같이 느껴진다.

거운 햇살을 막을 그늘이 필요하다고 생각했다. 산티아고 데 쿠바의 호텔 로비에서 조수와 날씨에 대해 잡담을 나누던 그는 갑자기 냅킨 위에 바카디 사옥의 아이디어를 스케치했고, 이는 그대로 건물에 적용되었다. 바카디 사옥의 계획안을 보면 내부는 39미터의 정사각형에 높이 5.4미터의 커다란 공간으로, 평평한 지붕은 바깥벽에서 6미터를 더 뻗어 나와 그늘을 제공한다. 총 8개의 기둥들은 가장자리에서 지붕을 지지하는데, 구조의 주요 재료는 철이 아닌 콘크리트였다. 바카디 사옥은 실현되지 못해 그 모습을 모형으로 확인할 수밖에 없지만, 낮게 누워 있는 공간은 투명하고 가벼워 보이는 데 반해 와플 모양의 거대한 콘크리트 지붕과 기둥은 단단해 보인다. 이 프로젝트는 피델 카스트로가 쿠바의 정권을 잡은 뒤에 중단되었지만, 말년의 미스에게 가장 중요한 프로젝트인 베를린 신국립미술관의 밑거름이 되었다. 베를린 신국립미술관은 바카디 사옥 계획안을 철골 구조로 바꿔 만든 것이다.

미스의 손자이자 뮌헨 대학교의 건축과 학생이었던 더크 로한은 1959년에 게오르크 셰퍼 Georg Schäfer의 딸인 하이데마리 셰퍼 Heidemarie Schäfer와 결혼했다. 게오르크 셰퍼는 바이에른 출신의 부유한 기업가로서, 19세기 독일 예술 작품을 많이 가지고 있던 개인 소장가였다. 셰퍼는 자신의 소장품을 슈바인푸르트 Schweinfurt 시 근방의 성에 보관하고 있었지만, 소장품을 전시할 미술관을 도시 안에다 짓고 싶어 했다. 로한은 장인을 설득해서 그 일을 미스가 맡도록 했다. 미스는 이 기회를 바카디 사옥의 규모를 줄여 자신이 사랑하는 재료인 철로 실현할 수 있는 기회로 보았다. 사장될 뻔한 디자인이 다시금 소생할 수 있는 좋은 기회였지만, 바카디 사옥의 형태를 그대로 따르겠다는 미스의 생각은 셰퍼 미술관이 결국 실현되지 못한 중요한 이유 중 하나가 되었다.

셰퍼 미술관 계획이 한창 진행되던 도중에, 베를린 시에서 제2차 세계대전 이후에 수장고에 방치되어 있던 19세기와 20세기의 예술 소장품을 전시할 미술관을 짓겠다는 계획을 가지고 미스를 찾아왔다. 미스에게는 이 미술관도 바카디 사옥 프로젝트에서 얻은 디자인을 실현할 완벽한 기회였지만, 아무리 그래도 같은 모양의 미술관 두 채(물론 규모는 달랐지만)를 동시에 진행하는 것은 무

▲ (위)베를린 신국립미술관의 설계에 밑거름이 된 바카디 사옥의 계획안 모형. 사진 제공: VIEW
(아래)실현되지 못한 셰퍼 미술관의 계획안. 사진 제공: VIEW

베를린 신국립미술관 전경. 미스 말년의 대표작인 이 미술관은 그전에 실현되지 않은 두 프로젝트인 바카디 사옥과 쉐퍼 미술관을 거쳤기에, 디테일의 완성도에서나 개념의 명료성에서나 그의 작품 세계의 대미를 장식하기에 충분했다.

리였다. 미스의 마음은 점점 베를린으로 향했고 셰퍼 미술관을 어떻게 거절해야 할지에 대해 고민하기 시작했다. 하지만 그 문제는 의외로 쉽게 해결되었다. 셰퍼는 자신의 19세기 예술품들을 철과 유리로 만든 모던한 건물에서 전시하는 것을 탐탁지 않게 생각했고, 슈바인푸르트 시 당국도 그 건물을 유지할 재원을 마련하는 데 어려움을 겪었다. 결국 그 누구도 적극적으로 나서지 않자 셰퍼 미술관은 자연스럽게 없던 일로 돌아갔다.

베를린 신국립미술관 작업은 초기 단계에서 미스가 관절염의 재발로 1962년부터 1963년까지 1년 동안이나 사무실을 비워야 했기 때문에 더디게 진행되었다. 베를린 신국립미술관은 한스 샤로운의 베를린 필하모니 Berliner Philharmonie와 국립도서관 Staatsbibliothek 건물과 함께 베를린 문화 포럼 Kulturforum을 형성하고 있으며, 예전에 미스가 살던 곳에서 멀지 않은 곳에 있다. 미스에게 베를린으로의 귀환이 얼마나 벅찬 경험이었을지는 보지 않아도 알 것 같다. 미스는 20세기 초반에 자신의 예술과 생각을 키우고 격정적인 삶을 살던 장소인 베를린으로 돌아와서, 이제 이곳에 현대 건축의 대가로서 가장 위대한 미술관을 지으려 하는 것이었다.(그래서 그런지 포디움 위에 완벽한 대칭으로 배치한 열주들과 거대한 지붕이 뒤덮고 있는 유리 박스는 상당히 고전적인 느낌을 준다.)

미스는 병원에 누워서도 도면을 점검했고, 사무실로 돌아와서는 1/10로 축소된 부분 모형을 몇 달에 걸쳐 연구하고 수정했다.(미스는 설계 과정에서 모형을 대단히 중요하게 생각했는데, 이는 스케치와 투시도를 중시하는 대부분의 동시대 미국 건축가들과는 다른 점이었다. 그렇다고 미스가 스케치나 투시도를 경시했다는 말은 아니다. 2004년 모마에서 미스의 대규모 회고전이 열렸을 때, 그가 그린 투시도가 실제 건물의 사진과 정확히 겹치는 것을 보고 깜짝 놀랐던 기억이 있다. 그의 공간감

▶ 한스 샤로운이 설계한 베를린 필하모니(위)와 베를린 국립도서관(아래). 이 건물들은 미스가 지은 베를린 신국립미술관과 함께 베를린 문화 포럼을 형성하고 있다.

이나 규모감이 얼마나 뛰어난지 단박에 알 수 있었다.) 그는 더 이상 구조에만 모든 정신을 기울이지 않았다. 기둥 하나하나의 디테일에도 엄청난 정성을 쏟았다. 그는 육체적으로 힘든 여행도 몇 번이나 했다.

1965년의 기공식에서 미스는 휠체어에서 불편한 몸을 일으켜 목발을 짚고 망치로 돌판 stone table 을 치는 의식을 직접 했다. 1967년 4월 5일에는 아침 일찍 현장에 나타나서 거대한 지붕이 현장에서 조립되어 수압 펌프에 의해 들어 올려지는 전체 공정을 9시간 동안 말없이 지켜보았다. 1,250톤 무게의 지붕이 불과 2밀리미터 미만의 오차로 무사히 제자리에 놓였다. 이것이 미스가 베를린 신국립미술관을 방문한 마지막이 되었다. 그는 건강이 더욱 안 좋아져서 1968년 9월의 준공식에는 참석할 수 없었다.

결과적으로 베를린 신국립미술관은 그 자체가 가장 중요한 전시물이 되었다. 미스는 그 무엇보다도 기념비적인 크기의 단일 공간과 그것을 둘러싼 구조를 만들고 싶어 했다. 지상층의 커다란 유리방은 기획 전시를 위한 공간인데, 이 방의 순수함을 최대한 유지하기 위해 상설 전시관과 사무실, 부가 시설 등은 지

◀ 베를린 신국립미술관의 내부에서 볼 수 있는 외부 풍경. 현재는 전시를 위해 칸막이로 막아 놓아 이러한 실내의 광경을 느낄 수 없다.

▶ (위, 아래)사방이 투명한 유리 벽으로 되어 있는 베를린 신국립미술관. 미스는 이 건물에서 거대한 공간과 구조적 투명함을 결합시켰지만, 이런 시도는 예술 작품을 전시하는 데에는 여러 어려움을 낳았다.

▶ 베를린 신국립미술관의 평면도. 이 건물에서 미스가 추구했던 점은 기념비적인 크기의 단일 공간과 이를 가능하게 하는 구조였다.

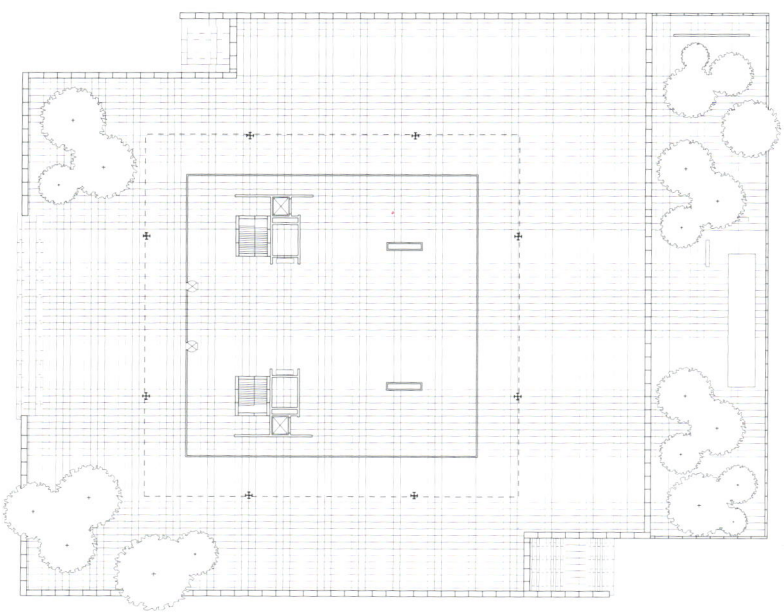

▼ 베를린 신국립미술관의 지붕과 기둥.

▶▼ 페터 베렌스의 AEG 베를린 공장 기둥(오른쪽)과 미스의 베를린 신국립미술관 기둥(아래). 양쪽을 비교해 보면 그 유사성을 느낄 수 있다.

▲ 미스 기념 우표. 배경에 그려진 건물이 베를린 신국립미술관이다.

하의 포디움 안에 놓았다. 이 포디움은 마치 소중한 예술품을 올려놓는 전시대와 같은 역할을 한다. 오직 유리로만 둘러싸인 내부는 넓이 50.6×50.6미터에 높이 8미터, 면적 2,500제곱미터로 이루어져 있다. 거대한 지붕은 깊이 약 1.8미터에 약 3.6미터 간격으로 놓인 철골 구조의 그리드에 기초해서 건설되었다. 이 그리드 패턴은 천장이 따로 없는 내부에서도 그대로 노출되는데, 거대한 유리 벽과 함께 안과 밖을 흐리는 역할을 한다.

  육중한 지붕을 떠받치고 있는 십자 모양의 검은 철골 기둥 8개는 위로 올라갈수록 점차 가늘어진다. 이러한 기둥의 디테일에서는 미스의 섬세함이 엿보이는데, 이는 기성품인 철골 프레임을 그대로 가져다가 기둥으로 썼던 미국 시절의 그와는 분명히 다르다. 마치 베를린 시절의 작품을 보는 듯한데,(바르셀로나 파빌리온과 빌라 투겐타트의 크롬 기둥) 특히 미스는 페터 베렌스가 AEG 베를린 공장의 기둥에서 사용했던 조인트joint 방식을 여기서는 지붕과 기둥을 연결하는 방식으로 재탄생시켰다.

  화강암으로 된 포디움은 넓찍이 자리 잡은 동쪽 계단을 통해 접근할 수 있다. 유리 공간은 좌우대칭의 거대한 공간으로 되어 있다. 평면도를 보면, 정사각형 평면의 완벽함이 천장 구조와 평면 그리드에서 그대로 나타난다. 또한 내부는 투명한 벽에 의해 모든 방향으로 무한히 확장되어 보인다. 그러나 사실 이처럼 거대한 유리 공간은 예술품을 전시하기에는 무리가 따랐고, 결국 실제 공간을 사용할 때는 내부를 칸막이로 막고 전시실을 다시금 구획해야 했다.(나는 베를린 신국립미술관을 2004년과 2012년 두 번 방문했는데, 두 번 모두 전시실이 칸막이로 구획되어 있어 미스의 원래 의도를 느낄 수 없었다.)

  그러나 이제 나이가 든 미스는 공간 사용의 불편함에 대해 변명하려는 노력조차 하지 않았다. 그에게 이 미술관은 거대한 열린 공간great open space과 구조적 투명함structural clarity이 갖는 의미들의 논리적 집대성일 뿐이었다. 미스의 다음 말이 이를 증명해 준다. "이것은 정말 커다란 홀이다. 따라서 당연히 예술을 전시하는 데 어려움이 따른다. 나는 이러한 사실을 잘 알고 있다. 하지만 이 공간은 이러한 어려움들만큼이나 커다란 잠재력을 가지고 있다."

말년의 미스

1960년대에 미스는 베를린 신국립미술관을 제외하고는 대부분의 일에서 손을 뗐다. 이 시기에 7개의 명예박사 학위를 받았고, 각국의 건축가협회로부터 명예회원이 되어 달라는 요청을 받았으며, 미국건축가협회, 뉴욕 건축연맹Architectural League of New York, 국립예술원National Institute of Arts and Letters, 독일건축가협회Bund Deutscher Architekten와 미국건축가협회의 시카고 지부로부터 금메달을 수여받았다. 그럼에도 아마도 그에게 가장 명예로운 수상은 자신의 조국이라 할 수 있는 두 나라에서 받은 독일의 대십자 공로 훈장과 미국의 대통령 자유 훈장일 것이다.

말년의 미스는 거의 은둔자적인 생활을 했다. 가까운 친구들과 친척들을 만나 저녁식사를 하거나 영화를 보는 일을 제외하면, 대부분의 시간을 자신의 아파트에 앉아 끊임없는 사색에 빠져들었다. 점차 심해져 가는 관절염으로 방 안에 앉아 대부분의 시간을 보냈다. 그는 꼼짝 않고 정적과 사색에 빠져 몇 시간이고 보낼 수 있었다. 그것은 혼자일 때뿐 아니라 남들과 같이 있을 때도 마찬가지였다. 르 코르뷔지에는 지중해에서 수영을 하던 도중에 심장마비로 1965년에 죽었다. 라이트는 1959년에 죽었다. 오직 그로피우스와 미스만이 1880년대에 태어나 1960년대 후반까지 살아남은 모더니스트였다.

미스가 미국으로 왔을 때 거의 빈 몸이었다. 그가 베를린에서 활동하던 당시에 남겼던 수많은 드로잉과 사진들은 커다란 몇 개의 박스에 담긴 채 그의 제자였던 에드바르트 루트비히Edward Ludwig의 고향인 튀링겐에 오랫동안 방치되어 있었다. 그나마 이것도 릴리 라이히가 있었기에 보존될 수 있었다. 1959년에 바우하우스 아카이브의 직원이 이곳에 있던 자료들을 발굴함으로써, 이 자료들을 미스에게 돌려보내려는 노력이 시작되었다. 이 지역은 당시 동독에 속해 있었기 때문에, 동독과 서독 사이의 기나긴 줄다리기가 시작되었다. 1963년에 결국 두 나라 사이의 협약이 체결되었고, 미스는 데사우의 바우하우스 시절의 자료를 제외한 대부분의 자료들을 돌려받을 수 있었다. 이 시기에 모마 측에서는 1947년에 열었던 미스의 단독 전시회 자료들을 기증해 줄 것을 미스 측과 협상하는 중이었는데, 미스는 이 자료들과 더불어 독일에서 온 자료 모두를 모마에

▲ 자신이 디자인한 MR 의자에 앉아 시가를 피우고 있는 미스.

기증했다. 이에 모마는 미스 반 데어 로에 아카이브Mies van der Rohe Archive를 설립하고, 2만 점이 넘는 방대한 미스의 자료에 대한 저작권을 소유하게 되었다.(늦은 감이 없지는 않지만, 최근에 와서 우리나라에서도 건축가의 아카이브를 만들려는 움직임이 시작되고 있는데, 대표적인 예로 국립현대미술관의 정기용 아카이브의 설립을 들 수 있겠다. 이러한 아카이브를 통해 건축가의 설계 과정과 결과물을 빠짐없이 보존하고 전시할 수 있다는 점에서 상당히 고무적인 현상이라 할 수 있다.)

말년의 미스는 허리 근육이 당겨지는 증상으로 고통이 심해져서 신경 근육을 절단하는 수술을 받았다. 그 결과 고통에서 해방되었지만 다시는 혼자 걸을 수 없게 되었다. 게다가 시력도 급속히 나빠져서 글자를 오랫동안 바라볼 수 없었다. 1966년, 80세 생일을 맞이한 지 얼마 지나지 않아서 식도암마저 발견되었다. 그의 건강 상태나 나이로 볼 때 수술은 불가능했기에, 방사능 치료로 증상을 어느 정도 완화시킬 수밖에 없었다. 1969년, 미스는 그로피우스가 죽은 지 1주일 뒤에 가벼운 감기 증세를 보였고, 다음날 아침에 호흡 곤란과 함께 식은땀을 잔뜩 흘렸다. 병원에 입원한 미스는 2주간 의식을 찾았다 잃었다를 반복하다가 1969년 8월 17일에 결국 생을 마감했다. 장례식은 가까운 친지들만 참석한 채 간단히 진행되었지만, 같은 해 10월 25일에 친구들과 동료들과 학생들, 그리고 미스의 숭배자들이 일리노이 공과대학교의 크라운 홀에 모여 그를 추모하는 성대한 행사를 가졌다.

▲ 미스의 건물을 본뜬 현대 도시의 모습들.

에필로그

미스는 조용히 숨을 거두었지만, 모더니즘에 대한 비난이 그의 무덤 위로 쏟아졌다. 1960년대의 모더니즘은 자본주의와 결탁하여 자본주의의 번영에만 기여했고, 도시가 발생시킨 여러 사회적인 문제들을 등한시했다. 이것은 다시 말해 자본주의의 입맛에 맞는 모더니즘만이 살아남았다는 뜻이기도 했다. 도시 재개발의 실패, 인구 폭발 및 도심 공동화 현상, 무미건조한 고층 건물들이 모더니즘 실패의 증거였다. 많은 사람들이 이성적인 논리만을 내세운 디자인이 도심 경관에 황량함만을 더했다는 결론에 다다랐고, 현대 건축은 사람이 살아가는 삶의 내용과 의미를 전달하는 능력을 완전히 상실했다는 비난을 받았다. 이러한 비난들을 모두 미스의 잘못으로만 돌릴 수는 없었지만, 그를 추종했던 수많은 건축가들이 만든 현대 도시의 모습은 미스를 가장 중요한 표적으로 만들었다. 같은 건물 요소를 계속 반복하던 미스의 작업은 비평가들에게는 가장 피해야 할 정통 모더니즘의 형태를 대표했다.

그러나 모더니즘의 대표적 인물이자 그 폐해의 장본인으로 미스를 꼽는 것은 미스 건축의 한 부분만을 가지고 그의 건축이 가진 수많은 장점을 덮어 버리는, 결코 옳은 방식으로 그의 건축을 이해하는 태도는 아닐 것이다. 물론 미스가 건물 설계를 할 때 보였던 반복적인 접근 방식은 고층 타워뿐 아니라 저층 건물에서도 그대로 나타난다. 기술적인 측면을 무시하고 저층 건물에는 굳이 필요 없는 수직적인 요소들을 집어넣은 점은 사실 실망스럽다. 하지만 이는 미스가 디

▲◀ 미스가 1965년에 설계한 드레이크 대학교Drake University의 메러디스 홀Meredith Hall의 전경(위)과 세부(왼쪽). 굳건히 버티고 선 기둥들은 앞에서 본 마틴 루서 킹 기념도서관과 마찬가지로, 시그램 빌딩의 위층을 날려 버린 듯 어색해 보인다.

테일을 세심하게 디자인하고 다듬는 데 에너지를 다 소모했기에 그 밖의 것에는 신경 쓸 겨를이 없었기 때문이기도 했다. 미스는 종종 독일 속담인 "악마는 디테일에 깃들어 있다. Devil is in the detail."를 인용하고는 했는데, (이는 디테일에 주의를 기울이지 않으면 자기가 원하는 최상의 결과를 얻을 수 없다는 뜻으로 쓰인다.) 그는 이 속담을 살짝 바꿔서 "신은 디테일에 깃들어 있다. God is in the detail."라고 말하고는 했다. 모마에 소장된 수만 장의 스케치와 모형 사진을 보면, 그가 말년에 모든 신경을 집중했던 부분은 디테일이었음이 명확해진다.

1920년대에 열린 평면에서 구현한 역동적으로 흐르는 공간, 1950~1960년대에 사각형에서 추구한 좌우대칭과 장대한 무주 공간無柱 空間(기둥이 없는 공간)과 무한히 확장되는 공간까지, 미스는 한 개의 공간으로 이루어진 건축에서는 최고의 거장이라 할 수 있다. 특히 합리적인 것이 만능이었던 시대에 이처럼 미학적으로 완성도 높은 설계를 할 수 있었다는 것이 미스의 가장 뛰어난 재능이었다. 이제껏 보아 왔듯이, 미스의 건물처럼 구조적으로 명확하고 건설 재료와 방법이 하나로 통합된 설계를 찾기란 쉽지 않다. 바로 이러한 재료의 느낌과 표현의 힘이 그의 디자인에 있다고 할 수 있다. 재료의 따뜻하고 아름다운 성질을 차갑고 깔끔한 구조와 조화시킨 것이 미스 디자인의 가장 큰 힘이 아닌가 싶다.

콘크리트, 돌, 철, 유리 등……. 이 모든 것들이 미스에게는 단순히 건물을 짓기 위한 재료가 아니라 다음과 같은 자신의 사상을 표현하기 위한 도구이기도 했다.

나는 세상을 바꾸고 싶지 않다. 단지 표현하고 싶을 뿐이다.

▶ 미스의 묘지.

미스 반 데어 로에.

프랭크 로이드 라이트
VS 미스 반 데어 로에
현대 건축을 바꾼 두 거장

2013년 9월 16일 초판 1쇄 발행
2020년 10월 8일 초판 4쇄 발행

지은이 | 천장환
발행인 | 윤호권 박헌용

책임 편집 | 강혜진

발행처 | (주)시공사
출판등록 | 1989년 5월 10일(제3-248호)

주소 | 서울시 서초구 사임당로 82(우편번호 06641)
전화 | 편집(02)2046-2843 | 마케팅(02)2046-2800
팩스 | 편집·마케팅(02)585-1755
홈페이지 | www.sigongart.com

이 책에 실린 도판은 Jean-Christophe BENOIST, Art Resource, US Library of Congress,
Messana Collection, Robert Silman Associates, Mark Hinchiman, VIEW,
김수근문화재단, 이관석, 천장환의 사용 허가를 받은 것으로 무단 복제를 금합니다.

일부 사용 허락을 받지 못한 도판은 저작권자가 확인되는 대로 계약 절차를 밟겠습니다.

ISBN 978-89-527-6999-2 03610

본서의 내용을 무단 복제하는 것은 저작권법에 의해 금지되어 있습니다.
파본이나 잘못된 책은 구입한 서점에서 교환하여 드립니다.

MIES VAN DER ROHE

미스 반 데어 로에의 주요 건축물 연표

| 1900 | 1910 | 1920 | 1930 |

1907 릴 하우스

1911 펄스 하우스

1917 우르비히 하우스

1921 프리드리히 거리의 빌딩

1927 바이센호프 주택단지

1929 바르셀로나 파빌리온

1930 빌라 투겐타트

| 1940 | 1950 | 1960 |

1943
일리노이 공과대학교의 광물과 금속 연구동

1946
일리노이 공과대학교의 동문 기념 홀

1946
판스워스 하우스

1949
프로몬터리 아파트

1949
860–880 레이크 쇼어 드라이브 아파트

1950
일리노이 공과대학교의 크라운 홀

1952
일리노이 공과대학교의 예배당

1958
시그램 빌딩

1959
라피엣 파크

1963
2400 레이크뷰 아파트

1964
시카고 연방 센터

1967
토론토 도미니언 센터

1968
베를린 신국립미술관